道路交通管理

DAOLU JIAOTONG GUANLI

蔡果 杨降勇 王岩 张雪梅/编著

U0756424

K 湖南科学技术出版社

图书在版编目（CIP）数据

道路交通管理 / 蔡果，杨降勇，王岩，张雪梅编著.—长沙：湖南科学技术出版社，2009.3（2019.12重印）
ISBN 978-7-5357-5623-7

Ⅰ. 道… Ⅱ.①蔡…②杨…③王…④张… Ⅲ. 公路运输—交通运输管理 Ⅳ.U491

中国版本图书馆 CIP 数据核字（2009）第 022498 号

道路交通管理

编　著：蔡　果　杨降勇　王　岩　张雪梅
责任编辑：喻　明
出版发行：湖南科学技术出版社
社　　址：长沙市湘雅路 276 号
　　　　　http://www.hnstp.com
邮购联系：本社直销科 0731-4375808
印　　刷：湖南省众鑫印务有限公司
　　　　　（印装质量问题请直接与本厂联系）
厂　　址：长沙县榔梨镇保家村
邮　　编：410100
版　　次：2009 年 3 月第 1 版
印　　次：2019 年 12 月第 9 次印刷
开　　本：787mm×1092mm　1/16
印　　张：15.25
字　　数：380000
书　　号：ISBN 978-7-5357-5623-7
定　　价：32.00 元

第 2 版修订说明

  《道路交通管理》出版已经四年多，在公安交通管理教学、科研、培训和实际工作指导中收到了很好的效果。但是近年来，道路交通管理形势又发生了新变化，《道路交通安全法》及其相应法规、技术标准也进行了修订、修正，并增加了许多法规和标准、规范。例如：修正后的《道路交通安全法》对酒驾、超速等交通违法行为的管理更严格，处罚和记分尺度加大；公安部发布的 123 号令，对驾驶证考试进行了重大改革，提高了准驾车型的准入门槛，进一步明确了安全文明驾驶的中心地位；《机动车运行安全技术条件》（GB7258—2012）和公安部 124 号令对机动车，尤其是校车的登记和技术条件增加了新要求；《道路交通标志和标线》（GB57688—2009）、《城市道路交通设施设计规范》（50688—2011）等标准、规范对道路交通安全设施的设计、设置作出了更具体的技术规定。为了把上述诸多新变化及时吸纳到教材中来，本书作者决定对本书进行相应修订。

  在修订中，张雪梅教授对本书做了许多修改，并持笔与原作者一道重写了第五章，因此，也使本书的作者增加到 4 人，编写团队力量更加雄厚。

  这次修订吸纳了最新法规、技术标准和管理新理念，更新和调整了相关数据及图表，也订正了原书中的错讹，但基本保持《道路交通管理》的原貌。

  本次修订，又参考了多种近年出版或修订出版的文献，在此对新老文献作者表示衷心感谢。

编著者

2013 年 7 月 24 日

前　言

　　以汽车唱主角的道路交通，给生产和生活带来了速度和方便，拉近了人们出行的空间距离，推动了社会进步。人们几乎离不开汽车。但是，在享受汽车惬意的同时，却为伴随其产生的四大交通负效应——交通事故、交通拥堵、交通污染和能源消耗问题而困扰。

　　人们极力从道路交通管理上做文章，力图缓解交通带来的负效应，无疑是一种有效的途径。然而，应当明白，道路的使用空间和环境的承受能力并非无限；地底下的石油终有枯竭之日；人与汽车相撞，无异以卵击石；道路交通负效应，是由人们出行，尤其是一次次驾驶机动车出行累积而致。因此，人们应当从道路交通负效应中警醒，遵守道路通行规定，合理使用交通工具，文明参与交通，这肯定比交通管理者以大量的艰苦工作来解决日趋严重的交通问题更有效。

　　道路交通管理是挖掘道路交通潜力的工作，其中心是协调人、车、路和交通环境的关系，使交通运行安全、环保、节能，通行效率尽可能最大化。本书的编撰目的正是阐述、传授、探索协调人、车、路和交通环境关系的方法。全书以现行道路交通安全法律、法规为主线，从交通工程、社会科学等角度，阐述了道路交通管理的基本理论和方法。在编撰过程中，注意了三个最新：法律、法规最新，理论、方法最新，知识、信息最新。注重了六个字：通俗、易懂、实用。全书内容大约分为四大部分，即道路通行条件保障，车辆和驾驶人管理，道路交通勤务和道路交通事故处理。在编撰体例上，第一次将日常道路交通管理内容与道路交通事故内容合而为一，用较大的篇幅介绍道路交通事故处理知识。

　　本书可供公安院校公安专业学生学习道路交通管理课程使用，亦可用作公安机关人民警察培训和其他院校相关专业的教学参考书。

　　编写分工：蔡果撰写第一章至第五章和第七章、第八章、第十一章；杨降勇撰写第十章；王岩撰写第六章、第九章。

　　我们长期从事道路交通管理教学、研究工作，想借此为道路交通管理工作做点努力，并就教于读者。但由于水平有限，不足和错误之处难免，敬请批评指正。撰写中参考了许多文献，在此对文献作者表示衷心感谢。

蔡果　杨降勇

2009 年 2 月于岳麓山下

目　　录

1

第一章

道路交通与管理

第一节　道路交通

一、道路交通及其分类

（一）交通和综合运输体系

交通是指人、物和信息在不同地点之间的往来、传递和输送的各种运输活动的总称。由于交通是运输活动，所以人们通常把交通也称之为交通运输。

交通的目的主要是通过使用各类交通工具，利用各种途径，实现人、物和信息的转运输送。以物质客体在空间上产生有目的的位移为标志，这是交通的本质。

交通是经济发展的基本需要和先决条件，是现代社会的生存基础和文明标志。根据使用工具和利用途径的不同，交通一般分为轨道交通、道路交通、空中交通、水上交通、管道交通和邮电通信等运输方式。人们在进行规划和管理时，通常把这些运输方式放在一个系统内，即综合运输体系内考虑，力求使其根据社会需求，科学、协调发展。

（二）道路交通和组成要素

道路交通是指人自身或者人利用交通工具，通过道路实现人或物位置转移的社会活动。在各种交通运输方式中，道路交通具有灵活、方便、快捷的特点，是一种门到门的运输方式。通过它能把其他运输方式联结成一个整体，组成一个有机的运输大系统。

人、车、路、交通环境是构成道路交通的四个基本要素，见图1-1。

"人"是交通的主体，包括驾驶人、乘车人、骑车人、行人及在道路上进行与交通活动有关的其他人员（包括单位）等。

"车"是交通运输的工具，即车辆。车辆包括机动车和非机动车。

"路"是交通的途径，指公路、城市道路和虽在单位管辖范围但允许社会机动车通行的地方，包括广场、公共停车场等用于公众通行的场所。

"交通环境"是指交通运行所处的自然环境和社会环境。交通环境主要以自然环境为主，但是由于交通是一种社会活动，因此也应该包括社会环境。

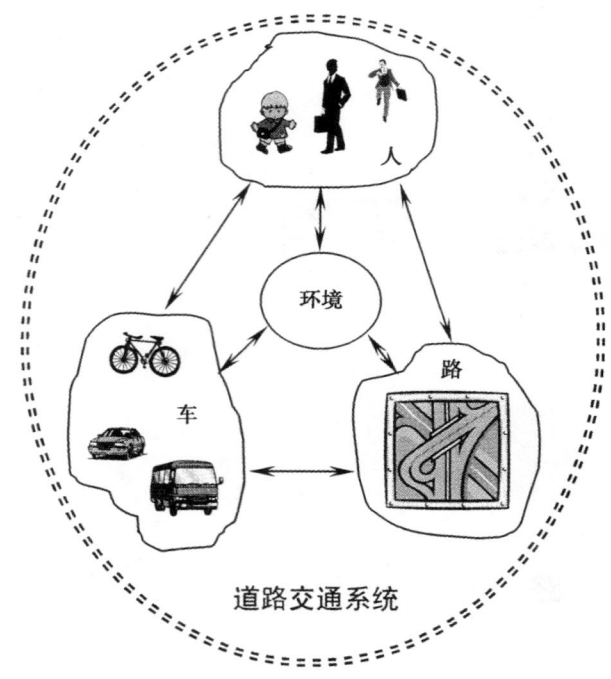

图1-1 道路交通要素关系图示

这些要素之间有千丝万缕的联系，并且相互影响和作用。如果这种相互影响和作用出现失调，就可能破坏交通秩序，甚至引起交通事故。通常，这种失调相互交织或复合，情况非常复杂。在交通管理中，应当认真研究人、车、路和交通环境问题，协调四者之间的关系，谋求使交通运行安全、高效的策略和方法。

（三）道路交通分类

道路交通按道路所处的范围分类有公路交通和城市道路交通；按运输的对象分类有货运交通和客运交通；按所用交通工具的不同分类有机动车交通、非机动车交通和步行交通；按不同交通状态分类有动态交通和静态交通。

1. 按道路所处的范围分类

（1）公路交通

公路是指联结城市之间或者城乡之间的道路。公路交通是指在公路上的交通运输活动，是通过公路实现城市之间或者城乡之间的往来通达。公路交通具有行人较少、横向干扰少、运行速度较快的特点。

（2）城市道路交通

城市道路是指城市范围内的道路，包括城市街道、胡同、里巷及城市内公共广场、公共停车场等。城市道路交通是指城市道路上的交通运输活动，是通过城市道路实现城市内各区之间及各区内部的往来通达。城市道路交通具有冲突点多、人车之间干扰大、交通工具复杂、运行速度较低的特点。

2. 按运输对象分类

（1）货运交通

货运交通是指对货物的运输，在现代道路运输中主要是指汽车货运交通。货运交通能满足人们生产和生活的需要，在物质文明发达的今天，相当繁忙，给道路交通带来相当大的压力。为提高运输效率，节约能源，减少空驶，应合理组织好货运交通，以削减道路交通总量，减轻道路交通压力。

（2）客运交通

客运交通是指对旅客的运输。又可分为：

● 长途客运交通。是指城市之间或者城乡之间的客运交通，其特点是运输距离长，线路固定。

● 城市公共交通。主要包括公共汽车、电车、地铁等，是城市客运的主要组成部分，其特点是运量大，单位乘客所占道路的时间、空间少，行驶线路固定。另外，出租汽车交通也是城市公共交通的组成部分。出租汽车根据乘客的需要，可以行驶在各级道路上，具有快速方便、不受行驶线路限制的优点，但运价较高、单位乘客占用道路空间大。

● 社会客运交通。是指社会各企业、机关、学校等单位自有的各种客车，用于接送职工上下班，或者用于公务出行所形成的交通。

● 另外，自行车交通和步行交通在我国主要用于人的出行，所以也认为是客运交通的一部分。

3. 按所用交通工具的不同分类

（1）机动车交通

机动车交通是指交通工具为机动车的交通。在交通管理中，机动车是指以动力装置驱动或者牵引，上道路行驶的供人员乘用或者用于运送物品以及进行工程专项作业的轮式车辆。

（2）非机动车交通

非机动车交通是指交通工具为非机动车的交通。在交通管理中，非机动车是指以人力或者畜力驱动，上道路行驶的交通工具，以及虽有动力装置驱动但设计最高时速、空车质量、外形尺寸符合有关国家标准的残疾人机动轮椅车、电动自行车等交通工具。

（3）步行交通

步行交通是指人们不利用交通工具，用步行方式进行的出行活动。步行一般只适用于较短距离的出行。在城市交通规划中，要充分考虑行人交通的需要，为步行交通创造良好的步行环境，为行人提供足够的活动空间。必要时，可考虑设置步行区、步行街，以满足步行交通需求。

4. 按不同交通状态分

按照道路交通要素之间的相对运动状态，道路交通可以分为动态交通和静态交通。动态交通是指车辆、行人在道路上的往来（包括行驶途中的短暂临时停顿），静态交通是指车辆及行人的停驻。"动"和"静"是交通的运动特征，静是动的暂停，也是动的开始。动静协调，交通才能正常进行。

二、我国道路交通现状和安全形势

我国道路交通发展十分迅速，道路里程、车辆拥有量、道路交通量快速增长。目前，全国公路通车总里程达 423.8 万 km，其中高速公路 9.62 万 km，农村公路 367.8 万公里，全国已有 99.97％的乡镇和 99.95％的建制村通了公路。截至 2012 年底，全国机动车保有量为 2.4 亿辆，其中，汽车 1.2 亿辆；全国汽车驾驶人突破 2 亿人。但是，从总体上看，道路交通发展与经济、社会发展的要求不相适应，交通拥堵、交通污染、交通事故等交通问题日趋严重，在一定程度上制约了经济、社会的进一步发展和人民生活水平的提高。

道路交通拥堵是经济和交通发展到一定程度的产物，是困扰城市道路交通的主要问题。在我国，有很多大城市不同程度存在交通拥堵现象。全国600多个主要城市中，约有2/3的城市在交通高峰时段主干道机动车车速下降，出现拥堵。一些大中城市交通拥堵严重，交通环境脆弱，路网通行效率下降，主、次干道车流缓慢，经常出现大面积、持续时间长的拥堵（见图1-2）。目前交通拥堵开始从城市道路向公路蔓延，许多高速公路也出现不堪重负、车行缓慢现象。交通拥堵使居民出行时间、交通运输成本明显增加，造成巨大的经济损失。

图1-2　拥挤混乱的交通

我国是世界上交通事故多发，死亡人数最多的国家之一。近年来每年交通事故的发生起数在30万起，死亡绝对人数8万人左右（见图1-3、图1-4），交通安全形势十分严峻。

道路交通污染给人类和自然造成的危害具有隐蔽性，人们对它产生的安全问题一直未引起注意。只是近些年我国开始关注生态环境时，才开始关注到它存在的严重性。

我国道路交通问题的出现与诸多因素有关，主要有：

（一）车多路少

尽管我国道路里程和道路等级跟以前相比均有较大增长或提高，但相对于车辆的增加量来说，道路增长速度依然过慢，通行能力十分有限。这种"车多路少"的情况，给道路交通造成过大的压力，从而容易引起交通问题。

（二）混合交通居多

我国道路交通在许多地方以混合交通为主，即在同一条道路上，机动车、非机动车、行人相互混杂。各种交通元素在体积、速度、行为特征等交通特性上差异较大，彼此相互影响、干扰，影响交通秩序，容易造成交通拥堵和交通事故。

（三）交通规划和交通影响评价工作滞后

由于历史的原因，我国道路交通规划和交通建设滞后。主要表现在城市路网结构不合理，公路质量低，通行条件差。城市道路瓶颈路、断头路、畸形交叉口多。不少城市在规划

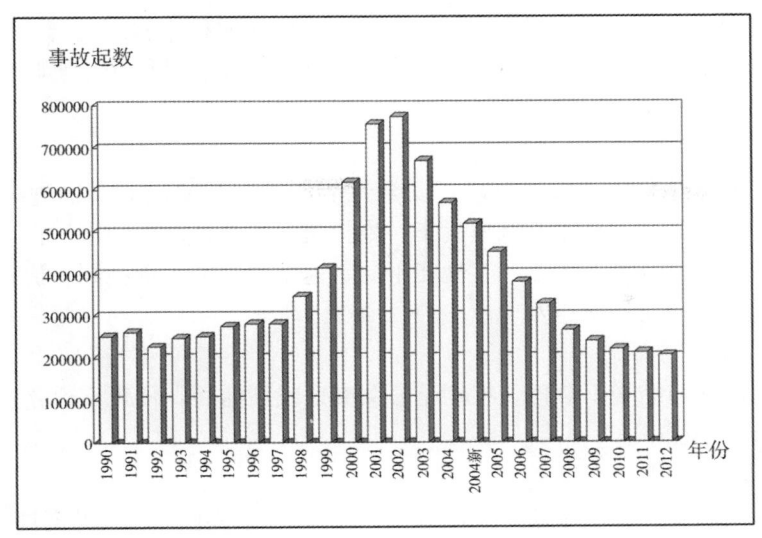

图1-3 历年交通事故发生起数（上报）

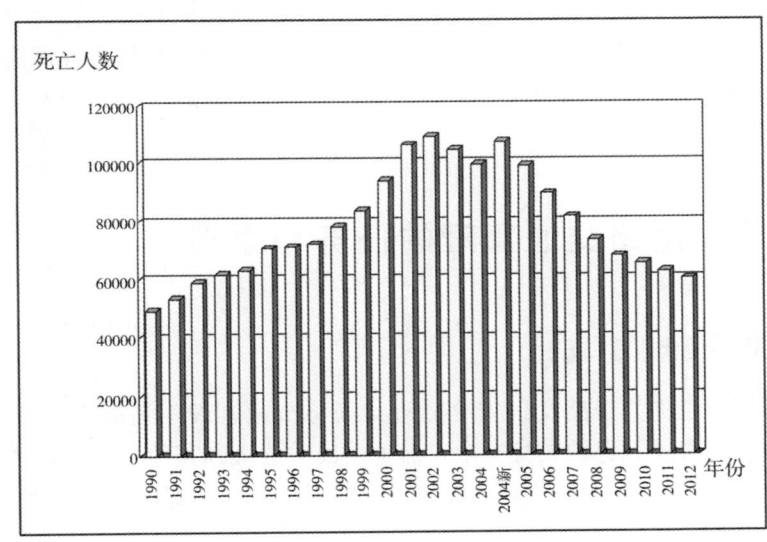

图1-4 历年交通事故死亡人数（上报）

和建设中热衷于修主干道，不注重次干道、支路的建设，道路密度低，交通流量过于集中；主干道、次干道、支路比例严重失调；在主、次干道过渡或衔接的路口，通行能力低。相当多的公路修建等级低、质量差。例如，大部分公路为三级以下公路和等外公路；一些公路线形设计存在严重缺陷，形成急弯、连续弯路、陡坡或连续长坡、宽路窄桥，并且缺少标志、标线和安全防护设施。因此导致的交通堵塞和交通事故时有发生。

我国在交通规划和建设中，一般将重点放在动态交通的规划和建设上，忽视了静态交通的协调规划和建设。目前，许多城市都出现了停车难问题。停车难问题不仅给车辆出行带来不便，而且使违法占道停车现象凸显，影响了交通秩序，降低了通行效率。在交通规划和建设中，关注机动车交通多，对非机动车和行人的便利、安全出行关注少，使行人、非机动车和机动车之间的通行矛盾得不到有效缓解，最终影响到交通秩序和交通安全。

我国在城市大型人流、物流点布局和建设中，缺乏或没有进行交通影响评价工作，人为制造了一些道路交通拥堵点、段。

（四）交通工具总体构成不合理

我国道路交通工具总体构成不合理，安全性能差。例如使用的车辆种类繁多，组成复杂，而且性能相差较大，摩托车、低速货车、拖拉机等安全性能低的车辆占有很大比例，甚至有些车辆大吨小标。各类大小不一、性能不同、速度悬殊的车辆在同一道路上行驶，彼此干扰，影响交通秩序，妨害交通安全。

（五）公共交通发展滞后

我国许多城市交通结构不合理，特别是公共交通发展滞后，使现有道路资源开发利用率不高，道路通行效率低下。

（六）交通安全意识水平低

我国公民的交通安全意识还处于较低水平，遵章守法率不高，使得交通冲突频频出现，影响交通秩序，降低通行效率，直接危害交通安全。

（七）交通管理水平不高

尽管我国在交通管理上下了很大工夫，但是从整体来看，管理的科技含量不高，管理水平偏低，管理队伍、管理理念、管理方法、管理手段、管理设施和设备等都滞后于交通的发展，难以有效协调人、车、路和交通环境之间的关系，使交通秩序和交通安全问题得不到完美解决。

第二节　道路交通管理的任务和原则

一、道路交通管理的目的

道路交通管理，也称为道路交通安全管理，简称交通管理，是指为了维护道路交通秩序，预防和减少交通事故，保护人身安全，保护公民、法人和其他组织的财产安全及其他合法权益，提高通行效率，依照道路交通法律、法规对人、车、路及交通环境等所进行的引导、限制等各种组织、管理活动。

凡是可能影响到道路交通秩序和安全的因素，都可能成为交通管理的对象。交通管理的主要对象是人、车、路和交通环境。

道路交通管理的目的可概括为保障道路交通的有序、安全和高效。即维护道路交通秩序，预防和减少交通事故，保护人身安全，保护公民、法人和其他组织的财产安全及其他合法权益，提高通行效率。

二、道路交通管理的基本方法

道路交通管理工作主要是协调人、车、路和交通环境四者之间的关系，其基本方法是引导和限制。引导，就是要求人们自觉作为，即在进行交通活动时需要按照道路交通法律、法规规范作为。限制，就是要求人们不作为，即在进行交通活动时禁止出现交通安全违法行为。

三、道路交通管理工作的主要任务

道路交通管理工作的主要任务有：道路通行条件保障；道路交通秩序管理；车辆和驾驶人管理；处理交通事故；道路交通警卫；道路治安管理；道路交通安全宣传教育。

四、交通管理部门和机构组成

《中华人民共和国道路交通安全法》（简称《交通安全法》）规定：国务院公安部门负责全国道路交通管理工作。县级以上地方各级人民政府公安机关交通管理部门（简称公安交通管理部门）负责本行政区域内的道路交通管理工作。县级以上各级人民政府交通、建设管理部门依据各自职责，负责有关的道路交通工作。

目前我国的道路交通管理体系从国家到地方的组成层次是：公安部交通管理局，省、直辖市交通管理局（交通警察总队），地、市交通管理局（交通警察支队），县、市交通警察大队。各级交通管理部门，都接受各级公安机关的领导。各地交通管理部门根据交通管理任务和当地实际情况，设置有涵盖交通管理业务的组织管理机构，其有代表性的机构组成如图1-5所示。

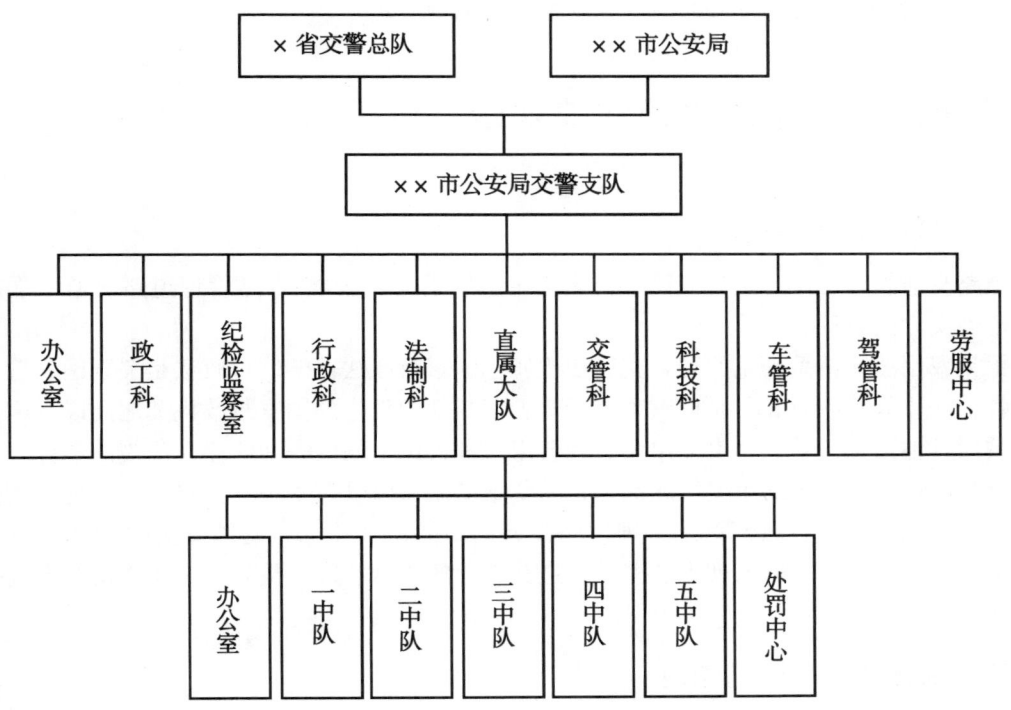

图1-5 某市公安局交通警察支队组织机构图

五、道路交通管理工作的原则

1. 依法管理、方便群众的原则

依法管理、方便群众的原则是交通管理工作的基本原则。

依法管理——是指要依法行政、依法办事。要做到"有法可依，有法必依，执法必严，违法必究"。"法"包括，法律、法规、规章。依法包括依法定权限、法定实体规则和法定程序。依法管理要控制执法的随意性，防止滥用自由裁量权。

方便群众（简称便民）——是指在交通管理工作中要充分考虑人民群众的利益，尽量方便群众。在依法开展道路交通管理工作时，要考虑人的交通特性，坚持以人为本，在依法的前提下，尽可能使工作程序、管理措施人性化，给交通参与人提供方便。

要正确处理好依法管理和便民的关系。依法管理和便民是统一的，便民必须是在依法的前提下的便民。管理是手段，便民是目的。管理是服务，管理是为了更好地便民。

2. 保障道路交通有序、安全、高效的原则

交通行为本身的目标是实现人和物的有序流动，以通达为目的。但是从更深层次理解，通过管理，应当实现通行效率的最大化，要使交通行为所花的时间最少，运行的距离最短，消耗的能源最少，产生的污染最小，发生的事故最少。当然畅通是提高通行效率的根本前提。交通没有畅通是不行的，要在畅通中求安全，在保安全时求畅通、求高效。

3. 科学管理的原则

在交通管理工作中贯彻科学管理的原则，要求遵照自然科学和社会科学的规律来进行交通管理工作，充分尊重交通及管理的客观规律，考虑我国道路交通的现状和特点，运用现代管理理念、管理手段和科学技术对道路交通进行有效管理。

第三节　道路交通法律法规

一、交通法规的属性

道路交通管理法律、法规（简称交通法律法规或交通法规），是管理道路交通带强制性的规范性文件的总称。

根据我国法律体系理论原理，交通法规属于国家行政法范畴。行政法是关于国家管理活动的各种法律规范的总和，是调整国家行政管理活动中发生的国家行政机关之间以及国家行政机关同其他国家机关、企事业单位、社会组织和公民之间的一切法律、法规的总称。交通管理，是国家行政管理的重要组成部分，在整个国家行政管理中占有非常重要的地位。交通法规，是公安机关代表国家意志管理道路交通的重要法律依据，是搞好交通管理的重要工具。离开了交通法规，国家就无法实施对道路交通的正常管理，也就无法建立安全高效的交通秩序。

二、交通法规的规范作用

交通法规作为一种行为规范，是对所有人普遍、反复适用的。它的规范作用表现得比较直接、明显。具体讲有以下五种作用：

一是对交通行为具有指引作用。交通法规为人们进行道路交通的行为规定了一定的模式或规则，使人们可以预先知道在交通活动中可以做什么，应该做什么，禁止做什么，从而把自己的行为纳入交通法规所限定的范围之内。

二是对交通行为是否合法具有评价作用。符合交通法规规定的，就是合法行为，应受到保护；违反交通法规规定的，就是违法行为，应受到处罚。

三是对今后的交通行为具有教育作用。这里所说的教育作用，不同于通常进行交通法规宣传所起的教育作用，而是通过交通法规的实施，对人们今后进行交通活动的行为所产生的影响。例如，通过对交通安全违法行为的处罚，使人们明白不遵守交通法规所造成的法律后果，这是一种教育作用；反之，通过对遵纪守法者的保护和表彰，同样对人们今后的交通行为具有示范和教育作用。

四是对交通行为后果具有预测作用。交通法规反映了道路交通的客观规律。遵守交通法规，自己和他人的交通安全可以得到保障，进行道路交通的目的就可以顺利达到；反之，自己和他人的交通安全不仅得不到保障，而且还会受到自然和法律的惩罚。

五是具有强制作用。交通法规的强制作用，是指引、评价、预测、教育作用的保证，也是与那些非法律性质的交通规范的根本区别。

三、交通法规体系

到目前为止，我国已经基本建立了交通法规体系，并在逐步完善。

现行交通法规体系按法律效力而言，可分为法律、行政法规、部门规章、地方性法规和地方政府规章；按是否专门为交通管理而制定，可分为专门的交通法规和非专门的交通法规。按管理内容，可分为交通秩序管理法规、车辆管理法规、驾驶人管理法规、交通事故处理法规等；按法律性质，可分为实体法、程序法。

（一）专门和非专门的交通法规

专门的交通法规，是指全国人民代表大会、国家各级行政机关为道路交通管理工作制定的专门法规（包括标准和规范）。这是我国交通法规的主要组成部分。如全国人民代表大会常务委员会发布的《交通安全法》、国务院发布的《交通安全法实施条例》、公安部发布的《道路交通事故处理程序规定》。另外，各级地方人民政府为加强当地道路交通管理工作而制定的条例、补充规定、实施细则，以及发布的有关交通管理的通告、通令、通知等，如《湖南省实施〈中华人民共和国道路交通安全法〉办法》；国家或国家部门发布的标准、规范，如国家标准《道路交通标志和标线》、《机动车运行安全技术条件》和部门标准《机动车查验工作规程》。

（二）非专门交通法规

非专门交通法规，是指那些在内容上涉及交通管理，但在归类上属于其他部门法的法规。这类交通法规中有关内容是交通管理不可缺少的组成部分，同样是交通管理的执法依据。包括：国家基本法和其他法律中有关交通管理的规定。如《中华人民共和国刑法》关于交通肇事罪的规定，《中华人民共和国民法通则》关于民事损害赔偿责任的规定，《中华人民共和国公路法》关于路政管理的规定等。

四、现行的主要交通法规

交通法规数量大，内容多，涉及面广，现行最基本的交通法规是《交通安全法》、《交通安全法实施条例》，这是所有专门交通法规的总纲，涵盖了交通管理法律法规规定的各个方面。除此以外，交通法规按其主要内容及其调整的对象可以分为交通秩序管理、车辆和驾驶人管理、交通安全违法处理、交通事故处理等四个方面的法规。各主要交通法规的具体内容将在后续章节中结合各项交通管理工作一起阐述。

（一）交通秩序管理方面的法规

交通秩序管理方面的法规，是交通法规最基本的内容，在交通法规中占核心地位，其主要内容是对道路上的交通活动或与此有关的其他活动进行管理和制约。交通秩序管理方面的主要法规和标准、规范有：《交通安全法》、《交通安全法实施条例》、《道路交通标志和标线》、《道路交通信号灯设置与安装规范》等。

（二）车辆和驾驶人管理方面的法规

在现代交通活动中，车辆已成为人们的主要交通工具，也是威胁人们生命财产安全的主要因素。车辆技术状况和驾驶人的素质如何，直接关系到交通安全与畅通。因此，车辆和驾驶人管理是交通法规必不可少的重要内容。

有关车辆和驾驶人管理的法规和标准、规范主要有：《机动车登记规定》、《机动车驾驶证申领和使用规定》、《机动车运行安全技术条件》、《机动车查验工作规程》、《中华人民共和国机动车行驶证》等。

（三）交通安全违法处理方面的法规

交通安全违法是交通活动中常见的现象，不仅有碍正常的交通秩序，而且可能导致交通事故，必须依法处理。其主要法规有：《道路交通安全违法行为处理程序规定》。

（四）交通事故处理方面的法规

交通事故也是交通活动中的常见现象，已成为当前对人民生命财产安全威胁最大的一种灾害性事件，不仅有碍正常的交通秩序，而且侵犯或损害了公民的合法权益，所以也必须依法处理。交通事故处理的主要法规和标准、规范有：《道路交通事故处理程序规定》、《道路交通事故现场图绘制》、《道路交通事故现场图形符号》、《交通事故勘验照相》、《交通事故车辆安全性能技术鉴定》等。

第二章

道路通行条件及道路知识

第一节　道路通行条件保障要求

一、道路通行条件总要求和相关理念

道路，包括道路配套设施、道路交通设施等硬件，是通行各种车辆和行人的工程设施，是道路交通安全、畅通的基本通行条件。在交通管理上，道路是指《交通安全法》规定的道路。道路通行条件如何，对道路交通的安全和畅通影响很大。道路交通管理工作的主要内容之一，是对道路的基本通行条件进行规范管理，为道路交通安全、畅通提供保障。

根据《交通安全法》和道路交通管理实践，对道路通行条件的总要求是：保证道路完好、安全。为此，应当做到道路为交通所用；为道路通行提供所需的安全净空和安全视距；为道路交通配置必要的交通信号和交通安全设施。道路通行条件管理所依据的法律、法规主要是《交通安全法》、《交通安全法实施条例》以及《中华人民共和国公路法》和《城市道路管理条例》等。

道路通行条件保障，往往体现在道路规划、设计、施工和管理各个环节。道路规划、设计、施工和管理理念是：保证交通安全质量，尽可能创造即使在道路使用者失误时，仍能保证交通安全的条件。即：不苛求驾驶人和行人以绝对正确的判断、敏捷的反应来弥补不良的道路因素——即使是符合规范的，而应通过精心的规划、设计和管理，给道路使用者提供宽松的交通环境。其焦点应当是给道路使用者以良好的影响，减少他们犯错的机会和可能性。这就像人们在不断深入研究车辆的主动和被动安全技术一样，假设驾驶人失误，也要使损害的可能性和损害的程度降至最低。在研究交通安全问题，对道路通行条件进行改善时，应当多考虑人的心理、生理等方面的要求，考虑道路，包括周围环境与人的协调性。

二、道路交通信号保障要求

（一）道路交通信号及其分类

道路交通信号（简称交通信号或信号）是指由信号灯、标志、标线等设施或者人发出的

指挥交通的特定信息。交通信号是控制、疏导、合理组织交通流的交通组织手段和重要工具，被人形象地称之为"交通语言"。

根据交通法规规定，交通信号包括交通信号灯（含盲人声响提示装置）、交通标志、交通标线和交通警察的指挥。由于交通警察有权力根据道路交通情况，采取维护交通安全与畅通的交通管理措施，及时处理交通现场问题，因此在这些交通信号中，交通警察的指挥信号优先于其他交通信号，当遇有交通警察的指挥与其他交通信号不一致时，应当服从交通警察的指挥。

交通信号及设施的含义等将在后续章节中介绍。

（二）交通信号设施保障要求

1. 交通信号全国统一

交通信号发出的信息，具有法定效力，人们必须遵守。为了使交通信号适应我国交通发展并与国际接轨，《交通安全法》明确规定，全国实行统一的交通信号。这是对交通信号的原则性要求。在交通管理中，只能按照国家已有的规定设置和使用交通信号，不能自行设置新的交通信号，也不能擅自更改国家已有的标准进行设置。

2. 交通信号设置的基本要求

交通信号灯、交通标志、交通标线等交通信号是用以管制及引导交通的安全管理设施，是道路交通工程的重要组成部分，直接关系到交通安全和畅通，公安交通管理部门和交通、建设行政管理部门应当按照职责分工，根据国家有关技术标准和规范，对其进行科学、规范的规划、设计和施工，杜绝设置的随意性。

交通信号设施设置的基本要求是：符合道路交通安全、畅通的要求和国家标准，并保持清晰、醒目、准确、完好。

应当注意，按国家标准设置的交通信号并非绝对完美和一成不变。因为国家标准的制定和应用往往滞后于交通的发展，对设置的某些细节规定也不一定具体；交通信号设置后，在某些情况下或者使用一段时间后，可能出现不满足交通发展变化实际要求的情况。因此要根据通行需要，及时增设、调换、更新交通信号。不过增设、调换、更新限制性的交通信号，可能会对生产、生活和通行习惯等造成较大影响，为此应提前向社会公告，广泛进行宣传，尽量使民众了解更改内容，以便遵守，避免引发不必要的混乱。

由于目前在道路新建、改建、扩建方面不够规范，致使道路在交付使用时道路交通安全设施不齐全，甚至根本没有的情形经常出现，为此有的地方法规明确规定，新建、改建、扩建道路，应当按照国家标准同步设计、同步建设道路交通安全设施，未经验收或者验收不合格的，不得交付使用。

3. 交通信号设施保护要求

交通安全法规定，任何单位和个人不得擅自设置、移动、占用、损毁交通信号灯、交通标志、交通标线。道路两侧及隔离带上种植的树木或者其他植物，设置的广告牌、管线等，应当与交通设施保持必要的距离，不得遮挡路灯、交通信号灯、交通标志。

交通信号灯、交通标志和标线等交通信号设施设置后，除了可能受到自然因素的损毁以外，还可能受到人为损坏或遮挡。对此，交通管理部门和相关部门应当依法加强管理。一是加强对交通信号设施的保护管理，严防人为损坏；二是发现交通信号设施被遮挡的，应当及时责令行为人排除遮挡物，不排除的可依法强制排除；三是发现交通信号设施损毁后要及时修复或更新；四是道路交通标志、标线不规范，使机动车驾驶人容易发生辨认错误的，应当及时予以改善。

三、安全视距保障要求

安全视距是指驾驶人、骑车人和行人在通行中从发现路面异常情况到采取措施避险所需的视线范围，即为了保障行车安全所需的行车视距，包括停车视距、超车视距、会车视距等。安全视距越充分，对交通安全越有利。在道路设计和施工中，设计和施工者已经根据相关规范和要求，充分考虑了道路的安全视距。但是在道路投入使用后，有可能由于在道路上增设一些其他附设物，如行道树、花草、广告等而妨碍安全视距。为此，在交通管理过程中，要密切关注对安全视距可能产生妨碍的物体，发现道路两侧（包括交叉口拐角处）及隔离带上种植的树木或者其他植物，设置的广告牌、管线等妨碍安全视距，影响通行的，应当及时提请或责令行为人排除妨碍，对拒不排除的，拒不执行的，可依《交通安全法》第一百零六条处二百元以上二千元以下罚款，并强制排除妨碍，所需费用由行为人负担。

四、道路、停车场和道路配套设施保障要求

道路、停车场和道路配套设施等通行条件的保障，首先应当从规划、设计、建设的源头上开始抓，对已经投入使用的，则从管理上下工夫，尽量使其发挥高效率。从长期的交通管理实践经验看，交通管理中的许多难题，都源于规划、设计和建设不合理。因此道路交通法规明确规定，道路、停车场和道路配套设施的规划、设计、建设，应当符合道路交通安全、畅通的要求，并根据交通需求及时调整；新建、改建、扩建的公共建筑、商业街区、居住区、大（中）型建筑等，应当配建、增建停车场；停车泊位不足的，应当及时改建或者扩建，投入使用的停车场不得擅自停止使用或者改作他用；在城市道路范围内，在不影响行人、车辆通行的情况下，政府有关部门可以施划停车泊位，并规定停车泊位的使用时间。

为了发挥规划、建设和管理的重要作用，解决停车难问题，有的地方要求更为具体，以求从源头上为道路通行条件提供规划和建设方面的保障。例如湖南省在《湖南省实施〈中华人民共和国道路交通安全法〉办法》中明确规定：城市市区、县（市）城区公共停车场（库）、公交场（站）的建设应当纳入城市规划，并与城市建设同步进行；机关、团体、企事业单位应当按照规划和标准建设停车场（库），配建的停车场（库）应当与主体工程同时投入使用，不得擅自停用或者改作他用。

五、危险路段通行条件保障要求

我国各地道路上存在许多危险路段，在这些路段上事故明显多发，其原因往往与这些路段道路本身缺陷和交通设施不完善有关。对已经投入使用的道路进行安全排查，发现危险路段，分析危险存在的原因，并提出改进防范交通事故、消除安全隐患的建议，是公安交通管理部门和相关部门的工作职责之一，也是当地政府的职责之一。在危险路段治理方面最忌讳的是相互推诿，因此交通法规对危险路段通行条件的保障提出了明确要求和法律责任。

（一）危险路段通行条件保障要求

公安交通管理部门发现已经投入使用的道路存在交通事故频发路段，或者停车场、道路配套设施存在交通安全严重隐患的，应当及时向当地人民政府报告，并提出防范交通事故、消除隐患的建议，当地人民政府应当及时作出处理决定。

道路出现坍塌、坑漕、水毁、隆起等损毁或者交通信号灯、交通标志、交通标线等交通

设施损毁、灭失的，道路、交通设施的养护部门或者管理部门应当设置警示标志并及时修复。当发现此类情形，危及交通安全，尚未设置警示标志的，公安交通管理部门应当及时采取安全措施，疏导交通，并通知道路、交通设施的养护部门或者管理部门尽快修复。

交通安全隐患通常存在于桥梁、隧道、急弯、陡坡、临水、临崖等容易发生危险的路段，有关道路或者交通设施养护部门、管理部门应当加强对这些交通事故多发路段的整治，完善道路交通安全设施。包括在这些路段上设置警告标志、减速标志、减速振动标线和钢筋混凝土、波形护栏或者其他有效的安全防护设施，根据危险程度及路段环境情况在长坡路段设置车辆紧急避险区等。

（二）保障不力的法律责任

在道路出现损毁，未及时设置警示标志、未采取防护措施，或者应当设置交通信号灯、交通标志、交通标线而没有设置，或者应当及时变更交通信号灯、交通标志、交通标线而没有及时变更，致使通行的人员、车辆及其他财产遭受损失的，负有相关职责的单位应当依法承担赔偿责任。

六、道路占用、挖掘和施工安全保障要求

要保障道路为交通所用，保障道路的安全净空和安全视距，其重要的是对占用、挖掘道路进行严格审批，规范道路施工现场的交通秩序和交通安全管理，将必要的占道施工对交通安全和畅通的影响降到最低限度。

第一，未经许可，任何单位和个人不得占用道路从事非交通活动。非交通活动是指与交通无关的活动，例如占道经营、聚会娱乐和堆放物体等。

第二，确因工程建设需要占用、挖掘道路，或者跨越、穿越道路架设、增设管线设施的，应当事先征得道路主管部门的同意；影响交通安全的，还应当征得公安交通管理部门的同意。

第三，经批准在道路上中断交通施工的，施工作业单位应当在经批准的路段和时间内施工作业，并在距离施工作业地点来车方向安全距离处设置明显的安全警示标志，采取防护措施；施工作业完毕，应当迅速清除道路上的障碍物，消除安全隐患，经道路主管部门和公安交通管理部门验收合格，符合通行要求后，方可恢复通行。道路施工需要车辆绕行的，施工单位应当在绕行处设置标志；不能绕行的，应当修建临时通道，保证车辆和行人通行。需要封闭道路中断交通的，除紧急情况外，应当提前5日向社会公告。

第四，道路养护施工单位在道路上进行养护、维修时，应当按照规定设置规范的安全警示标志和安全防护设施。道路养护施工作业车辆、机械应当安装示警灯，喷涂明显的标志图案，作业时应当开启示警灯和危险报警闪光灯。对未中断交通的施工作业道路，公安交通管理部门应当加强交通安全监督检查，发生交通阻塞时，及时做好分流、疏导，维护交通秩序。

第五，未经批准，擅自挖掘道路、占用道路施工或者从事其他影响道路交通安全活动的，由道路主管部门责令停止违法行为，并恢复原状，影响道路交通安全活动的，公安交通管理部门可以责令停止违法行为，迅速恢复交通，同时可以依法给予罚款；致使通行的人员、车辆及其他财产遭受损失的，依法承担赔偿责任。对道路施工作业未采取相应、规范的安全措施，致使通行的人员、车辆及其他财产遭受损失的，负有相关职责的单位应当依法承担赔偿责任。

七、交通信号等交通安全设施设置特别要求

（一）铁路道口交通信号设置

尽管交通信号灯、交通标志和标线的设置在相关标准中有所要求，但是，从安全起见，《交通安全法》仍然规定：铁路与道路平面交叉的道口，应当设置警示灯、警示标志或者安全防护设施。无人看守的铁路道口，应当在距道口一定距离处设置警示标志。

（二）行人集中等特殊地段交通安全设施设置要求

学校、幼儿园、医院、养老院门前的道路没有行人过街设施的，应当施划人行横道线，设置提示标志。

道路交叉路口和行人横过道路较为集中的路段应当设置人行横道、过街天桥或者过街地下通道。

城市主要道路的人行道，应当按照规划设置盲道。盲道的设置应当符合国家标准。在盲人通行较为集中的路段，人行横道信号灯应当设置声响提示装置。

八、交通影响评价

城市道路沿线大型建筑、商业娱乐场所等对道路交通安全和畅通影响很大，但是以往没有引起人们的重视。随着城市建设的发展，这些影响凸显，大型建筑物和场所附近交通拥堵问题成了管理的难题，促使管理部门和政府开始制定相应对策，提出对某些大型建筑项目进行交通影响评价的要求或规定。

交通规划的层面高、战略性强、宏观特征突出，对城市交通发展具有整体性和全局性的指导意义，这种规划建立在较为均质化的基础上，不可能考虑和满足所有局部的、微观的问题，对许多不确定因素，从技术手段上尚无法完全解决。而交通影响评价通过分析和研究局部的、个体的、实际的交通问题，提出内部的、外部的、区域的交通解决办法，明确项目建设或方案实施的交通条件，避免这些建设项目对道路交通条件产生的不利影响，从技术层面上起到了城市交通规划延伸、补充和深化的作用。交通影响评价由宏观到微观，由模糊到具体；从城市管理层面上为项目决策、区域交通建设和交通解决方案提供了依据。因此可以说，交通影响评价是承上启下、技术直接应用于管理、理论与实践结合最紧密的交通规划工作。

交通影响评价的应用范围较广，大体可分为民用项目、交通设施、街区、详细规划、土地出让及征用、交通管理等方面的交通影响评价。

由于建设项目本身和建设项目选择地点不完全雷同，其产生的交通量、结构、特征和影响程度也完全不同，与城市交通规划需求预测的结果永远不会相同，因此每个项目都需要进行评价。有关交通影响评价工作如何开展，目前国家还没有统一规定和标准，一般仅在地方法规中有体现，例如《湖南省实施〈中华人民共和国道路交通安全法〉办法》规定：建设、规划部门在审批城市道路沿线的大型建筑以及其他可能影响交通安全的建设项目前，应当由公安机关交通管理部门签署意见；经营管理单位改变城市大型建筑的用途，从事商业、会展、娱乐、体育、餐饮、教育培训等活动，可能影响道路交通安全畅通的，应当在改变用途前报公安机关交通管理部门备案。

第二节 公路基础知识

一、公路等级和编号

公路是指按《公路工程技术标准》修建，并经公路主管部门验收认定的城间、城乡间、乡间可供汽车行驶的公共道路。包括公路的路基、路面、桥梁、涵洞、隧道及其他附属设施。

按照《公路等级代码》（GB/T 919—2002）规定，公路等级可从两个不同的角度划分。一是按行政等级划分，二是按其技术等级划分。

（一）公路技术等级和主要指标

根据公路的功能和适应的交通量，公路技术等级分为高速公路、一级公路、二级公路、三级公路、四级公路五个等级。为了阐述方便，除高速公路以外的等级公路统称为普通公路。

高速公路为专供汽车分向分车道行驶并应全部控制出入的多车道公路；一级公路为供汽车分向分车道行驶并可根据需要控制出入的多车道公路；二级公路为供汽车行驶的双车道公路；三级公路为主要供汽车行驶的双车道公路；四级公路为主要供汽车行驶的双车道或单车道公路。

我国各等级公路能适应的年平均日交通量见表2-1。

表2-1　　　　　　　　　　各级公路能适应的年平均日交通量

公路等级	车道数量（双向）	适应的年平均日交通量（将各种汽车折合成小客车）
高速公路	四车道	25000～55000辆
	六车道	45000～80000辆
	八车道	60000～100000辆
一级公路	四车道	15000～30000辆
	六车道	25000～55000辆
二级公路	双车道	5000～15000辆
三级公路	双车道	2000～6000辆
四级公路	双车道	2000辆
	单车道	400辆

（二）公路行政等级和路线编号

公路按其在公路路网中的地位和功能，即行政等级，分为国道、省道、县道、乡道、专用公路。其路线编号采用标识码（一位汉语拼音大写字母）和数字编号组配而成。见表2-2。

表 2-2　　　　　　　　　　行政等级公路编号结构

名　称	编号结构
国道（高速公路）	G×××（G×、G××、G×××、G××××）
省道	S×××
县道	X×××
乡道	Y×××
专用公路	Z×××

1. 国道命名和编号规则

国道包括国家高速公路，是指在国家公路网中，具有全国性的政治、经济、国防意义的公路。国道分两种类型命名和编号，一种是非高速公路国道，另一种是国家高速公路网国道。

（1）非高速公路国道命名和编号

①非高速公路国道命名

非高速公路国道名称由路线起讫点的地名中间加一字线"—"组成，路线简称用起讫点地名的首位汉字组合表示。例如，厦门—成都路线，简称厦成线。

②非高速公路国道编号

非高速公路国道按国道放射线、北南纵线、东西横线，分别顺序编号。其命名和编号按《公路路线标识规则命名、编号和编码》（GB917.1—2009）、《公路路线标识规则　国道名称和编号》（GB917.2—2009）施行。

国道放射线的编号：由国道标识码"G"、放射线标识"1"和2位数字顺序号组成。以北京市为起点，放射线的终点为止点，按路线的顺时针方向排列编号。其编号结构为G1××（如G107），编号区间为G101至G199。

国道北南纵线的编号：由国道标识码"G"、放射线标识"2"和2位数字顺序号组成。以路线北端为起点，南端为终点，按路线的纵向排列，由东向西顺序编号。其编号结构为G2××（如G207），编号区间为G201至G299。

国道东西横线的编号：由国道标识码"G"、放射线标识"3"和2位数字顺序号组成。以路线东端为起点，西端为终点，按路线的横向排列，由北向南顺序编号。其编号结构为G3××（如G320）。编号区间为G301至G399。

（2）国家高速公路网命名和编号

国家高速公路是国道网的重要组成部分，包括高速公路主线、并行线、联络线、地区环线以及城市绕城环线，其命名和编号按《国家高速公路网命名和编号规则》（JTG A03—2007）的规定执行，省级高速公路网的编号和命名参照执行。

①国家高速公路网命名

国家高速公路网主线及联络线名称由路线起讫点的地名中间加一字线"—"组成，全称为"××—××高速公路"。路线简称用起讫点地名的首位汉字组合表示。如"长沙—张家界高速公路"，简称"长张高速"。也可以采用起讫点城市或所在省（区、市）的简称表示。如"北京—哈尔滨高速公路"，简称"京哈高速"。

地区环线名称以地区名称命名，全称为"××地区环线高速公路"，简称为"××环线

17

高速"。如"杭州湾地区环线高速公路"，简称"杭州湾环线高速"。

城市绕城环线名称以城市名称命名，全称为"××市绕城高速公路"，简称为高速"××绕城高速"。如"沈阳市绕城高速公路"，简称"沈阳绕城高速"。

②国家高速公路网编号

国家高速公路网编号由字母标识符和阿拉伯数字编号组成，路线字母标识符采用汉语拼音"G"表示，按首都放射线、纵向路线和横向路线编号。

首都放射线编号为1位数，由正北开始按顺时针方向升序编排，编号区间为1～9。如北京—港澳高速公路（京港澳高速，原名京珠高速）编号为G4。

纵向路线编号为2位奇数，由东向西升序编排，编号区间为11～89。如济南—广州高速公路（济广高速）编号为G35。

横向路线编号为2位偶数，由北向南升序编排，编号区间为10～90。如上海—昆明高速公路（沪昆高速，原名上瑞高速）编号为G60。

并行路线的编号采用主线编号后加英文字母"E"、"W"、"S"、"N"组合表示；"E"、"W"、"S"、"N"分别表示并行路线在主线的东、西、南、北方位。如沈阳—海口高速公路（沈海高速G15）的并行行线常熟—台州高速公路（常台高速）编号为G15W。

地区环线的编号按照由北向南的顺序排列，编号区间为91～99。如海南地区环线高速公路（海南环线高速）编号为G98。

联络线的编号为4位数，由主线编号＋数字"1"＋联络线顺序号组成。联络线的顺序号按照主线前进方向由起点向终点顺序排列。如二广（G55）的联络线长张高速的编号为G5513。

城市绕城环线的编号为4位数，由主线编号＋数字"0"＋城市绕城线顺序号组成。主线编号为该环线所连接的纵线和横线中编号最小者，如该主线所带城市绕城环线编号空间已全部使用，则先用主线编号次小者，依此类推。如该环线仅有放射线连接，则在1位数主线编号前以"0"补位。同一条国家高速公路穿越多个省（区、市），所连接的城市环线的编号在各个省（区、市）单独排列。在不同省（区、市）允许出现相同的城市绕城环线编号。

2.省道、县道、乡道命名和编号规则

省道包括省级高速公路网，是指在省公路网中，具有全省性的政治、经济、国防意义，并经确定为省级干线的公路；县道是指具有全县性的政治、经济意义，并经确定为县一级的公路；主要是为乡、村农民生产、生活服务的公路，是从干线公路分叉出去的支线公路，是公路网中的最后一级；为某一用途为主的公路，例如林业道路。

省道编号以省级行政区域为范围编制。非高速公路省道的编号方式与非高速公路国道编号方式类似，按省会（首府）放射线、北南纵线、东西横线分别顺序编号，前面冠以省道代码"S"。例如S101、S218、S315。省级高速公路网的命名和编号规则应与国家高速公路网的命名和编号规则保持一致；其字母标识符采用汉语拼音"S"表示。其数字编号应当尽可能避免与本省（区、市）境内的国家高速公路网路线数字编号重复。

县、乡、专用公路及其他公路以各省、自治区、直辖市公路管理区域为基础分别顺序编制。均由三位路线顺序构成；顺序号不足三位数字时，在前位充"0"。

（三）公路编号在里程碑和交通标志上的标识

非高速公路的国、省、县道编号在里程碑上标识如图2-1所示。里程碑表面为白色，国道用红字，省道用蓝字，县道用黑字。

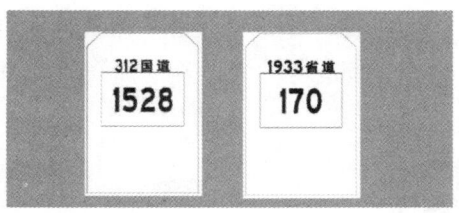

图 2-1 里程碑

国道、省道、县道编号标志的形状为长方形，颜色分别为红底白字白边、黄底黑字黑边、白底黑字黑边，见图 2-2a。当用作指路标志的路线信息时，分别去掉其衬边，见图 2-2b。

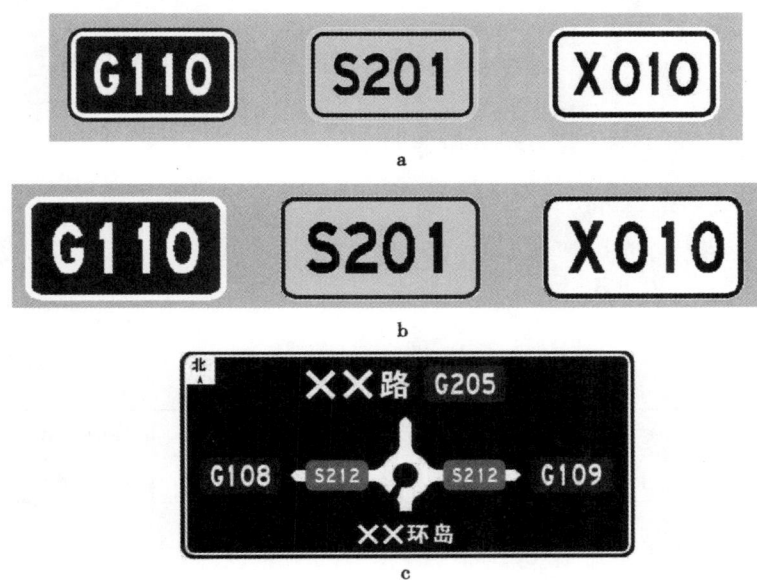

图 2-2 国道、省道、县道编号标志

高速公路编号标志作为指路标志的路线信息，出现在高速公路和一般公路指路标志版面中。图 2-3a 为国家高速公路编号标志，由"国家高速"和编号两部分组成，其中"国家高速"为红底、白字。图 2-3b 为省级高速公路编号标志，由"×高速"和编号两部分组成，

a 国家高速公路编号

b 省级高速公路编号

c 指路标志

图 2-3 高速公路编号

为黄底、黑字。其中"×"为所在省、自治区或直辖市的简称，如"京"、"湘"、"陕"等。

高速公路命名编号标志在编号标志的基础上增加了路线名称和绿色衬边，分别作为高速公路的入口标志以及行车确认标志。如图2-4所示。

a 国家高速公路命名编号

b 省级高速公路命名编号

图 2-4　高速公路命名编号

二、公路设计的主要控制依据和要求

（一）设计车辆和折算系数

研究制定公路路幅组成、弯道加宽、交叉口的设计、纵坡、视距等都与设计车辆的外廓尺寸有着密切的关系。在《公路工程技术标准》中，将设计车辆分为小客车、载重汽车、鞍式列车三类，其外廓尺寸见表2-3。

表 2-3　　　　　　　　　　　　设计车辆外廓尺寸

车辆类型	总长（m）	总宽（m）	总高（m）	前悬（m）	轴距（m）	后悬（m）
小客车	6	1.8	2	0.8	3.8	1.4
载重汽车	12	2.5	4	1.5	6.5	4
鞍式列车	16	2.5	4	1.2	4+8.8	2

设计车辆的外廓尺寸是按现有车型的尺寸进行统计后满足85%以上车型的外廓尺寸作为设计标准，非标准车需进行交通量换算。

《公路工程技术标准》采用小客车作为交通量换算标准车型。确定公路等级的各汽车代表车型和车辆折算系数规定见表2-4。

表 2-4　　　　　　　　　　各汽车代表车型与车辆折算系数

汽车代表车型	车辆折算系数	说　　明
小客车	1.0	≤19座的客车和载质量≤2t的货车
中型车	1.5	>19座的客车和载质量>2t～≤7t的货车
大型车	2.0	载质量>7t～≤14t的货车
拖挂车	3.0	载质量>14t的货车

（二）设计速度

设计速度是公路设计时确定几何线形的基本要素，它是在气象条件良好车辆行驶只受公路本身条件影响时具有中等驾驶技术的人员能够安全顺适驾驶车辆的速度。因此它与运行速度有密切关系。根据国内外观测研究，当设计速度高时，运行速度低于设计速度；而当设计速度低时，运行速度高于设计速度。这也说明设计速度与运行安全有关。

设计速度是公路设计时确定其几何线形的最关键参数，对确定公路的曲线半径、超高、视距等技术指标起着决定性的作用，同时也影响着车道尺寸和数目以及路肩宽度等指标的确定。

各级公路设计速度规定见表2-5。

表2-5　　　　　　　　　　　　各级公路设计速度

公路等级	高速公路			一级公路			二级公路		三级公路		四级公路
设计速度（km/h）	120	100	80	100	80	60	80	60	40	30	20

（三）交通安全要求

引发交通事故的因素很多，如人的因素、道路（包括道路上的各种设施）条件、车辆性能、周围环境、天气等。就公路及环境条件而言，为降低交通事故率，应注意以下事项。

1. 减少纵向和横向干扰

减少纵向干扰主要是减少混合交通公路占公路总里程的比率。当汽车交通量大时，应考虑将汽车和拖拉机、非机动车等慢速车辆分道行驶。

减少横向干扰首先要减少公路平面交叉口的密度；其次当行人较多时应设置人行道；在多车道公路上宜将两个方向的交通流有效地分隔开，尽可能减少其相互干扰和影响。

减少纵向和横向干扰最完善的措施就是控制进入。控制进入是指对进入主线公路的车辆种类和速度、与主线相连接的进路的数目及位置、进路和主线的连接方式以及匝道在单向行车道的右边与主线连接以及不准在主线行车道上掉头转弯等。控制进入分完全控制进入（如高速公路）和部分控制进入（如一级公路）。

2. 选择合适的公路设计速度

公路的设计速度应将具体情况和大多数驾驶人对速度的要求综合考虑。设计中要考虑驾驶人的类型及特性、出行目的及行程，以及占优势的车辆类型等。

3. 对公路线形的要求

公路是一种线形工程构造物，是由三维空间曲线组成的。其线形连接、组合搭配如何对交通安全影响很大（线形概念将在下面相关部分介绍）。一般对公路的三维线形要求如下：

（1）能及时看清前方安全行驶所需长度内的实际线形及路况。要求线形适顺而不扭曲，在此要求长度内无隐蔽路段，以使驾驶人在行驶时一次只作出一种抉择，避免由于驾驶人抉择犹豫而影响正常运行，甚至发生事故。

（2）线形变化要缓慢，没有急剧变化和突然的锐变，以适应驾驶人及乘客的生理及心理要求。

（3）有充裕时间认识、反应和改变驾驶操作。

（4）避免设置过分长的直线路段；在平曲线部分应有相应的超高以避免汽车向曲线外侧倾倒；应避免设计急弯陡坡相叠的路段；避免设计断背曲线。

4. 行车视距要求

行车过程中，驾驶人发现前方有障碍物（或对向来车），为了防止冲撞而制动停车，或回避障碍物而绕行，都需要有一定距离，这个距离称为行车视距（简称视距）。

行车时，驾驶人注目的位置一般在一个车道的前进中心线上，其目高多以车体低的小客车为标准。近来，因考虑形状、行车速度、制造成本等因素，小客车的全高有所降低。日本采用的目高为 1.5m，美国各州公路工作者协会采用 1.37m，加拿大采用 1.05m，法国采用 1.15m。我国从驾驶人的身高、车型等多种因素考虑，目高宜采用 1.2m。对象物的位置仍为同一车道的中心线上，其最小高度一般规定为 0.1m。

由于不同的目的控制的视距方式不同，在设计中经常用到的有停车视距、会车视距和超车视距。在道路安全问题分析和排查中，应当检查这些视距是否符合要求。

《公路工程技术标准》对各级公路的行车视距有具体规定，要求符合表 2-6 所列数值。由于高速公路和一级公路采用分向分道行驶，不存在会车问题，只考虑停车视距。对于二、三、四级公路除必须保证停车视距、会车视距的要求外，双车道公路还应考虑超车视距的要求。

表 2-6　　　　　　　　　　　各级公路的视距

公路等级	高速公路、一级公路				二、三、四级公路				
计算行车速度（km/h）	120	100	80	60	80	60	40	30	20
停车视距（m）	210	160	110	75	110	75	40	30	20
会车视距（m）					220	150	80	60	40
超车视距（m）					550	350	200	150	100

5. 其他要求

（1）在易发生汽车因制动不灵等原因而造成交通事故的长下坡路段，应设置避险车道。

（2）应设置所要求的交通安全设施及交通管理设施，以使车辆有序地行驶而减少交通事故或减轻交通事故损害程度。

（3）路面要有足够的附着系数。

（4）应当避免双车道公路因采取控制进入措施导致车速过快而增加交通事故率。

（5）对于主要干线及次要干线公路，两侧各一定宽度内应禁止开店营业，以免形成街道化；对于集散道路两侧的街道化长度及地点应有限制。

（四）重视环境保护和经济性

三、公路的线形和断面结构

道路是建筑在地面上的一种线形工程构造物。由于受地形、地物、地质等条件的限制，道路几何线形，在平面上由直线和平曲线组成；在纵断面上由水平段、上坡段、下坡段等直线和竖曲线组成；在横断面上也由直线和竖曲线组成。

道路设计的任务之一，就是要按照客观条件和交通需求，将组成道路的这些几何线条连接起来，设计成一条连续优美的曲线。这些连接组合的曲线，不但要符合美学的要求，更重要的是要从汽车运动学、力学、心理学、生理学、经济学的角度上考虑，使之符合行车安全、畅通、舒适、经济的要求。

为了叙述方便，下面将公路（城市道路类似）分成平面、纵断面、横断面三部分进行介绍。

（一）公路平面

公路平面是从上往下，垂直于道路中心线俯视所作的平面图，即公路的水平投影。

公路平面由行车道、中间带、路肩、直线、平曲线等组成。公路平面包含了公路的许多技术指标，简述如下。

1. 平面线形

如果从高空往下俯视道路，道路上的车辆好像一个个质点，沿着道路曲折迂回，向前作平面运动。假设车辆运动的轨迹就是道路的中心线，则道路的平面线形就是道路中心线的平面投影。

道路的平面线形由直线和平曲线两部分组成。

2. 直线

直线是道路平面线形上最简单、最常使用的一种线形。它前进方向明确，里程最短，测设和施工都很方便。但是也有其不足，从安全行车方面而言，直线线形单调，缺少变化，如果道路过长、过多地使用直线线形，可能导致汽车驾驶人麻痹松劲，甚至打瞌睡而发生事故。因此，长直线线形并不是一种理想的线形。任何一条现实的道路，从起点到终点之间，都不是一条直线。

《公路工程技术标准》规定：直线的最大与最小长度应有所限制。一条公路的直线与曲线的长度设计应合理。事实上，直线的最大与最小长度从理论上很难求解，主要应根据路线所处地段的地形、地物、驾驶人员的视觉、心理状态以及保证行车安全等合理确定和布设。据国外资料介绍，对于设计速度大于或等于 60km/h 的公路，最大直线长度为以汽车按设计速度行驶 70s 左右的距离控制；一般直线路段的最大长度（以 m 计），应控制在设计速度（以 km/h 计）的 20 倍为宜；另外同向曲线之间直线的最小长度（以 m 计），以不小于设计速度（以 km/h 计）的 6 倍为宜；反向曲线之间的最小直线长度（以 m 计），以不小于设计速度（以 km/h 计）的 2 倍为宜；设计速度小于等于 40km/h 的公路可参照上述做法。

3. 平曲线

平曲线是道路平面线形上的曲线部分。为了使道路路线能适应地形条件，避开路线上的障碍物，以满足某些经济上和技术上的要求并使车辆在道路上能够平顺、安全地改变方向，从一条直线转到另一条直线时，中间必须插入平曲线。公路上，多采用圆曲线作为平曲线。

（1）圆曲线半径

由于车辆在平曲线上作圆周运动时，除车辆自重、车辆牵引力、行车阻力的作用外，尚受离心力等横向力的作用，而使车辆产生向曲线外侧滑移和倾覆的趋势，当这个力达到横向附着力极限时，车辆就会产生侧滑，严重时可能倾覆。因此为了保证行车安全，使汽车不侧滑、不横向倾覆，使乘车人舒适，便于驾驶人员操纵车辆，对公路圆曲线的半径大小有一定要求。其中关键是最小圆曲线半径的确定。

最小圆曲线半径以汽车在曲线部分能安全而又顺适行驶的条件而确定，其实质是汽车行驶在公路曲线部分时，所产生的离心力等横向力不超过轮胎与路面的附着力（摩阻力）所允许的界限，并使乘车人感觉良好。根据车辆在弯道上行驶时的受力状况及各种力的几何关系可推导出下述计算圆曲线的公式：

$$R \geqslant \frac{v^2}{127(\mu+i)} \qquad (2-1)$$

式中：v ——车辆速度（km/h）；

μ——横向力系数，其极限值为路面与轮胎之间的横向附着系数（摩阻系数），为车辆所受横向力（水平力）与纵向力（铅垂力）之比，一般取值为 0.10～0.15；

i——路面横向坡度。

按式（2-1）计算最小圆曲线半径时，μ 和 i 是关键因素，直接关系到车辆在曲线上行驶时的安全舒适性。《公路工程技术标准》中规定了各级公路的最小圆曲线半径，见表2-7。这些数值就是利用式（2-1），综合考虑 μ 和 i 的取值计算所得。

表 2-7　　　　　　　　　　圆曲线最小半径

设计速度（km/h）		120	100	80	60	40	30	20
一般值（m）		1000	700	400	200	100	65	30
极限值（m）		650	400	250	125	60	30	15
不设超高最小半径（m）	路拱≤2.0%	5500	4000	2500	1500	600	350	150
	路拱>2.0%	7500	5250	3350	1900	800	450	200

表2-7给出了圆曲线最小半径的三种值，即一般值、极限值、不设超高最小半径。公路线形设计时，应根据沿线地形等情况，尽量选用较大半径。在不得已的情况下才可使用极限最小半径。一般最小半径是推荐的最小值，当地形条件许可时，应尽量采用大于一般最小半径的值。

选用平曲线半径时，应注意前后线形的协调，不应突然采用小半径曲线。长直线或线形较好的路段，不能采用最小圆曲线半径。从地形条件好的区段进入地形条件较差的区段时，线形技术指标应逐渐过渡，防止突变。

应当注意的是，为保证行车安全，在位于平地或下坡的长直线尽头不得采用小半径的连接圆曲线。因为一般在平地或下坡的长直线段，行车速度都比较高，如果前方突然出现行车速度要求较低的小半径圆曲线，可能使驾驶人措手不及，因车速降不下来而发生事故。

由式（2-1）可以推出求弯道行车安全速度的公式：

$$v = \sqrt{127R(\mu + i)} \qquad (2-2)$$

式中：i——路面横向坡度；

μ——横向力系数，为车辆所受横向力（水平力）与纵向力（铅垂力）之比，一般取值为 0.10～0.15；

R——曲线半径。

在实际工作中，当知道某个弯道的平曲线半径 R，横向坡度值 i 时，取横向力系数 μ 值为 0.15，按式（2-2）可计算出弯道行车的安全车速。当通过弯道的实际行车速度有较大可能超过这个安全速度时，则应设置相应的限速标志。

（2）圆曲线超高

圆曲线超高就是将道路做成向内侧倾斜的横坡，以抵消车辆在弯道行驶时所受的部分横向力，使车辆能以设计速度安全行驶。超高横坡度可由式（2-1）计算得出，不赘述。

超高横坡度的取值，按设计速度、圆曲线半径大小并结合路面类型、自然条件和车辆组成等情况确定。

（3）回旋曲线

当车辆由直线段驶入圆曲线段或由圆曲线段驶入直线段时，由大半径的圆曲线段驶入小半径的圆曲线段或由小半径的圆曲线段驶入大半径的圆曲线段时，为缓和行车方向和离心力的突变，确保行车的舒适和安全，在直线和圆曲线之间或半径相差悬殊的圆曲线之间需设置符合车辆转向行驶轨迹和离心力渐变的回旋曲线作缓和曲线。

《公路工程技术标准》规定，直线与小于表2-7所列不设超高的圆曲线最小半径相衔接处应设置回旋线，参数及其长度应根据线形设计以及对安全视觉景观等的要求选用较大的数值。四级公路的直线与小于不设超高的圆曲线最小半径相衔接处，可不设置回旋线，用超高、加宽缓和段径相连接。

（二）公路纵断面

公路纵断面是通过公路中心线用假想的铅垂面进行剖切展开后获得的竖向断面。在纵断面图上，可以表达路线中心纵面线形以及地面起伏、地质和沿线设置构造物的概况。如图2-5所示。

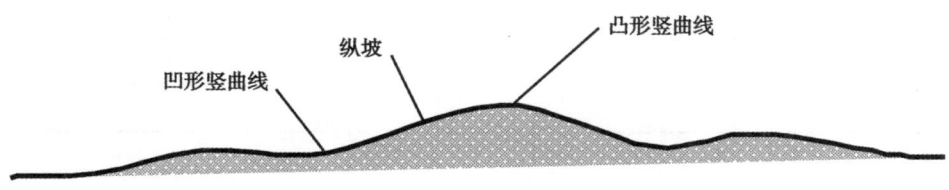

图2-5　公路纵断面示意图

1. 纵面线形

道路纵面线形由组成纵面的上坡、下坡的直线和连接这些直线的竖曲线组成。如图2-5所示。

2. 纵坡

（1）最大纵坡和最小坡长

道路纵坡的大小关系到交通条件、道路排水状况与行车安全。汽车在陡坡路段上行驶时，如果上坡，由于用来克服升坡阻力的牵引力消耗增加，必然导致车速降低；若陡坡太长，升坡时则会使汽车水箱易于沸腾（俗称开锅）、气阻，以致行车缓慢无力，甚至导致发动机熄火，机件磨损增大，驾驶人劳动条件恶化。如果汽车下坡，若陡坡较长，为了保证行车安全，在行车过程中需要频频制动减速，通常易因制动器发热失效或烧坏而导致交通事故。考虑到行车顺适与线形美观、道路排水等因素，在道路纵断面设计中必须对纵坡度及坡长加以限制。纵坡度不能太大，纵坡长不宜太短。《公路工程技术标准》对各级公路最大纵坡和最小坡长进行了规定。见表2-8、表2-9。

表2-8			最小坡长				
设计速度（km/h）	120	100	80	60	40	30	20
最小坡长（m）	300	250	200	150	120	100	60

（2）缓和坡段

在连续的较大纵坡之间，插入一定长度的纵坡度较平缓的坡段，使连续爬坡的车辆能够得到调剂，驾驶人也可以"轻松"一下，这就是缓和坡段。按《公路工程技术标准》规定，连续上坡或下坡时，应在不大于表2-9所规定的纵坡长度范围内设置缓和坡段，缓和坡段的纵坡应不大于3%，其长度应符合纵坡长度的规定。

表2-9　　　　　　　　　　　　不同纵坡最大坡长

纵坡坡度（%）＼最大坡长（m）＼设计速度（km/h）	120	100	80	60	40	30	20
3	900	1000	1100	1200	——	——	——
4	700	800	900	1000	1100	1100	1200
5	——	600	700	800	900	900	1000
6	——	——	500	600	700	700	800
7					500	500	600
8					300	300	400
9						200	300
10							200

3. 竖曲线

竖曲线是设置在各级道路两相邻纵坡变坡处的竖向曲线。分凹形竖曲线和凸形竖曲线两种。凹面向上的称为凹形竖曲线，凸面向上的称为凸形竖曲线。

凹形竖曲线半径的大小应能有效地起到缓和车辆下坡转为上坡，或由陡坡转为缓坡时因突然转折而产生的冲击。凸形竖曲线半径的大小应能满足纵向行车视距的要求。如果凸形竖曲线的半径过小，则车辆越接近坡顶，驾驶人的视距越短，距离坡顶背面的视线盲区越近，发现坡顶对面来车的时间也越短，往往当坡顶对面来车相遇时，由于相互发现的距离太近来不及采取措施而发生撞车事故。如图2-6所示。

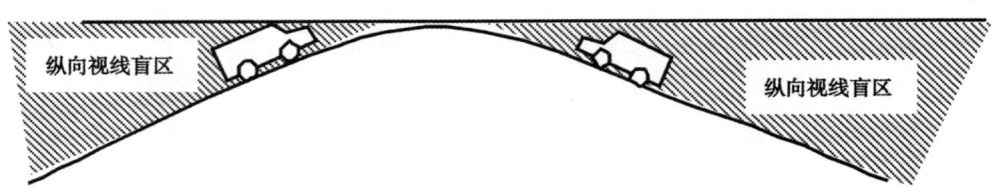

图2-6　凸形竖曲线处纵向视线盲区示意图

在《公路工程技术标准》中，对竖曲线半径作了相应规定，竖曲线最小半径分为一般值和极限值。极限值是汽车在纵坡变更处行驶时，为了缓和冲击和保证视距所需的最小半径的计算值，该值在受地形等特殊情况约束时方可采用。竖曲线半径一般值是竖曲线最小半径极限值的1.5~2.0倍。

（三）公路横断面

道路的横断面，是沿着道路宽度方向，垂直于道路中心线所作的剖面图。从道路的横断面上，可反映道路的横面线形、道路宽度、结构层，以及道路路面上、上空和地下的各种设施。如图2-7所示为公路横断示意图，标注了道路各主要部分的名称。

1. 横面线形

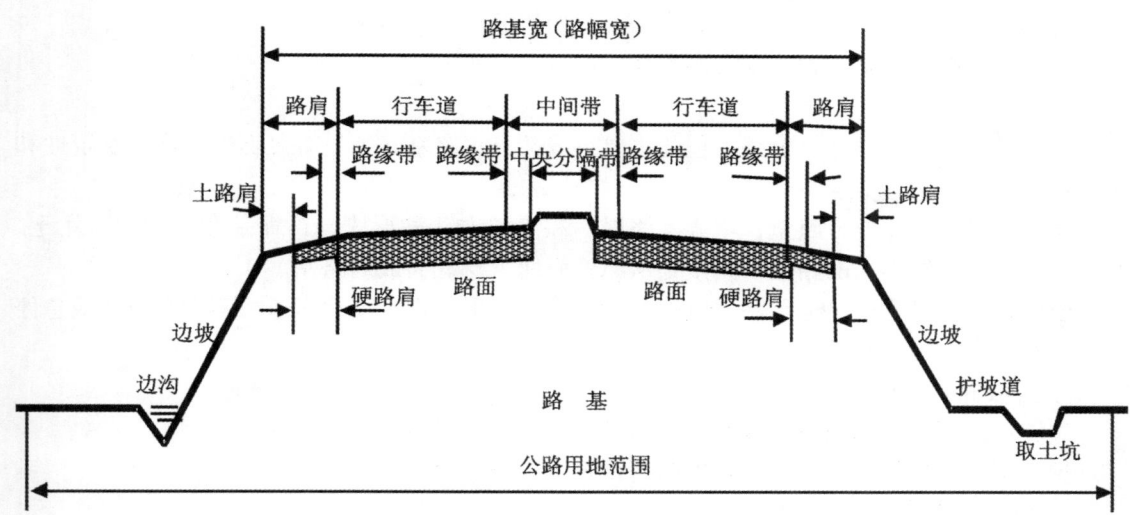

图 2-7　公路横断面（路堤）示意图

公路的横面线形，由行车道、中间带、路肩、路堤、路堑、边坡、边沟（截水沟）、护坡道等直线和竖曲线组成。如图 2-7 所示。

2. 行车道

行车道是由车道组成的。所谓行车道是指专为纵向排列、安全顺适地通行车辆为目的而设置的公路带状部分。车道宽度是为了交通上的安全和行车上顺适，根据汽车大小、车速高低而确定的各种车辆以不同速度行驶时所需的宽度。

我国习惯把单车道、双车道、四车道等统称为行车道，所指的是行车车道和超车车道。其他起特殊作用的车道，如爬坡车道、变速车道等，虽然也是车道，但由于其功能和作用的不同，未计入行车道当中。我国的行车道是车道数乘以车道宽度。

根据《公路工程技术标准》，公路车道宽度应符合表 2-10 的规定。

表 2-10　　　　　　　　　　车道宽度

设计速度（km/h）	120	100	80	60	40	30	20
车道宽度（m）	3.75	3.75	3.75	3.50	3.50	3.25	3.00（单车道时为 3.50）

3. 中间带

中间带设在道路中央，主要作用是分隔往返车流、防止认错对向车道、避免车辆中途掉头。如果条件许可，可作为设置公路标志和其他交通管理设施的场地，埋设管线等。如果利用植树或设防眩设施，也可使夜晚行车时不闭远光灯。

中间带由两条左侧路缘带及中央分隔带组成。路缘带设置应起到诱导视线等作用。

高速公路、一级公路整体式断面应设置中间带。中间带宽度按《公路工程技术标准》的规定选取。

4. 路肩

路肩是指路面两侧的路基边缘地带。主要作用有：保护行车道等主要结构的稳定；供发生故障的车辆临时停车；提供侧向余宽，有利于安全，增加舒适感；可供行人或自行车通行；为设置路上设施提供位置；作为道路养护操作的工作场地等。

路肩宽度按《公路工程技术标准》规定选取。

5. 路基

路基是路面的基础，是公路工程的主要组成部分。路基必须具有足够的强度、稳定性和耐久性。

路基一般可分成挖方路堑、填方（路堤）和零填方几种形式。路堤是在原地面上用土、石或其他材料填筑起来的路基；路堑是从原地面向下挖低而成的路基。

公路路基宽度为行车道与路肩宽度之和。当设有中间带、变速车道、爬坡车道、应急停车带等时，应包括这些部分的宽度。

6. 边坡和护坡道

边坡：路基两侧的填方斜坡和挖方路基边沟外侧的斜坡。

护坡道：为保护路堤边坡，在坡脚处设置的一条平道。

7. 地面排水构造物

地面排水构造物有边沟、截水沟与排水沟等。

8. 路面

路面是用建筑材料铺筑的结构层。各级公路的行车道、路缘带、匝道、变速车道、爬坡车道、硬路肩和应急停车带等均应铺筑路面。

（1）路面及面层类型

路面按其在行车载荷作用下的工作特性，可分为柔性路面和刚性路面。

柔性路面：常见的有沥青碎石，沥青混凝土，以及泥结碎石和沙土路面。柔性路面具有多层结构，各结构层紧密结合，共同承受车轮载荷。它主要依靠抗压强度和抗剪强度的共同作用来抵抗车轮的作用力。但是，它的抗弯强度小，竖向变形大，在车轮重复碾压下，常有残余变形产生。因此，车辆紧急制动时，在柔性路面上会留有明显的制动印迹。

刚性路面：常见的有混凝土路面。在车轮载荷作用下，刚性路面的板体效应很强。在弹性工作阶段，竖向变形很小，抗弯和抗剪强度很大。但是，刚性路面脆性强，当支承路面结构层的路基产生不均匀沉陷时，可引起水泥混凝土路面板发生折裂。

路面面层类型和适用范围见《公路工程技术标准》。

（2）路面平整度和粗糙度

为了提高车辆的行驶速度和乘车的舒适性，路面应保持一定的平整度。但是路面又不能光如镜面，否则，在光滑的路面上车轮与路面之间缺少附着力，不利于行车安全。因此，路面要求有一定的粗糙度，即路面在微观上应呈现出一定程度的凹凸不平，使车辆行驶时，轮胎与路面在微观上互相嵌制，产生足够的附着力，维持车辆正常行驶或制动。

（3）标准轴载

标准轴载是路面设计中的一个重要参数，对路面设计、使用及建设投资的影响很大。近年来，我国交通运输发展很快，不仅交通量急剧增长，而且重车增多，特别是货车超载现象特别严重。在道路和交通管理部门对超载现象进行管理的同时，道路设计部门在道路设计上也将重车对路面的影响进行了慎重考虑。《公路工程技术标准》规定，路面设计标准轴载为双轮组单轴 100kN。

9. 路拱坡度

道路行车道横断面从两侧开始向中央逐渐拱起，使道路表面呈现中间高、两边低的形状，称作路拱。其主要作用是保持路面的横向排水流畅。路面顶部高出其两边的高度称为路拱坡度（亦称为路面横坡）。路拱坡度过大对行车不利，故路拱坡度应限制在一定范围内。

路拱横坡与纵坡一样，同样用百分数表示，计算方式也与纵坡的计算方式相同。

设计时，路拱坡度根据路面类型和当地自然条件取值，一般在 1‰～4‰ 之间。

10. 公路建筑限界

为了保证车辆运行和行人通行需要，在公路上的一定宽度和一定高度范围内不允许有任何障碍物的空间限制界线，称为公路建筑限界。即净空限界，有净空高度（净高）和净空宽度（净宽）两个净空限制值。在公路的建筑限界内不允许设置公路标志牌、护栏、行道树、电杆、信号机、照明等各种设施。

净空是指为保证行车和行人的需要，道路在横向上和高度上所必须满足的宽度和高度值。在设计时，对于路幅的组成，必须规划出各种应设设施的空间位置，不得侵入道路净空之内。其他路外的设施，不仅不能侵入公路的建筑限界之内，而且，应按有关规定离开公路若干距离。

根据《公路工程技术标准》规定，一条公路应采用一个净高。高速公路和一、二级公路为 5.0m，三、四级公路为 4.5m。当检修道、人行道与行车道分开设置时，其净高应为 2.50m。净宽包括横向上行车道、中间带、硬路肩、应急停车带、非机动车道、人行道等宽度在内的宽度值。

11. 公路用地范围和控制范围

公路用地范围为公路路堤两侧排水沟外边缘（无排水沟时为路堤或护坡道坡脚）以外，或路堑坡顶截水沟外边缘（无截水沟为坡顶）以外不小于1m范围内的土地，在有条件的地段，高速公路、一级公路不小于3m，二级公路不小于2m，范围内的土地为公路用地范围。桥梁，隧道，互通式立体交叉，分离式立体交叉，平面交叉，交通安全设施，服务设施，管理设施，绿化以及料场，苗圃等，应根据实际需要确定用地范围。公路用地范围也是交通管理范围。

公路控制范围是指公路边沟外缘起，没有边沟的，从公路坡脚线外缘起，国道不少于20m，省道不少于15m，县道不少于10m，乡道不少于5m的区域内公路建筑控制区范围。在上述范围内，除公路防护、养护需要和必要的农田设施建设外，禁止修建建筑物和构筑物；需要埋设管线、电缆等设施的，应当事先经交通主管部门批准。大中型公路桥梁和渡口周围200m，高路堤等特殊路段两侧200m，公路隧道上方和洞口外100m，公路两侧100m范围内，禁止挖砂、采石、采矿、倾倒废弃物，进行爆破作业及其他危及公路、公路桥梁、公路隧道、公路渡口安全的活动。在上述桥梁、渡口、高路堤、隧道、洞口的范围内和公路两侧20m范围内禁止取土。

第三节　城市道路基本知识

一、城市道路分类

城市道路是指城市供车辆、行人通行的，具备一定技术条件的道路、桥梁及其附属设施。

按照道路在道路网中的地位、交通功能以及对沿线建筑物的服务功能等，城市道路分为快速路、主干路、次干路、支路四类。

（一）快速路

快速路是为城市中大量、长距离、快速交通服务的道路。快速路对向车行道之间应设中间分车带，其进出口应采用全控制或部分控制。

快速路两侧不应设置吸引大量车流、人流的公共建筑物的进出口。两侧一般建筑物的进出口应加以控制。

（二）主干路

主干路是为连接城市各主要分区的干路，以交通功能为主的道路。自行车交通量大时，宜采用机动车与非机动车分隔形式，如三幅路或四幅路。

主干路两侧不应设置吸引大量车流、人流的公共建筑物的进出口。

（三）次干路

次干路是与主干路结合组成道路网，起集散交通的作用，兼有服务功能的道路。

（四）支路

支路是为次干路与街坊路的连接线，解决局部地区交通，以服务功能为主的道路。

二、城市道路的设计速度

各类各级城市道路的设计速度见表 2-11。

表 2-11　　　　　　　　　　城市道路设计速度

道路等级	快速路			主干路			次干路			支路		
设计速度（km/h）	100	80	60	60	50	40	50	40	30	40	30	20

三、城市道路建筑限界和道路红线

城市道路建筑限界与公路建筑限界类似，同样包括净高和净宽。在建筑限界内不得有任何物体侵入。城市道路建筑限界内的范围为交通管理范围。城市道路净高见表 2-12。

在图纸上常以红色线条表示规划道路建设用地范围的界线，称之为道路红线。

表 2-12　　　　　　　　　　城市道路最小净高

道路种类	行驶车辆类型	最小净高（m）
机动车道	各类机动车	4.5
	小客车	3.5
非机动车道	自行车、三轮车	2.5
人行道	行人	2.5

四、城市道路功能和基本组成

城市道路具备许多功能，其最基本的功能是交通。同时还有采光、通风、架设、埋设管线等功能。城市道路的基本组成可以分为三大部分。

直接组成部分：供车辆、行人通行的部分，包括路基、路面、桥梁、隧道、广场、停车场、人行天桥、人行地道等。

间接组成部分：保护、稳固路基、路面的工程构造，如边沟、盲沟、挡土墙等。

附属部分：道路上的交通服务设施，如道路标志、标线、护栏、路灯、交通岛等。

五、城市道路路幅布置形式

道路的路幅布置，即道路的横断面布置，也就是根据实际情况把整个道路路面用物理设施隔成若干块，布置不同种类、不同方向交通的通行路面。通常有以下几种布置形式。

单幅式：整个路幅没有被物理设施隔开，作为一个整体供各种交通通行，机动车在中间行驶，非机动车靠路边行驶，所以又称为一块板道路（见图 2－8a）。一块板道路上的各种交通相互之间的影响、干扰较大，交通秩序、通行能力和行驶速度都受到了影响，一般适用于机动车交通量不大，非机动车较少的次干路、支路以及用地不足，拆迁困难的旧城市道路。但为政治、军事的需要，如群众游行或军事机械通行的需要，一些较宽的道路也可建成单幅式道路。

双幅式：利用物理设施把整个路幅一分为二，把对向交通流分开，所以又称二块板道路（见图 2－8b）。双幅式道路利用隔离带实现了对向交通流的分隔，减少了彼此的干扰，所以机动车行车秩序、通行能力、行车速度都有所提高，但这种布置形式还没有把同方向的机动车交通和非机动车交通分开，机动车与非机动车存在着干扰。这种布置形式适用于单向两条机动车车道以上，非机动车较少的道路。有平行道路可供非机动车通行的快速路和郊区道路以及横向高差大或地形特殊的路段，亦可采用双幅路。

三幅式：利用两条分隔带将行车道一分为三，中间供双向机动车行驶，两边供非机动车行驶，所以又称为三块板道路（见图 2－8c）。三幅式道路利用分隔实现了机动车交通与非机动车交通的分离，减少了彼此间的干扰，使机动车行驶速度和交通安全性提高，但对向行驶的机动车没有被隔开，机动车会车安全依然受到影响。这种布置形式适用于机动车交通量大，非机动车多，红线宽度大于或等于 40m 的道路。

四幅式：利用三条分隔带将行车道一分为四，除把机动车与非机动车分离外，把对向的机动车交通也进行了分离，又称为四块板道路（见图 2－8d）。这种布置形式，不仅同向的机动车与非机动车互不干扰，对向行驶的机动车也互不影响，因此最有利于改善道路交通秩序、提高道路通行能力和行车速度。但这种路幅布置形式，三条分隔带的存在占用了较多的面积，所以适用于机动车速度高，单向两条机动车车道以上，非机动车多的快速路与主干路。

在实际的交通管理中，应该根据实际的道路条件和交通条件，合理选择道路的横断面布置形式。

六、城市机动车道宽度

各级城市道路的机动车车道宽度应根据车型及设计速度确定。一条机动车车道的宽度可按表 2－13 选取。

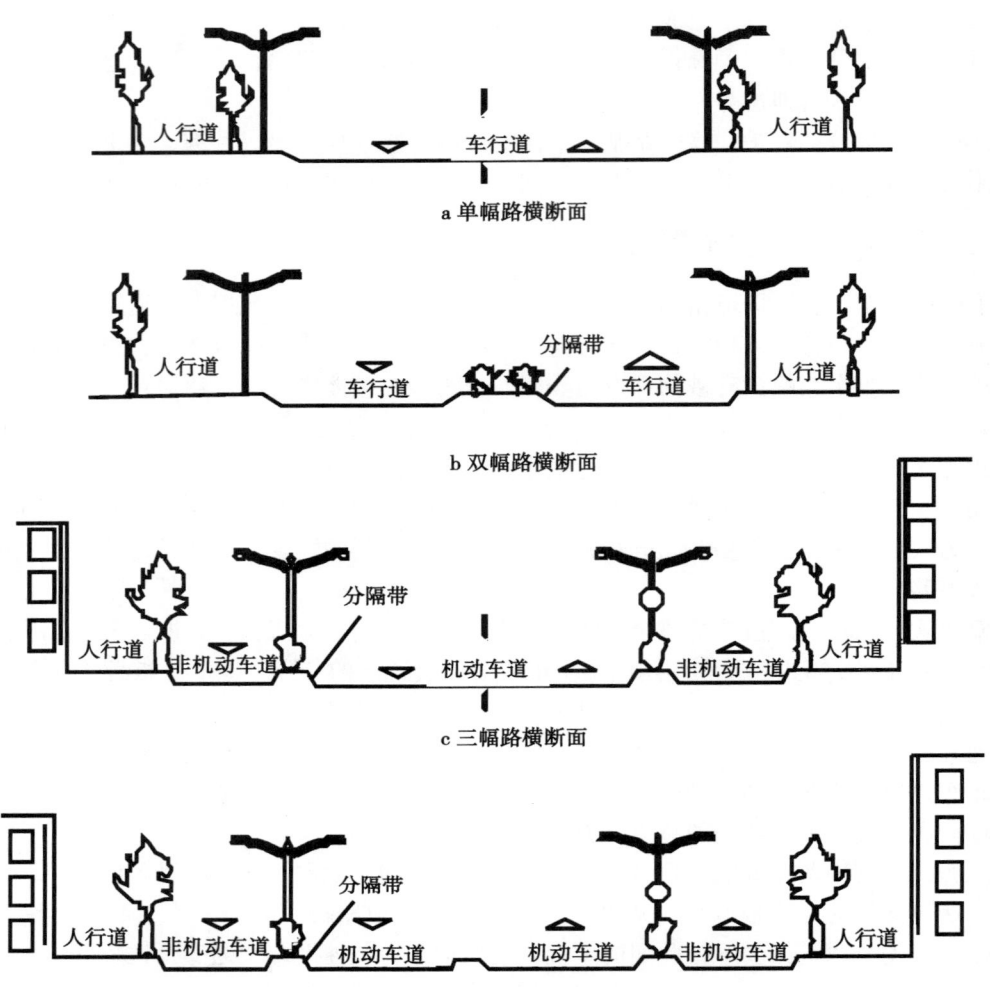

图 2-8　城市道路横断面组成及基本形式

表 2-13　　　　　　　　　　　　　　一条机动车车道最小宽度

车型及车道类型	设计速度（km/h）	
	＞60	≤60
大型车或混行车道（m）	3.75	3.5
小客车专用车道（m）	3.5	3.25

表 2-14　　　　　　　　　　　　　　一条非机动车车道宽度

车辆种类	自行车	三轮车
非机动车道宽度（m）	1.0	2.0

道路交通管理

应当注意，车道数不宜过多，否则会引起行人过街不便、驾驶人操作紧张以及因超车、抢道造成交通秩序混乱等现象；行车道两个方向的车道数一般相等，车道的总数是偶数，但是根据实际情况，有时也可采用奇数车道，将其中一条车道供混合交通使用或通车方向随时间不同而变换（时间性可变车道），以使车道得到合理利用；机动车道宽度不应强求一致，可根据同一路线各路段在城市中所处的位置不同，各个路段的交通量、交通动态和道路的定线条件，合理规划设计，但在同一条路线上，特别是在直线段上，变化不能过多或突然，以免影响行车安全。

七、非机动车道宽度

非机动车车种复杂，各种车辆行驶速度相差很大，而且并驶、错让、超车等现象经常出现。因此确定非机动车道一般可按照道路上行驶的非机动车的类型、各种非机动车行驶要求，分析各种车辆可能出现的横向组合方式，根据不利的并驶和超车情况估算其宽度。

一条非机动车道宽度应符合表2-14的规定。与机动车道合并设置的非机动车道，车道数单向不应小于2条，宽度不应小于2.5m。非机动车专用道路面宽度应包括车道宽度及两侧路缘带宽度，单向不宜小于3.5m，双向不宜小于4.5m。

非机动车道通常都沿着道路两侧对称布置在机动车道和人行道之间，用交通标线或分隔带与机动车道隔开，以保证非机动车的安全及提高机动车车速。在住宅区道路或其他交通量很小的支路上，非机动车方可与机动车混合行驶。为吸引非机动车行驶，非机动车道的宽度、路面、坡度等应设计恰当，以免非机动车道失去应有的作用，出现非机动车侵占机动车道，影响机动车交通的情况。

目前有的城市在道路改建或交通组织时将非机动车道移至原来的人行道上，使非机动车与行人道混在一起通行，是一种权宜之计。如果这样做，应当尽可能用绿化带、标线等将非机动车与行人隔离，同时应保证非机动车的无障碍通行性。

八、人行道和人行横道宽度

（一）人行道宽度

人行道是专供行人步行的道路，其主要功能是为了满足步行交通的需要，同时用来布置绿化、地上杆线、地下管线、交通护栏、交通标志、宣传广告栏、清洁箱等交通附属设施。设计人行道时要综合考虑街道功能、沿街建筑物性质、人流密度以及在人行道上设置灯杆、电车架空线和绿化植树带，及地下管线埋设和备用地的要求。

人行道最小宽度控制值见表2-15。人行道应设置无障碍设施。

表2-15　　　　　　　　　　　　　　人行道最小宽度

项　　目	人行道最小宽度（m）	
	一般值	最小值
各级道路	3.0	2.0
商业或公共场所集中路段	5.0	4.0
火车站、码头附近路段	5.0	4.0
长途汽车站	4.0	3.0

人行道需要与行车道分隔，并要保证车辆及其装载货物的突出部分不致碰刮靠边的行人，也要设法阻止行人在非规定的地点穿越街道。

一般情况下，人行道高出行车道 8～20cm，对称布置在行车道的两侧。在受地形、地物限制或有其他特殊情况时，两边可不等宽，或者单边布置（多见于傍山或靠河的狭路）。

（二）人行横道宽度和间距

根据国家标准《道路交通标志和标线》规定，人行横道的最小宽度为 3m，并可根据行人数量以 1m 为一级加宽。人行横道线的设置位置，应根据行人横穿道路的实际需要确定。但路段上设置的人行横道线之间的距离应大于 150m。另外北京市地方标准《道路交通管理设施设置规范》规定，繁华街道人行横道线之间的间隔可视行人横穿道路的实际需要设置。

九、道路交叉口

道路交叉包括道路与道路交叉，道路与铁路交叉以及道路与其他设施（如人行地道、管线等）。通常把道路与道路相交的部位，称为道路交叉口。道路交叉口把各条道路联结起来，形成网络，是道路的重要组成部分。相交道路上的车辆和行人都需要通过交叉路口汇集才能转向其他道路，此时，车辆与车辆、车辆和横路的行人之间相互干扰，不但使行车速度降低，造成交通阻滞，而且可能引发交通事故。正确地规划和设计交叉路口，合理地组织管理交叉路口的交通，是提高道路通行能力和保证交通安全的重要方面。

按相交道路相互之间的空间位置，道路交叉口可分为平面交叉口和立体交叉口。

（一）道路平面交叉

不同方向的道路在同一高程相交，称为平面交叉，其相交部位为平面交叉口。在平面交叉口，各个方向的交通流相互干扰，对道路通行能力和交通安全影响很大。城区交通阻塞，大部分是由于平面交叉口通行能力不足而造成的。在规划设计时，应根据相交道路的等级、分向交通量、公共交通站点的设置、周围地形条件、用地性质确定平面交叉口的交通组织方式及其用地范围。

常见的平面交叉口有十字形、X 形、T 形、Y 形、错位交叉和多路交叉形等。如图 2-9 所示。

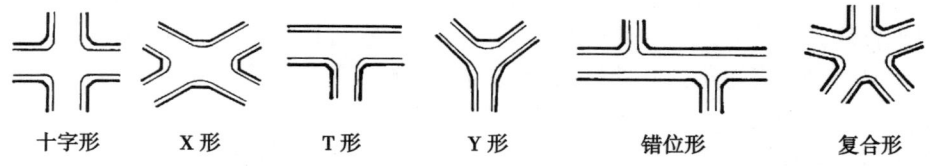

| 十字形 | X 形 | T 形 | Y 形 | 错位形 | 复合形 |

图 2-9　平面交叉口的形式

十字形平面交叉口两条道路互相垂直或近于垂直相交，交角在 75°～105°之间，形式简单，是最常见、最基本的一种平面交叉口。这种路口交通组织方便，街角建筑容易处理，适用范围广，可用于相同等级或不同等级的道路相交。

X 形平面交叉口两条道路以锐角或钝角斜交。当相交的锐角较小时，将形成狭长的交叉口，对交通不利（特别是对车辆左转弯），街口的建筑物也难处理。所以，应尽量避免这种形式的交叉口。

T 形、Y 形和错位形平面交叉口一般用于主要道路与次要道路相交的交叉处。主要道路应设在交叉口的顺直方向，以保证干道上车辆行驶畅通。在特殊情况下，一条为尽端式的主要干道与另一条主要干道相交时，可以设计成 T 形交叉。由于在错位道口之间容易造成交通阻塞，所以在主干道上应尽量避免错位交叉口。

复合形交叉口（又称多路交叉口），用于多条道路交叉处，占地较大，交通组织和管理复杂，应尽量避免。最多不要超过 5 条道路相交。

（二）道路立体交叉

立体交叉是从空间将两条或多条交叉道路上的交通流分隔开来的设施，是指交叉道路在不同标高相交时的路口。道路与道路立体交叉，可使相交道路上的交通流互不干扰或干扰减小，既能保证交通安全，又能提高道路通行能力。但立体交叉一般比平面交叉用地多，造价高。

道路立体交叉从功能上可分为分离式立体交叉和互通式立体交叉两大类。

分离式立体交叉，又称简易立体交叉。它是相交道路在不同标高上通过，且车辆在交叉处不能转弯到另一条道路上去的交叉。标高相对较高的那条道路称为上线，较低的那条称为下线。这种交叉有两种构筑形式，一种是上线建筑一座跨越下线的桥梁（称为跨线桥），另一种是下线建筑一座下穿上线的地下通道（称为下穿道）。这类交叉常用于道路与铁路干线的交叉，或者主要道路与次要道路的交叉。如图 2-10 所示。

图 2-10　分离式立体交叉

互通式立体交叉，这种交叉不仅在交叉处处于不同标高，而且在不同标高相交的道路之间设置连接道路（匝道），不同标高道路上的车辆可以通过匝道转向行驶到另一条相交道路上去。根据功能的不同，互通式立体交叉分为全互通式和部分互通式两种。如图 2-11 所示，为全互通式立交。

立体交叉的基本组成如图 2-11 所示。图中下线表示高速公路，上线表示一般道路，数字代表的各部分名称为：①跨线桥；②入口；③内环匝道；④出口；⑤外环匝道；⑥减速车道；⑦加速车道；⑧下穿道；⑨引道。入口和出口是相对进出高速公路而言的。

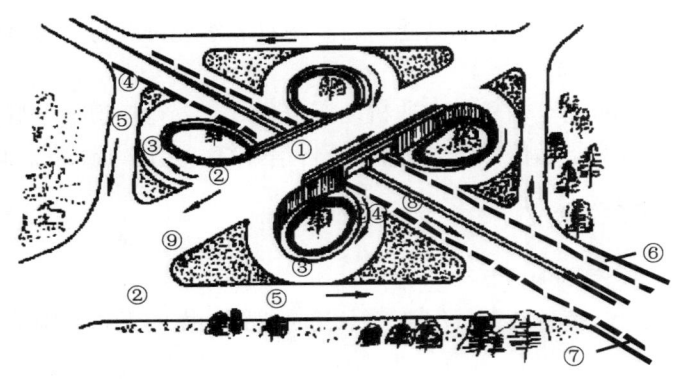

图 2-11　互通式立体交叉

35

第三章

道路交通信号与设施

第一节　道路交通信号灯

一、道路交通信号灯的组成和种类

交通信号灯又称为交通指挥灯，是向交通参与者发出特定的指令信号的专用灯具。它由红、黄、绿三色灯片、灯泡、反光镜和灯具壳组成。安装在平面交叉路口和路段，指挥和疏导车辆和行人安全通行。信号灯的光源，一般采用60W至100W的白炽灯，灯光的亮度应保证距离信号灯100m处都能看清楚信号的指示。

交通信号灯通过对同时到达的车辆和行人交通流分配以最有效的通行权，在时间上把相互冲突的交通流进行短暂分离，使其最有效地通过交叉路口或路段。最有效是指交通流获得最小的干扰、延时和最小的危险，从而起到保障车辆和行人安全通行和秩序良好的作用。

（一）信号灯的组成和基本含义

道路交通信号灯（简称交通信号灯或信号灯）是由红色、黄色、绿色的灯色按顺序排列组合而成的显示交通信号的装置。信号灯主要以亮灯时的灯色、显示的图案和灯光的闪烁来表示信息。

信号灯基本信息表示：红灯表示禁止通行、绿灯表示允许通行、黄灯表示警示。

（二）交通信号灯的分类

交通信号灯分为：机动车信号灯、非机动车信号灯、人行横道信号灯、车道信号灯、方向指示信号灯（包括掉头指示信号灯）、闪光警告信号灯、道路与铁路平面交叉道口信号灯。

二、交通信号灯的含义

（一）机动车信号灯和非机动车信号灯

机动车信号灯是由红色、黄色、绿色三个几何位置分立的无图案圆形单元组成的一组信号灯，指导机动车通行（见图3-1a）。非机动车信号灯是由红色、黄色、绿色三个几何位置分立的内有自行车图案的圆形单元组成的一组信号灯，指导非机动车通行。左转非机动车信号灯是由红色、黄色、绿色三个几何位置分立的内有自行车和向左箭头图案的圆形单元组成的一组信号灯，指导左转非机动车通行（图3-2）。

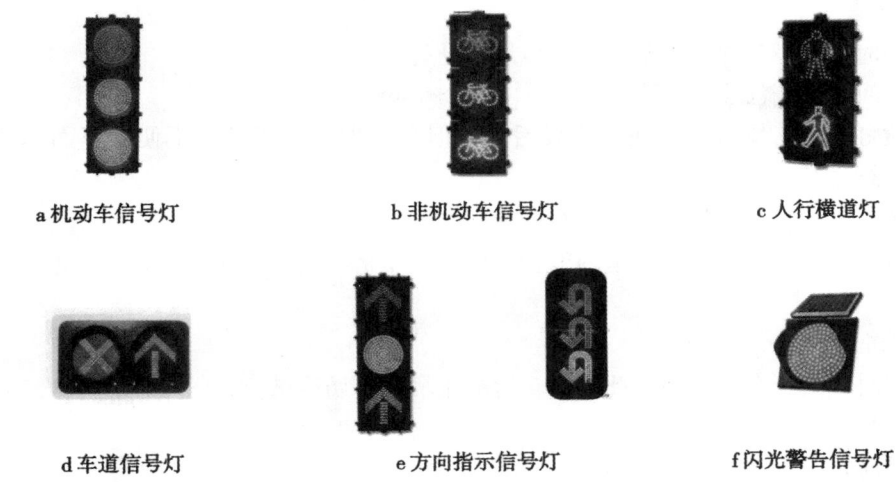

　　a机动车信号灯　　　　　　　b非机动车信号灯　　　　　　　c人行横道灯

　　d车道信号灯　　　　　　　e方向指示信号灯　　　　　　　f闪光警告信号灯

图3-1　信号灯示意

图3-2　方向指示信号灯实例

　　机动车信号灯和非机动车信号灯工作时其灯色按绿灯、黄灯、红灯的顺序循环变化，指导车辆通行。

　　在未设置非机动车信号灯和人行横道信号灯的路口，非机动车和行人应当按照机动车信号灯的表示通行。

　　各灯色信号含义如下：

　　1. 绿灯信号

　　绿灯亮时，准许车辆通行，但转弯的车辆不得妨碍被放行的直行车辆、行人通行。

　　绿灯亮时，应当注意以下事项：

　　（1）绿灯亮时，车辆可直行、左右转弯，无禁止掉头信号时，可在路口内掉头；左转弯机动车靠路口中心点左小转弯；左转弯非机动车靠路口中心点左大转弯。

　　（2）如果在未设人行横道信号的路口，行人在所去方向的绿灯亮时，方可进入人行横道通过路口。

　　（3）让已在路口内的车辆和正在人行横道内的行人先行。

　　（4）转弯的车辆让直行的车辆和行人先行（以不与其争道抢行造成险情为限）。但是，左转弯的车辆对先来的直行车辆已经作了让行正在转弯时，后来的直行车辆则应让其通过，也不得与其争道抢行而造成险情。

　　（5）右转弯的车辆让直行的车辆先行。

（6）右转弯的车辆让左转弯的车辆先行。

（7）在路口内已经堵车时，车辆不准进入路口。

2. 黄灯信号

黄灯亮时，已越过停止线的车辆可以继续通行。

黄灯亮时，应当注意以下事项：

（1）黄灯亮时，应将车停在停止线后面，但车辆如因距离过近不便停车而越过停止线时，可以继续通行。

（2）黄灯亮时，行人不要进入人行横道。

（3）黄灯亮时，已在人行横道内的行人要视来车情况，或尽快通过，或原地不动，或退回原处。

3. 红灯信号

红灯亮时，禁止车辆通行。此时右转弯的车辆在不妨碍被放行的车辆、行人通行的情况下，可以通行。

红灯亮时，应当注意以下事项：

（1）红灯信号是带有强制意义的禁行信号，遇此信号时，被禁行车辆须停在停止线以外，被禁行的行人须在人行道边等候放行。

（2）机动车在等候放行时，不准熄火，不准开车门，车辆驾驶人不准离开车辆。

（二）人行横道信号灯和盲人过街声响提示装置

1. 人行横道信号灯

人行横道信号灯是由几何位置分立的内有红色行人站立图案的单元和内有绿色行人行走图案的单元组成的一组信号灯，指导行人通行（见图 3 - 1c）。其各色灯亮时表示：绿灯亮时，准许行人通过人行横道；红灯亮时，禁止行人进入人行横道，但是已经进入人行横道的，可以继续通过或者在道路中心线处停留等候。

2. 盲人过街声响提示装置

盲人过街声响提示装置安装在人行横道两端，在人行横道信号灯的绿灯时间内发出过街提示声音。声音基本波形为正弦波，音响频率为 700Hz±50Hz，持续时间 0.2s，周期为 1s。白天声压级应不超过 65dB（A 计权），夜间声压级应不超过 45dB（A 计权）。盲人根据过街提示音横道路。

（三）车道信号灯

车道信号灯是由一个红色交叉形图案单元和一个绿色向下箭头图案单元组成的信号灯。红色交叉形表示本车道不准车辆通行；绿色向下箭头表示本车道准许车辆通行（见图 3 - 1d）。车道灯仅指挥本车道的车辆通行。其各色灯亮时表示：绿色箭头灯亮时，准许本车道车辆按指示方向通行；红色叉形灯或者箭头灯亮时，禁止本车道车辆通行。

（四）方向指示信号灯

方向指示信号灯是由红色、黄色、绿色三个几何位置分立的内有同向箭头图案的圆形单元组成的一组信号灯，用于指导某一方向上机动车通行。箭头方向向左、向上、向右、或∩，分别表示左转、直行、右转或掉头（见图 3 - 1e 和图 3 - 2）。其各色灯亮时表示：绿色箭头灯亮时，表示允许车辆沿箭头所指的方向行驶；红色或黄色箭头灯亮时，表示仅对箭头所指方向起红灯或黄灯的作用。

（五）闪光警告信号灯

闪光警告信号灯是由一个黄色无图案圆形单元构成的信号灯。工作状态闪烁，表示车辆、行人通行时应注意瞭望，在确保安全后通过。

闪光警告信号灯有的悬于路口或危险地点上空，有的在交通信号灯夜间停止使用后仅用其中的黄灯加上闪烁，以提醒车辆、行人注意前方是交叉路口或危险地点，要谨慎行驶，安全通过。

闪光警告信号灯没有控制交通先行和让行的作用。在有闪光警告信号灯信号的路口，车辆、行人通行时，既要遵守确保安全的原则，同时还要遵守没有交通信号灯或交通标志控制路口的通行规定。

（六）道路与铁路平面交叉道口信号灯

道路与铁路平面交叉道口信号灯（简称道口信号灯）是由两个或一个红色无图案圆形单元构成的信号灯。两个红灯交替闪烁或者一个红灯亮时，表示禁止车辆、行人通行；红灯熄灭时，表示允许车辆、行人通行。

三、信号灯排列顺序

（一）机动车信号灯和方向指示信号灯排列顺序

机动车信号灯和方向指示信号灯各种排列顺序、说明和图示见表3-1。

表3-1　　　　　机动车信号灯和方向指示信号灯排列顺序、说明和图示

序号	排列顺序	说　明	图　示
1	竖向安装，从上向下应为红、黄、绿	用于两相位的相位设置方式	
2	横向安装，由左至右应为红、黄、绿		
3	竖向安装，分为三组。左边一组为左转方向指示信号灯，从上向下应为红、黄、绿；中间一组为机动车信号灯，从上向下应为红、黄、绿；右边一组为右转方向指示信号灯，从上向下应为红、黄、绿	左转方向指示信号灯的绿灯亮，机动车信号灯的红灯亮，右转方向指示信号灯的红灯亮表示：左转方向可通行，直行和右转禁行； 左转方向指示信号灯的红灯亮，机动车信号灯的绿灯亮，右转方向指示信号灯的红灯亮表示：直行方向可通行，左转和右转禁行； 方向指示信号灯中绿色发光单元不得与机动车信号灯中绿色发光单元同亮； 允许左转方向指示信号灯中所有发光单元均都不亮，此时相当于5； 允许右转方向指示信号灯中所有发光单元均都不亮，此时相当于4； 允许左转和右转方向指示信号灯中所有发光单元均都不亮，此时相当于1	

序号	排列顺序	说　明	图　示
4	竖向安装，分为两组，左边一组为左转方向指示信号灯，从上向下应为红、黄、绿，右边一组为机动车信号灯，从上向下应为红、黄、绿	左转方向指示信号灯的绿灯亮，机动车信号灯中红灯亮表示：左转方向可通行，直行禁行，右转弯的车辆在不妨碍被放行的车辆、行人通行的情况下，可以通行； 左转方向指示信号灯的红灯亮，机动车信号灯的绿灯亮表示直行和右转方向可通行，左转禁行； 方向指示信号灯中绿色发光单元不得与机动车信号灯中绿色发光单元同亮； 允许左转方向指示信号灯中所有发光单元均都不亮，此时相当于1	
5	竖向安装，分为两组，左边一组为机动车信号灯，从上向下应为红、黄、绿，右边一组为右转方向指示信号灯，从上向下应为红、黄、绿	用于需要单独控制右转的路口； 方向指示信号灯中绿色发光单元不得与机动车信号灯中绿色发光单元同亮； 允许右转方向指示信号灯中所有发光单元均都不亮，此时相当于1	
6	采用左、直、右三组方向指示信号灯，竖向安装，信号灯排列顺序由上向下应为红、黄、绿	若夜间或其他时段采用两相位的相位设置方式时，不宜采用此种排列顺序	
7	采用左、直、右三组方向指示信号灯，横向安装，信号灯排列顺序由左至右应为红、黄、绿		

（二）非机动车信号灯的灯色排列顺序

不需要单独控制左转非机动车交通流时，竖向安装，信号灯灯色排列顺序由上向下应为红、黄、绿。

需要单独控制左转非机动车交通流时，竖向安装，分为两组。左边一组为左转非机动车信号灯，由上向下应为红、黄、绿；右边一组为非机动车信号灯，由上向下应为红、黄、绿（见图3-3）。

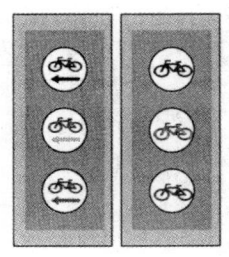

图3-3 左转非机动车信号灯排序示意

（三）人行横道信号灯的灯色排列顺序

人行横道信号灯应采用竖向安装。信号灯灯色排列顺序应为上红、下绿。

四、信号灯的设置条件

信号灯只有在需要时，即符合一定条件时才设置。其设置条件以《道路交通信号灯设置与安装规范》（GB14886—2006）为准。

（一）信号灯的设置条件总则

1. 信号灯设置应考虑的条件

（1）信号灯设置时应考虑路口、路段和道口三种情况。

（2）应根据路口形状、交通流量（这里指以4～5座的小客车为当量车种的当量流量。换算系数见GB14886—2006附录A）和交通事故状况等条件，确定路口信号灯的设置。可设置专用于指导公共交通车辆通行的信号灯及相应配套设施。

（3）应根据路段交通流量和交通事故状况等条件，确定路段信号灯的设置。

（4）在道口处，应设置道口信号灯。

2. 与信号灯配套设置的设施、设备

在设置信号灯时，应配套设置相应的道路交通标志、道路交通标线和交通技术监控设备。这些配套设置，可以弥补信号灯的不足，提高信号灯的管理效率。

（二）路口信号灯的设置

1. 十字形路口、斜交路口、T形路口、Y形路口信号灯设置

当相交的两条道路均为干路时，应设置信号灯。当相交的两条道路中有一条为支路时，应根据交通流量（详见表3-2）和交通事故状况等条件，确定是否设置信号灯。

表3-2　　　　　　　　　　路口机动车高峰小时流量

主要道路单向车道数（条）	次要道路单向车道数（条）	主要道路双向高峰小时流量（PCU/h）	流量较大次要道路单向高峰小时流量（PCU/h）
1	1	750	300
		900	230
		1200	140
1	≥2	750	400
		900	340
		1200	220

续表

主要道路单向车道数（条）	次要道路单向车道数（条）	主要道路双向高峰小时流量（PCU/h）	流量较大次要道路单向高峰小时流量（PCU/h）
≥2	1	900	340
		1050	280
		1400	160
≥2	≥2	900	420
		1050	350
		1400	200

注：1. 主要道路指两条相交道路中流量较大的道路。

2. 次要道路指两条相交道路中流量较小的道路。

3. 车道数以路口50m以上的渠化段或路段数计。

4. 在无专用非机动车道的进口，应将该进口进入路口非机动车流量折算成当量小汽车流量并统一考虑。

5. 在统计次要道路单向流量时应取每一个流量统计时间段内两个进口的较大值累计。

这里的干路指在设计速度、机动车车道条数、道路宽度和断面形式等方面符合《城市道路交通规划设计规范》（GB50220—1995）第7章规定的快速路、主干路、次干路（大中城市）和干路（小城市），以及双向四车道以上（含）的公路。支路指在设计速度、机动车车道条数、道路宽度和断面形式等方面符合《城市道路交通规划设计规范》（GB50220—1995）第7章规定的支路和以下道路，以及双向四车道以下的公路。

2. 错位T形路口信号灯的设置

当错位间距（指两条错位道路相邻的路缘线间距离）小于50m时，可视为一个十字路口或斜交路口，按十字路口或斜交路口设置信号灯。

当错位间距大于50m时，可视为两个T形路口，分别按T形路口设置信号灯。

3. 错位Y形路口、多路路口信号灯的设置

这类路口较为复杂，应进行合理交通渠化后，根据交通流量和交通事故状况等条件确定信号灯的设置。

4. 环形路口信号灯的设置

环形路口信号灯的设置应根据其通行能力、交通流量和交通事故状况等条件确定信号灯的设置。

5. 路口非机动车信号灯的设置

对于机动车单行线上的交叉口，在与机动车交通流相对的进口应设置非机动车信号灯。

非机动车驾驶人在路口距停车线25m范围内不能清晰视认用于指导机动车通行的信号灯的显示状态时，应设置非机动车信号灯。

其他特殊情况下，如通过交通组织仍不能解决机动车与非机动车冲突，宜设置非机动车信号灯。

6. 路口人行横道信号灯的设置

在采用信号控制的路口，已施划人行横道标线的，应相应设置人行横道信号灯。

7. 路口方向指示信号灯的设置

在有专用转弯机动车道的路口，若采用多相位的相位设置方式，应设置方向指示信号灯。在全天 24h 均不采用多相位的相位设置方式的路口，不应设置方向指示信号灯。

（三）车道信号灯和闪光警告信号的灯设置

1. 车道信号灯的设置

在可变车道入口和路段、隧道、收费站等地，应设置车道信号灯。在城市快速路进出口等地视实际情况可设置车道信号灯。

2. 闪光警告信号灯的设置

在需要提示驾驶人和行人注意瞭望、确认安全后通过处，宜设置闪光警告信号灯。

（四）路段人行横道信号灯和机动车信号灯设置的流量条件

双向机动车车道数达到或多于 3 条，双向机动车高峰小时流量超过 750PCU 及 12h 流量超过 8000PCU 的路段上，当通过人行横道的行人高峰小时流量超过 500 人次时，应设置人行横道信号灯和相应的机动车信号灯。

对于机动车单行路，车道数按允许通行方向车道数统计，机动车高峰小时流量按允许通行方向流量统计。

（五）信号灯设置的交通流量条件

1. 机动车高峰小时流量条件

路口机动车高峰小时流量超过表 3-2 所列数值时，应设置信号灯。

2. 任意连续 8h 的机动车小时流量条件

当路口任意连续 8h 的机动车平均小时流量超过表 3-3 所列数值时，应设置信号灯。

表 3-3　　　　　　　　　　　**路口任意连续 8h 机动车小时流量**

主要道路单向车道数（条）	次要道路单向车道数（条）	主要道路双向任意连续 8h 平均小时流量（PCU/h）	流量较大次要道路单向任意连续 8h 平均小时流量（PCU/h）
1	1	750	75
		500	150
1	≥2	750	100
		500	200
≥2	1	900	75
		600	150
≥2	≥2	900	100
		600	200

（六）路口信号灯设置的交通事故条件

如果在没有交通信号灯的路口，交通事故比较多，说明交通秩序不良，车辆与车辆或车辆与行人冲突问题严重，应考虑设置信号灯。

路口信号灯设置的交通事故条件是：对三年内平均每年发生 5 次以上交通事故的路口，从事故原因分析通过设置信号灯可避免发生事故的，应设置信号灯；对三年内平均每年发生一次以上死亡交通事故的路口，应设置信号灯。

（七）路口信号灯设置的综合条件

当表3-2、表3-3和路口信号灯设置的交通事故条件中，有两个或两个以上条件达到80%时，路口应设置信号灯。

在不具备表3-2、表3-3和路口信号灯设置的交通事故条件，但有特别要求的路口，如常用警卫工作路线上的路口、交通信号控制系统协调控制范围内的路口等，可设置信号灯。

第二节　交通警察的指挥

一、交通警察的指挥信号分类

交通警察的指挥分为：手势信号和使用器具的交通指挥信号。从严格意义上讲，交通警察的指挥还应当包括交通警察指挥交通时发出的，民众容易理解的语言、文字、动作等指挥交通的信号。

手势信号是交通警察进行道路交通秩序管理时，最常用也是最有效的指挥方式之一。手势信号是各种交通信号中产生最早的一种，它具有迅速灵活、运用广泛、简便易懂、权威性高等特点。

为进一步规范交通警察手势信号（以下简称"手势信号"），提高交通警察的指挥效能，保障道路交通安全畅通，根据《交通安全法》及其实施条例，公安部对1996年3月18日发布的手势信号进行了修改，并从2007年10月1日起在全国正式施行。按《中华人民共和国公安部关于发布交通警察手势信号的通告》规定，现行手势信号有8种，即：停止信号、直行信号、左转弯信号、左转弯待转信号、右转弯信号、减速慢行手势、示意车辆靠边停车信号。较之以前的10种减少了2种。

发出手势信号时，交通警察可以徒手，也可以使用指挥棒，按动作要领指挥疏导交通。车辆驾驶人员应当服从交通警察的指挥，按照手势信号的示意通行，违者按照《交通安全法》及其实施条例的有关规定处理。

二、手势信号的含义和动作要领

（一）停止信号（图3-4）

1. 手势含义

示意：不准民警前方的车辆通行。

2. 动作要领

图3-4　停止信号

（1）民警的左臂由前向上直伸与身体成135度，掌心向前与身体平行，五指并拢，面部及目光平视前方。

（2）左臂垂直放下，恢复立正姿式。

（二）直行信号（图3-5）

1. 手势含义

示意：准许民警左右两方直行的车辆通行。

2. 动作要领

（1）左臂向左平伸与身体成90度，掌心向前，五指并拢，面部及目光同时转向左方45度；

（2）右臂向右平伸与身体成90度，掌心向前，五指并拢面部及目光同时转向右方45度；

（3）右臂水平向左摆动与身体成90度，小臂弯屈至大臂成90度，掌心向内与左胸衣兜相对，小臂与前胸平行面部及目光同时转向左方45度；

（4）右大臂不动，右小臂水平向右摆动与身体成90度，掌心向左五指并拢；

（5）右小臂弯曲至与大臂成90度，掌心向内与左胸衣兜相对，与前胸平行，完成第二次摆动；

（6）收右臂；

（7）收左臂，面部及目光转向前方，恢复立正姿势。

图3-5　直行信号

（三）左转弯信号（图3-6）

1. 手势含义

示意：准许车辆左转弯，在不妨碍被放行车辆通行的情况下可以掉头。

2. 动作要领

（1）右臂向前平伸与身体成90度，掌心向前，五指并拢，面部及目光同时转向左方45度；

图3-6　左转弯信号

（2）左臂与手掌平直向右前方摆动，掌心向右，手臂与身体成45度，中指尖至上衣中缝，高度至上衣最下一个纽扣；

（3）左臂回位至不超过裤缝，面部及目光保持目视左方45度。完成第一次摆动；

（4）重复（2）动作；

（5）重复（3）动作，完成第二次摆动；

（6）收右臂，面部及目光转向前方，恢复立正姿势。

（四）左转弯待转信号（图3-7）

1. 手势含义

示意：准许左方左转弯的车辆进入路口，沿左转弯行驶方向靠近路口中心，等候左转弯信号。

2. 动作要领

（1）左臂向左下方平伸与身体成45度，掌心向下，五指并拢，面部及目光同时转向左方45度；

（2）左臂与手掌平直向下方摆动，手臂与身体成15度，面部及目光保持目视左方45度，完成第一次摆动；

（3）重复（1）动作；

（4）重复（2）动作，完成第二次摆动；

（5）收左臂，面部及目光转向前方，保持立正姿势。

图3-7　左转弯待转信号

（五）右转弯信号（图3-8）

1. 手势含义

示意：准许右方的车辆右转弯。

2. 动作要领

（1）左臂向前平伸与身体成90度，手掌向前，掌心与手臂夹角不低于60度，五指并拢，面部及目光同时转向右方45度；

图3-8　右转弯信号

（2）右臂与手掌平直向左前方摆动，手臂与身体成45度，手掌向左，中指尖至上衣中缝，高度至上衣最下一个纽扣；

（3）右臂回位至不超过裤缝，面部及目光保持目视右方45度，完成第一次摆动；

（4）重复（2）动作；

（5）重复（3）动作，完成第二次摆动；

（6）收左臂，保持立正姿势。

（六）变道信号（图3-9）

1. 手势含义

示意：车辆腾空指定的车道，减速慢行。

2. 动作要领

（1）面向来车方向，右臂向前平伸与身体成90度，掌心向左，五指并拢，面部及目光平视前方；

（2）右臂向左水平摆动与身体成45度，完成第一次摆动；

（3）恢复至（1）动作；

（4）重复（2）动作，完成第二次摆动；

（5）收右臂，恢复立正姿势。

图3-9　变道信号

（七）减速慢行信号（图3-10）

1. 手势含义

示意：车辆减速慢行。

2. 动作要领

（1）右臂向右前方平伸，与肩平行，与身体成135度，手掌向下，五指并拢，面部及目光同时转向右方45度；

（2）右臂与手掌平直向下方摆动，手臂与身体成45度，面部及目光保持目视右方45度，完成第一次摆动；

图3-10　减速慢行信号

（3）重复（1）动作；

（4）重复（2）动作，完成第二次摆动；

（5）收右臂，面部及目光转向前方，恢复立正姿势。

（八）示意车辆靠边停车信号（图3－11）

1. 手势含义

示意：车辆靠边停车。

2. 动作要领

（1）面向来车方向，右臂前伸与身体成45度，掌心向前左，五指并拢，面部及目光平视前方；

（2）左臂由前向上直伸与身体成135度，掌心向前与身体平行，五指并拢；

（3）右臂向左水平摆动与身体成45度，完成第一次摆动；

（4）右臂恢复至（1）动作；

（5）重复（3）动作，完成第二次摆动；

（6）右臂恢复至（1）动作；

（7）双臂同时放下，恢复立正姿势。

图3－11　示意车辆靠边停车信号

三、指挥棒信号（辅助手势信号）

交通警察在夜间及雨、雪、雾等光线较暗或者照明条件较差等天气条件下执勤时，可以用右手持指挥棒指挥疏导交通。

持棒要求：右手持棒并保持发光棒或者荧光棒始终与右臂处于同一条直线，动作要领同上述8种指挥手势信号。

四、手势信号指挥要求和注意事项

交通警察用手势信号指挥道路交通时，身体应当保持立正姿势，做到警容严整，仪表端庄，指挥规范，迅速有力。

手势信号一般应在来车距离50m左右开始发出。

驾驶人主要从手势信号发出者的站立姿势、面向、目光和动作四个方面来识别信号。持"立正"姿势，表示发出信号或信号延续；持"稍息"姿势，表示信号解除。"面向"表示交通停止的方向。一般来说，手势发出者身体前后两方禁止通行，左右两侧准许通行。"目光"所向，表示指挥的对象。各种手势"动作"，表示信号的具体内容。

当要求各方车辆在原行驶路线上停止时，交通警察可持停止信号姿势，应用正规转法转动 1 周，示意各方车辆在原行驶路线上停止，不准通行。

　　手势信号可以在路段、路口单独使用，也可以配合信号灯一起使用。

第三节　道路交通标志和标线

　　道路交通标志和标线是引导道路使用者有秩序地使用道路，保障道路交通安全，提高道路运行效率的基础设施。其用途既包括指挥控制，也包括安全诱导。告知道路使用者道路通行权力；明示道路交通限制、遵行状况；告示各种道路状况和交通状况等信息。研究和实践证明，交通参与者如果能遵守合理设置的道路交通标志和标线，可以平滑交通，调整交通运行秩序，提高道路通行能力，防止交通阻塞，减少交通事故，节省能源，降低公害等。

　　交通标志和标线设计和设置主要标准依据是现行的《道路交通标志和标线》（GB 5768—2009）。本节仅对交通标志和标线设置的基本要求、分类和含义等进行简述，详细内容见GB 5768 等相关标准和规范。

一、交通标志标线设置的总原则和总要求

　　（一）交通标志和标线设置的依据

　　标志、标线的设置依据是道路交通管理的相关法律、法规和交通组织管理方案。通过标志、标线的设置，分清路权、促进畅通、预防事故、保障安全。

　　（二）交通标志和标线设置的总原则

　　1. 综合考虑

　　标志和标线的设置应充分考虑方便交通参与者和提高道路通行能力，并应综合考虑道路设施、交通工具、交通环境及气候等因素。

　　新建、改建道路标志和标线的设置，除应适应工程范围内交通管理需要外，还应统筹考虑相关道路上的交通管理需要。

　　2. 清晰醒目

　　道路交通标志和标线应传递清晰、明确、简洁的信息，以引起道路使用者的注意，并使其具有足够的反应时间。道路交通标志和标线不应传递与道路交通无关的信息，如广告信息等。

　　标志和标线的设置应合理醒目、明确简洁、连续统一、坚固耐用、美观大方。为此标志和标线的材料选择应符合国家相关规范、规定的要求，优先采用新材料、新工艺。

　　标志和标线的设置地点和内容应能使道路使用者引起注意、迅速判读、有必要的反应时间或操作距离。

　　3. 与其他设施统一

　　道路交通标志和标线传递的信息不应矛盾，应一致、互为补充。

　　通常，交通标志应当与交通标线配合使用。标志和标线的设置应与信号灯、隔离设施等其他设施统筹考虑，所表达的内容不允许发生相互矛盾、不应产生歧义。

　　（三）交通标志标线设置的总要求

　　1. 基本要求

　　（1）交通标志和标线的颜色、形状、线条、字符、图形、尺寸必须按标准规定执行，交通标志和标线所赋予的禁止、遵行、限制及道路通行权等规定必须严格遵守。

（2）在实际应用中，如需使用标准规定以外的道路交通标志和标线，应遵循 GB 5768 的要求。

（3）道路交通标志的颜色指标应符合 GB/T18833 和 JT/T431 的具体规定。道路交通标线的颜色指标应符合 GB/T16311 的具体规定。

（4）道路交通标志和标线用图形应遵循 GB 5768 的要求。

2. 使用要求

（1）依 GB 5768 及相关法规设置道路交通标志和标线的部门应承担相应的维护责任，以保持交通标志和标线的完整、清晰、有效。

（2）道路交通标志不得侵入道路建筑限界。

（3）道路交通标志和标线的成品和（或）材料，必须由持有 CMA 标志的省级以上计量授权检测单位依 GB 5768 及相关法规检定合格后，方可使用。

二、道路交通标志

道路交通标志（简称交通标志）是用图形符号、颜色和文字向交通参与者传递特定信息，用以管理交通的设施。其主要作用是疏导交通、提供道路信息、指路导向以及作为交通管理执法的依据。

按《交通安全法实施条例》和《道路交通标志和标线》（GB5768—2009）的规定，道路交通标志分为主标志和辅助标志两大类。主标志可以单独设立；辅助标志不能单独使用，附设在主标志下，起辅助说明作用。

主标志有 7 种，包括：警告标志、禁令标志、指示标志、指路标志、旅游区标志、作业区标志、告示标志。辅助标志共有 5 种，分别用以表示时间、车辆种类、区域或距离、警告或禁令的理由等。

（一）交通标志视认性和标志组成要素

1. 交通标志的视认性

设置交通标志的目的是向车辆驾驶人和行人提供交通信息。要使信息发挥作用，首先必须要使发出的信息容易被人接收和识别，这就是标志的视认性问题。从工程心理学的角度看，一个理想的交通标志设计和设置，应能满足醒目、易懂、公认性强的要求。

醒目——能在要求的认读距离以外吸引驾驶人注意，能在标志所处的背景中显示出来。

易懂——要求在接收到标志所传达的信息的瞬间，能理解其含义。

公认性强——要求其传递的信息能为在道路上参与交通活动的中国人、外国人和文化程度、语言背景可能不同的人所理解。

2. 交通标志的要素

心理学研究认为，交通参与者受到道路交通标志的"刺激"并作出反应时，多数人首先注意的是颜色，其次是形状，再次是字符图案。通过颜色和形状的判断，可以知道是何种标志；通过图形符号的判断，可以了解标志所传递的具体信息。交通标志的作用效应，需要通过其颜色、形状和字符图形三个方面来实现，这三者是交通标志的根本与核心，称为交通标志的三要素。

（1）交通标志的颜色。交通标志属安全色标，其颜色主要由安全色和对比色组合而成。安全色是表达安全信息含义的颜色，为红蓝黄绿等颜色，表示禁止、警告、指示等含义。而对比色是使安全色更加醒目的反衬色，一般为黑白两种。这几种色的基本组合，既考虑了标志的视认清晰度，又考虑了颜色所能表达的抽象含义和产生的直观联想作用，即生理、心理作用。例如红色使人联想到火与血的危险信息；黄色在心理上产生警戒的感觉；蓝色和白色配合使用使人产生舒适、恬静、和平、安全的感觉。故在标志的使用上，红色可用于禁令标志，黄色可用于警告标志，蓝、绿色用于指示标志。

标志中各种颜色的含义和作用如下：

①红色：表示禁止、停止、危险，用于禁令标志的边框、底色、斜杠，也用于叉形符号和斜杠符号、警告性线形诱导标的底色等。

②黄色：表示警告，用于警告标志的底色。

③蓝色：表示指令、遵循，用于指示标志的底色；表示地名、路线、方向等的行车指示，用于一般道路指路标志的底色。

④绿色：表示地名、路线、方向等的行车指示，用于高速公路指路标志的底色。

⑤棕色：表示旅游区及设施的指示，用于旅游区标志的底色。

⑥黑色：用于标志的文字、图形符号和部分标志的边框。

⑦白色：用于标志的底色、文字和图形符号以及部分标志的边框。

（2）交通标志的形状。形状也是视认性的重要因素。驾驶人发现标志后，首先判断标志的形状和颜色，知道该属于哪类标志，提前做些准备，这对充分发挥交通标志的作用非常有益。

通过对交通标志形状的视认性研究，一般认为在同等面积条件下，各种形状的视认性顺序为三角形→菱形→圆形→六角形→八角形等，以三角形的视认性最好。

据有关国际规定，安全标志的形状一般采用四种，如图 3-12 所示。

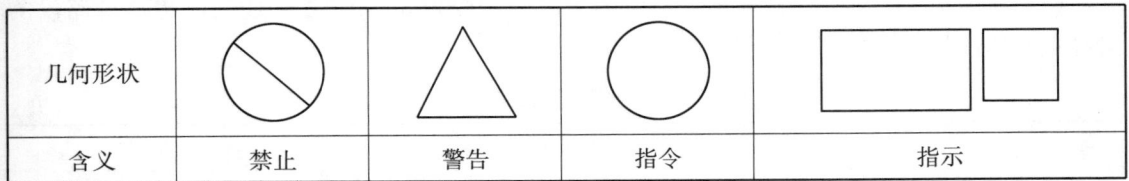

几何形状				
含义	禁止	警告	指令	指示

图 3-12 安全标志的形状

我国交通标志形状主要有三角形、圆形、矩形等几种。三角形虽有不能更多地容纳图像信息的缺点，但它最为醒目，最易辨认，故以它作为警告标志的形状。圆形具有辨认性不太好的缺点，但在同样条件下，圆形内的字符图案显得大些，看起来更清楚，而且圆形和周围其他带角的东西也易于区别，可用作禁令、指示标志的形状。矩形可利用的面积较大，足以布置文字说明和图形符号，给人以安稳的感觉，故以它作为指示、指路和辅助标志的形状。另外少数情况下，也有用八角形、箭头矩形的标志。

交通标志形状的一般使用规则如下：

①正等边三角形：用于警告标志；

②圆形：用于禁令和指令标志；

③菱形：用于作业区标志；

④倒等边三角形：用于"减速让行"禁令标志；

⑤八角形：用于"停车让行"禁令标志；

⑥叉形：用于警告标志"铁路平交道口叉形"标志；

⑦方形：用于辅助标志，指路标志，指示标志，文字性警告、禁令和指示标志等。

（3）交通标志的字符和图形。交通标志发出信息的具体含义由字符图形表示。为提高道路交通标志的易读性和公认程度，字符的使用受到严格的限制。

①文字表达要求简洁明了，文字符号具有直观性和单义性，便于记忆，一目了然；图形除直观性和单义性外，还具有形象化特点，不受文化程度限制，易被人接受。

②道路交通标志的字符应规范、正确、工整。按从左至右、从上至下顺序排列。根据需要，可并用汉字和其他文字。如果标志上同时使用汉字和其他文字，除有特殊规定之外，汉字应排在其他文字上方。如果标志上使用英文，地名用汉语拼音，相关规定参照 GB 17733.1，第一个字母大写，其余小写；专用名词用英文，第一个字母大写，其余小写，根据需要也可全部大写。交通标志常用名词的中英对照见 GB 5768 的规定。

③交通标志字符字体、宽度和高度等其他要求见 GB 5768 的规定。

④交通标志的图形应当使用 GB 5768 规定的图形。除另有规定外，图形可以单独、组合使用于不同的标志中。交通标志如使用 GB 5768 规定以外的图形，须按规定程序执行，并应以附加辅助标志或文字的方式说明试用标志的含义。试用标志如属于禁令或指示（令）标志，不具有相应的法律效力。

3. 交通标志的版面大小和设置位置

交通标志尺寸的版面大小直接影响到标志的识认性，其具体要求见 GB 5768 的规定。

4. 交通标志设置的位置和安装角度

交通标志设置的位置直接影响到标志的识认性和驾驶人辨识标志的反应时间，与交通安全密切相关。不同标志设置的位置要求如下：

（1）警告标志。前置距离应根据道路的设计速度按表 3-4 选取。也可考虑所处路段的最高限制速度或运行速度进行适当的调整。

表 3-4　　　　　　　　　　　　　警告标志前置距离　　　　　　　　　　　　　m

设计速度（km/h）	减速到下列速度											
	条件 A	条件 B										
	0	10	20	30	40	50	60	70	80	90	100	110
40	30	*	*	*								
50	40	*	*	*	*							
60	60	55	50	45	*							
70	75	70	65	60	55	*	*					
80	90	85	80	75	70	65		*				
90	110	105	100	95	85	80	*	*	*			
100	130	120	115	110	105	100	95	85	75	*		
110	170	160	150	140	130	120	115	105	95	90	75	
120	200	190	180	170	160	150	140	130	115	110	95	80

注：条件 A：道路使用者有可能停车后通过警告地点，典型的标志如注意信号灯标志、交叉口警告标志、铁路道口标志等。

条件 B：道路使用者必须减速后通过警告地点，典型的标志如急弯路标志、连续弯路标志、陡坡标志等。

*：不提供具体建议值，视当地具体条件确定。

道路交通管理

（2）禁令、指示标志应设置在禁止、遵循路段开始的位置；警告、禁令、指示标志以外的其他标志设置位置根据标志表示内容不同，其设置位置有所不同，具体见 GB 5768 的规定。

（3）标志安装角度。除另有规定外，标志安装应使其板面垂直于行车方向，视实际情况调整其水平或俯仰角度。

①路侧式标志应尽量减少标志板面对驾驶人的眩光；

②标志安装角度宜根据设置地点道路的平、竖曲线线形进行调整；

③路侧标志应尽可能与道路中线垂直或成一定角度，其中，禁令和指示标志为 $0°\sim45°$；指路和警告标志为 $0°\sim10°$；

④门架、悬臂、附着式（头顶）标志的板面应垂直于道路行车方向。为避免标志面积雪，板面可以倾斜 $0°\sim15°$。

（二）各类交通标志的含义

1. 指示标志

指示标志是指示车辆、行人应遵循的标志。其颜色为蓝底、白图案；形状为圆形、长方形和正方形。如图 3-13 所示。

靠右侧道路行驶

最低限速

公交线路专用车道

图 3-13　指示标志示例

指示标志按其功能可分为遵行方向标志、道路通行权分配标志、专用标志三类。

2. 警告标志

警告标志是警告车辆、行人注意道路交通的标志。它示意前方有标志所示的危险及应采取的相应安全措施等。其颜色为黄底、黑边、黑图案；形状为等边三角形、顶角朝上。如图 3-14 所示。

T形交叉

慢行

左右绕行

图 3-14　警告标志示例

驾驶人在一条不熟悉的道路上行驶，很难知道前方存在危险。警告标志的作用就是及时提醒驾驶人注意前方道路线形、道路状况和交通情况的变化，在到达危险点之前有充分时间采取必要行动，确保行驶安全。

警告标志应设置在通过技术判断认为易发生危险的路段；容易造成驾驶人错觉而放松警惕的路段；同一位置连续发生同类事故的路段。警告标志不宜设置过多。

警告标志前置距离应根据道路的设计速度按表 3-4 选取。也可考虑所处路段的最高限制速度或运行速度进行适当的调整。

3. 禁令标志

（1）禁令标志及其种类

禁令标志是禁止或限制车辆、行人交通行为的标志。它根据道路和交通情况，显示对通行的车辆和行人的某些行为加以禁止或限制的信息。其颜色除个别标志外，为白底、红圈、红杠、黑图案，图案压杠；形状为圆形、八角形、顶角向下的等边三角形。如图 3-15 所示。

禁止机动车驶入　　限制速度　　禁止运输危险物品　　禁止车辆长时停放　　停车让行　　减速让行
　　　　　　　　　　　　　　　车辆驶入

图 3-15　禁令标志示例

禁令标志按其功能可分为遵行、禁止或限制车辆、行人交通行为三类标志。

遵行标志用以表示道路上应遵行的特殊规定事项；禁止标志用以表示道路上应禁止的特殊规定事项，有禁止通行、禁止某方向通行、禁止超车和解除超车、禁止车辆停放 4 种；限制标志用以表示道路上应限制的特殊规定事项。

（2）限速标志的设置

限速标志（限制速度标志的简称）的设置一直是标志设置中的一大难题。可按以下方法设置：

①限速值的选取

限速标志的限速值可以取自由流状态下第 85 位车速，并在一定范围内调整。限制速度值应为 10 的倍数。

实际设立限速标志时可能需要考虑的其他因素有：道路等级、特征、路肩条件、线形和视距等；路侧土地使用和环境；停车需求和行人活动；一个时间段的事故记录。

在公路建成投入使用后，由于公路特征或周围土地使用情况发生重大变化的，应当对已经设立的限制速度标志进行再评估，并根据评估结果进行调整。

②限速标志设置区间

限速标志如果只对应一个区段，这个限速区段应当具备一定长度区间，避免造成车辆运行速度频繁突变之感。最小限速区间可参考表 3-5 确定。

表 3-5　　　　　　　　　　　　　　最小限速区间

限速值（km/h）	40	40（仅限于学校）	60	70	80	90	100	110
最小长度（km）	0.4	0.2	0.6	0.7	0.8	0.9	2.0	10.0

③速度限制及解除

速度限制及解除有两种方式：一是设置第二块限制速度值不同的限速标志；二是设置限制速度解除标志。

④限速标志和标线的配合

设置限速标志时，可以分车道限速；可以分车型分别限速，如客车、货车；也可以分时间或天气分别限速，如专门的夜间限速标志、雨雪天气的限速标志。如图 3－16 和图 3－17 所示。

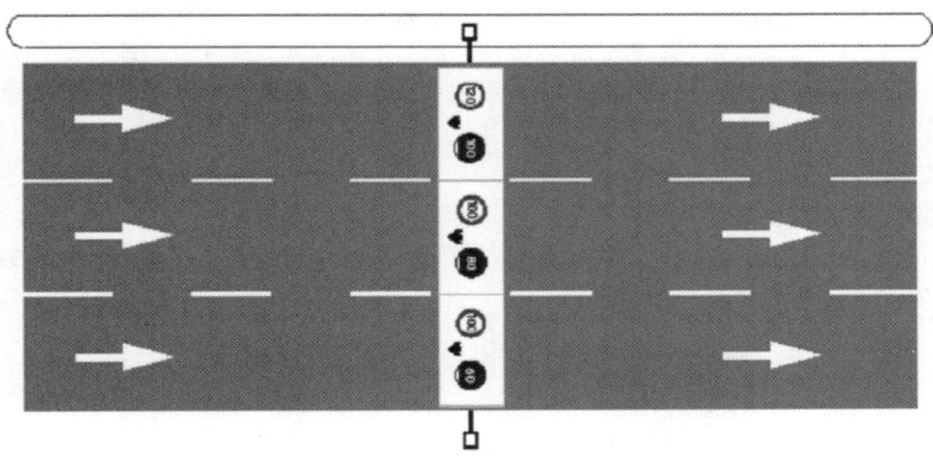

图 3－16　分车道限速示例

图 3－17　分车型限速示例

需要进行最高速度限制时，标志必须设置，标线（速度限制标记）可选。

"限制速度标志"也可以和"最低限速标志"同时使用。

4. 指路标志

指路标志是传递道路方向、地点、距离信息的标志。其颜色除道路编号标志、行驶方向标志、里程碑、百米桩、公路界碑外，普通道路（非高速公路）为蓝底白图案，高速公路为绿底白图案；形状除地点识别标志、里程碑、分合流标志外，为长方形和正方形。如图 3－18 所示。

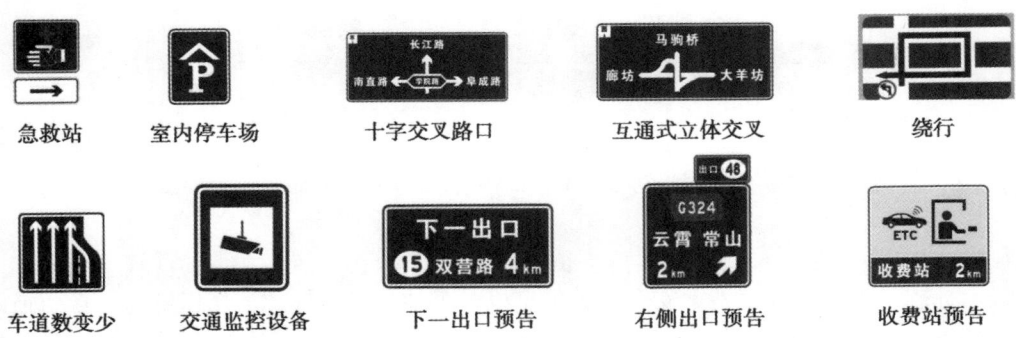

图 3－18　指路标志示例

指路标志虽按用于普通道路和高速公路分类，但有的指路标志既可用于普通道路，也可用于高速公路，仅在颜色和尺寸的选择上不同而已。

指路标志的主要功能有：于交叉路口给车辆驾驶人及行人指示通往目的地的方向；沿途指示通往目的地的方向及途径；在道路分流和合流处指示驾驶人通往目的地的正确车道或方向；指示道路编号及方向；指示至目的地之里程及距某出口的距离；指示各出口编号；指示爬坡车道、车距确认及各项服务设施；提供其他有用信息。

5. 旅游区标志

旅游区标志是提供旅游景点方向、距离的标志。颜色为棕色底、白色字；形状为矩形。如图 3-19 所示。这类标志设在通往旅游景点的叉路口，使旅游者能方便地识别通往旅游区的方向和距离，了解旅游项目的类别。

旅游区距离

钓鱼

图 3-19　旅游区标志示例

在高速公路沿线 4A 级及以上旅游景区可设置旅游区标志，一般公路沿线 3A 级及以上旅游景区可设置旅游区标志，更低级别景区不建议设置旅游区标志。

旅游区标志按功能可分为指引标志和旅游符号两大类。指引标志的作用是提供旅游区的名称、有代表性的图案及前往旅游区的方向和距离。旅游符号的作用是提供旅游项目类别、具代表性的符号及前往各旅游景点的指引。

6. 作业区标志

作业区标志是告知道路作业区通行的标志。用以通告道路交通阻断、绕行等情况。设在道路施工、养护等路段前适当位置。

用于作业区的标志为警告标志、禁令标志、指示标志及指路标志，其中警告标志为橙底黑图形，指路标志为在已有的指路标志上增加橙色绕行箭头或者为橙底黑图形。

作业区标志应和其他作业区交通安全设施配合使用。其他作业区交通安全设施主要有路栏、交通锥、交通桶等。如图 3-20 所示。

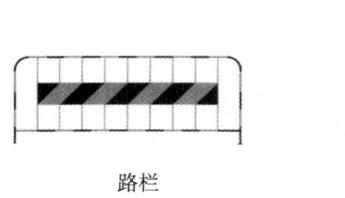
路栏

交通锥

交通桶

交通柱

图 3-20　道路作业区交通安全设施示例

7. 告示标志

告示标志是告知路外设施、安全行驶信息以及其他信息的标志。用以解释、指引道路设施、路外设施，或者告示有关道路交通安全法和道路交通安全法实施条例的内容。告示标志的设置有助于道路设施，路外设施的使用和指引，取消其设置不影响现有交通标志的设置和使用。

告示标志的设置不应影响警告、禁令、指示和指路标志的设置和视认。告示标志和警告、禁令、指示和指路标志设置在同一位置时，禁止并设在一根立柱上，需设置在警告、禁令、指示和指路标志的外侧，如图3-21所示。

图3-21　告示标志示例

8. 辅助标志

辅助标志的颜色为白底、黑字、黑边框；形状为长方形。辅助标志不能单独使用，在主标志无法完成表达或指示其规定，才紧靠主标志下缘安装。辅助标志用以表示时间、车辆种类、区域或距离、警告或禁令的理由等。如图3-22所示。

图3-22　辅助标志示例

（三）道路交通标志设置要求

1. 满足需要

应根据线形、交通状况、交通管理要求、环境及气候特征等情况，设置不同种类的标志。以利向道路使用者提供正确、及时的信息。通过交通标志的引导，顺利、快捷地抵达目的地，不允许发生错向行驶。

2. 通盘考虑协调一致

应通盘考虑，整体布局，做到连贯、一致，防止出现信息不足、不当或过载现象，对于重要的信息应给予重复显示。

根据道路网络总体规划和设想，首先全局考虑区域内道路标志的设置，再根据需设置标志的具体路口、路段的实际交通情况和实际路况合理设置相应的交通标志。例如某一道路机动车超过该路段的实际承受能力，可设置相应的交通标志加以分流调节，使一些车辆改道，缓解交通拥堵状况。要注意勿过多过滥地设置标志，例如反复设置注意儿童标志、注意行人标志、村庄标志等大量警告标志，因为这样会使驾驶人接受过多信息，目不暇接，起不到应有的警告作用。

道路交通标志作为道路交通管理的具体形式，有其法定的约束力和严肃性，因此必须保持在一定空间场所设置的所有道路交通标志内容的协调一致，不能相互矛盾。例如在一块禁止机动车临时或长时停放的标志作用范围内，又设置车辆停放标志，会使驾驶人处于两难境地，无所适从。再如设置了标志标线的路口就不能同信号灯发生信息矛盾等。

在一个地点设置交通标志时，应从总体考虑其布局，尽量用最少的标志把必需的信息展现出来。已经被其他信号所包含的内容，不要再设置，避免重复。例如设置信号灯控制的路口，可不再设置交叉路口标志，设置了禁止向右转弯的标志，不必再设置直行和向左转弯标志。

需要设置两个或多个标志才能达到路口或路段维护交通秩序、疏导交通的目的时，必须将应设标志配备齐全，并使它们相互协调配合。例如，在会车有困难的路段，一端设置了会车先行标志，另一端则应设置会车让行标志；在单行路路段，一端设置了单行路直行标志，另一端则应设置禁止驶入标志。

3. 容易辨识

标志设置的前置距离应满足交通行为人在动态条件下发现、判读标志并采取措施的时间要求。

交通标志发出的管理信息要作用于交通参与者的视觉器官才能产生管理效应，所以要把交通标志设置得明显突出，应重视设置的位置、高度、角度、反光和照明等几方面。

（1）设置位置

根据设置地段的道路、交通和环境情况，尽量使标志的位置适当合理。一般设置在道路右侧人行道外缘、道路分隔带或机动车道上方，从车辆行进方向最容易看见的地方。另外要注意道路交通标志设置地点的背景色彩，避免因背景色彩减弱了道路交通标志的显示程度；注意标志牌不得被路树或其他物体所遮蔽；注意标志与路口的距离要合适，等等。

（2）设置的高度与角度

一般情况下，应根据该道路规定的净空高度设置，避免太高或太低不易看清。为尽量减少标志面板对驾驶人的眩光，并使其易见性较好，在设置时应尽可能与道路中心线垂直或成一定角度（具体要求见前面所述相关内容）。

（3）反光和照明

标志应具有良好的反光性能，有时为了提高某些标志在夜间的视认性，应设置交通标志照明。

（4）并设有序清晰

同一地点设置两种或两种以上标志时，可以安装在一根标志柱上，但最多不应超过四种，需要注意，有些标志不能并设，必须单独设置：解除限制速度标志、解除禁止超车标志、线形诱导标志、分（合）流诱导标志、干路先行标志、会车先行标志、会车让行标志、停车让行标志、减速让行标志。

标志板在一根标杆上并设时，应按禁令、指示、警告的顺序，先上后下，先左后右排列，同类标志的设置顺序，应按提示信息的危险程度先重后轻排列。

具体排列顺序为：限速标志；禁止通行；禁止驶入标志；禁止超车、禁止掉头、禁止转弯标志；限重、限高标志；禁停、禁鸣标志；指示行驶方向和行驶车道标志；单向行驶标志；机、非专用道标志；停车位标志；人行横道标志；警告标志；指路标志。

内容相近的标志设在同一根杆上时，应左右分开；有辅助标志的主标志和无辅助标志的标志并设时，为避免混淆，原则上应左右分开。

三、道路交通标线

道路交通标线（简称交通标线或标线）是由标划在路面上的各种线条、箭头、文字、图案及立面标记、实体标记突起路标和轮廓标等所构成的交通设施。由于主要设置在路面上，所以也称为路面标线，交通标线可以与标志配合使用，也可单独使用。交通标线的详细图示见 GB 5768《道路交通标志和标线》（包括修改单）。

道路交通标线的作用是向道路使用者传递有关道路交通的规则、警告、指引等信息。交通标线设置得完善明了，有利于规范交通秩序，大大降低交通事故率。

（一）交通标线分类

1. 按功能分类

《交通安全法实施条例》规定，交通标线分为：指示标线、警告标线、禁止标线。这种分类方法是按功能分类的方法。

指示标线——指示车行道、行车方向、路面边缘、人行道等的标线。

禁止标线——告示道路交通的遵行、禁止、限制等特殊规定，车辆驾驶人及行人需严格遵守的标线。

警告标线——促使车辆驾驶人及行人了解道路上的特殊情况，提高警觉，准备防范应变措施的标线。

2. 按设置方式分类

交通标线按设置方式可分为三类：

（1）纵向标线：沿道路行车方向设置的标线。

（2）横向标线：与道路行车方向交叉设置的标线。

（3）其他标线：字符标记或其他形式标线。

3. 按形态分类

交通标线按形态可分为四类：

（1）线条：标划于路面、缘石或立面上的实线或虚线。

（2）字符标记：标划于路面上的文字、数字及各种图形符号。

（3）突起路标：安装于路面上用于标示车道分界、边缘、分合流、弯道、危险路段、路宽变化、路面障碍物位置的反光体或不反光体。

（4）轮廓标：安装于道路两侧，用以指示道路的方向、道路边界轮廓的反光柱（或片）。

（二）交通标线线形标划区分

交通标线线形标划可分为白色虚线、白色实线、黄色虚线、黄色实线、双白虚线、双黄实线、黄色虚实线、双白实线八种，分别有各种用途和含义。

白色虚线——划于路段中时，用以分隔同向行驶的交通流或作为行车安全距离识别线；划于路口时，用以引导车辆行进。

白色实线——划于路段中时，用以分隔同向行驶的机动车和非机动车，或指示车行道的边缘；设于路口时，可用作导向车道线或停止线。

黄色虚线——划于路段中时，用以分隔对向行驶的交通流；划于路侧或缘石上时，用以禁止车辆长时在路边停车。

黄色实线——划于路段中时，用以分隔对向行驶的交通流；划于路侧或缘石上时，用以禁止车辆长时或临时在路边停车。

双白虚线——划于路口时，作为减速让行线；设于路段中时，作为行车方向随时间改变的可变车道线。

双黄实线——划于路段中间时，用以分隔对向行驶的交通流。

黄色虚实线——划于路段中时，用以分隔对向行驶的交通流。黄色实线一侧禁止车辆超车、跨越或回转，黄色虚线一侧在保证安全的情况下准许车辆超车、跨越或回转。

双白实线——划于路口时，作为停车让行线。

（三）各类标线的含义

1. 指示标线的含义

（1）部分纵向指示标线的含义如下：

①可跨越道路中心线——黄色虚线。用于分隔对向行驶的交通流。一般设在车行道中心线上。在保证安全的情况下，允许车辆越线超车或向左转弯。

②车行道分界线——白色虚线。用来分隔同向行驶的交通流，设在同向行驶的车行道分界线上。在保证安全的情况下，允许车辆越线变换车道行驶。

③车行道边缘线——白色实线。用来指示机动车道的边缘，或用来划分机动车道与非机动车道的分界。同向同一断面上的机动车道与非机动车道的分界线（除有实物隔离者外）视为机动车道的边缘线，划白色实线。

④左转弯待转区线——白色虚线。用来指示左转弯车辆可在直行时段进入待转区，等待左转。左转时段终止，禁止车辆在待转区内停留。

⑤路口导向线——虚线。在过大、不规则以及交通组织复杂的平面交叉路口，应设置路口导向线，标示机动车之间及机动车与非机动车之间的分界。

路口导向线为虚线，实线段 2m，间隔 2m，线宽 15cm。

路口导向线有左转弯、直行、右转弯等导向线。导向线与相邻机动车道的分界线或边缘线（机动车与非机动车道分界线）之间应用白色圆曲虚线连接；相邻道路中心线之间应用黄色圆曲虚线连接。路口其他导向线可用直虚线或圆弧虚线连接，导向线不应在路口内交叉，两条导向线之间应保证 1m 以上的安全距离。

（2）部分横向指示标线的含义如下：

①人行横道线——白色平行粗实线（斑马线）。表示准许行人横穿车行道的标线。最小宽度为 3m。并可根据行人数量以 1m 为一级加宽。

● 信号灯控制路口的人行横道线，采用两条平行粗实线划出人行横道线范围，可不划斑马线。

● 人行横道预告标识——城镇地区在路段中间设置人行横道线时，在到达人行横道线前（30～50m 处）的路面上设置白色菱形预告标识，用来提示驾驶人员前方接近人行横道线，须注意行人横马路。

②车距确认标线——有两种类型，一种是白色折线，另一种是白色半圆状标线。车距确认标线与车距确认标志配合使用。白色折线从确认基点 0m 开始，每隔 50m 重复设置五组。作用是给车辆驾驶人保持行车安全距离提供参考。

（3）其他指示标线还有：高速公路出入口标线、停车位标线、港湾或停靠站标线、收费岛标线、导向箭头、高速公路入口标线等。其含义见 GB 5768。

2. 警告标线的含义

（1）部分纵向警告标线的含义

①车行道宽度渐变段标线——颜色与中心线颜色一致。用以警告车辆驾驶人路宽缩减或车道数减少，应谨慎行车，并禁止超车。

②接近障碍物标线——根据障碍物所在位置，其颜色与中心线或车道分界线的颜色一致。用以指示路面有固定性障碍物，警告车辆驾驶人谨慎行车，绕过路面障碍物。

③近铁路平交道口标线——由白色交叉线、"铁路"标字、横向虚线、禁止超车线、白色停止线组成。用以指示前方有铁路平交道口，警告车辆驾驶人谨慎行车。

（2）部分横向警告标线的含义

减速标线——若干条横向白色虚线。用于警告车辆驾驶人前方应减速慢行。本线设于主线收费广场、出口匝道适当位置。

（3）立面警告标记

为黄黑相间倾斜线条，用以提醒驾驶人注意，在车行道或近旁有高出路面的构造物，防止发生碰撞。立面标记一般设在跨线桥、渡槽等的墩柱上，及隧道洞口和人行横道上的安全岛等的壁面上。

3. 禁止标线的含义

（1）部分纵向禁止标线的含义

①禁止跨越道路中心线。有下列三种：

● 中心黄色双实线。表示严格禁止车辆跨线超车或压线行驶。

● 中心黄色虚实线。为一条实线和一条与其平行的虚线组成的标线。表示实线一侧禁止车辆越线超车或向左转弯，虚线一侧准许车辆越线超车或向左转弯。

● 中心黄色单实线。表示不准车辆跨线超车或压线行驶。

②禁止跨越同向车行道分界线——白色实线。即把虚线的车行道分界线某一段根据需要改成实线。用于禁止车辆变换车道和借道通行。

③禁止路边停车线。有下列两种：

● 禁止路边长时停放车辆线——黄色虚线。在道路缘石正面及顶面划黄色虚线。无缘石的道路可标划于路面上。用于指示禁止路边长时停放车辆的路段。本标线可配合"禁止停放"路面文字和禁止停放标志一并使用。

● 禁止路边临时或长时停放车辆线——黄色实线。

（2）部分横向禁止标线的含义

①停止线——白色实线。表示车辆等候放行信号的停车位置。划设于有交通信号控制交叉路口，铁路平交道口及左转弯待转区的前端。

②让行线——有停车让行线和减速让行线两种：

● 停车让行线——两条平行的白色实线和一个白色"停"字。表示车辆在此路口必须停车让干道车辆先行。与"停车让行"标志一起使用。

● 减速让行线——两条平行的白色虚线和一个白色倒三角形。表示车辆在此路口必须减速让干道车辆先行。与"减速让行"标志一起使用。

（3）其他禁止标线的含义。

①非机动车禁驶区标线——黄色虚线。该标线设置于交通信号控制的路口以内，用以告示骑车人在路口内禁止驶入的范围。左转弯骑车人须沿禁驶区外围绕行，以保证路口内机动

车通行空间和安全侧向净空。

②导流线——白色的单实线、V 型线和斜纹线。表示车辆需按规定的路线行驶，不得压线或越线行驶。这种标线主要用于过宽、不规则或行驶条件比较复杂的交叉路口、立体交叉的匝道口或其他特殊的地点。

③中心圈——中间有白斜线的白色圆形或方形标线。设在平面交叉路口的中心，用以区分车辆大、小转弯，及交叉路口车辆左右转弯的指示。车辆不得压线行驶。

④网状线——黄色网状实线。用以告示驾驶人禁止在设置本标线的交叉路口（或其他出入口处）临时停车，防止发生交通阻塞。本线划设于易发生临时停车的交叉路口或其他出入口处。

⑤车种专用车道线——黄色虚线及白色文字组成。用以指示仅限于某车种行驶的专用车道，其他车种及行人不得进入。标写的文字为对本车道具有专用使用权的车种名称，如：公交线路车、非机动车、自行车、大型车、小型车等。

⑥禁止掉头标记——黄色叉和弯箭头。用于禁止车辆掉头的路口或区间。

4. 其他标线的含义

（1）路面字符标记：标划于路面上的文字、数字及各种图形符号，例如最高速度限制标记（黄色阿拉伯数字）；车道分类标记（白色汉字）等。

（2）轮廓标（亦称为路边线轮廓标）：安装于道路两侧，用于指示道路的方向、车行道边界轮廓。主要设置在高速公路、城市快速道路上和主干道上。设置于土中的轮廓标为柱体，形状为空心圆角的三角形截面，柱身为白色，上涂黑色标记，黑色标记中间为黄色或白色矩形块，黄色表示道路左侧，白色表示道路右侧。附设于各类建筑物上的轮廓标由反射器、支架和连接件组成。

（3）突起路标（即反光道钉，俗称反光路钮或猫眼道钉）。突起路标是固定于路面上起标线作用的突起标记块。可在高速公路或其他道路上用来标记中心线、车道分界线、边缘线；也可用来标记弯道、进出口匝道、导流标线、道路变窄、路面障碍物等危险路段。

突起路标可起辅助和加强标线的作用。突起路标由铝合金铸成或用其他材料铸成，颜色一般为白色或黄色，与涂料标线配合使用时，其颜色与标线颜色一致。

突起路标多用于高速公路、城市快速道路、主干道上。如城市道路中心线、分道线，或交通岗四周、道路建筑物四周、环岛四周，以及立交桥上和道路转弯处。在高速公路上多用于进出口匝道的转弯处和桥梁隧道内，或部分路段设置连续突起路标。成串反光突起路标在夜间形成明亮的导向带，对驾驶人夜间视线诱导起着重要作用，有利于交通安全。

（四）交通标线的设置要求

交通标线设置应根据道路设计、交通特性、交通组织、其他交通设施等情况，合理地利用道路有效面积，设置标线；应确保线型流畅、规则，符合车辆行驶轨迹要求；路段和路口标线的衔接应科学、合理。

第四节　其他交通安全设施

其他交通安全设施是指除信号灯、交通标志、标线以外的交通安全设施，主要有护栏、隔离栅、桥梁护网和防眩设施等。这些交通安全设施的设计和设置应当符合《公路交通安全设施设计规范》（JTG D81—2006）、《高速公路交通工程及沿线设施设计通用规范》（JTG D80—2006）等规范的规定。

一、护栏

护栏是一种纵向吸能结构，通过自体变形或车辆爬高来吸收碰撞能量，从而改变车辆行驶方向、阻止车辆越出路外或进入对向车道、最大限度地减少对乘员的伤害。按其在公路中的纵向设置位置，可分为路基护栏和桥梁护栏；按其在公路中的横向设置位置，可分为路侧护栏和中央分隔带护栏；根据碰撞后的变形程度，可分为刚性护栏、半刚性护栏和柔性护栏。

路基护栏——设置于路基上的护栏。

桥梁护栏——指设置在桥梁上的护栏，以防止失控车辆越出桥外，保护行人和非机动车。

路侧护栏——指设置路侧建筑限界以外的护栏，以防止失控车辆越出路外或碰撞路侧构造物和其他设施。

中央分隔带护栏——指设置于道路中间带内的护栏，防止失控车辆穿越中间带闯入对向车道，保护中间带内的构造物和其他设施。

刚性护栏——是一种基本不变形的护栏结构，主要设置在需严格阻止车辆越出路外，会引起二次事故的路段，对乘员安全保护性略低。它通过车轮转动角的改变，车体变位及变形和车辆与护栏、车辆与地面的摩擦来吸收碰撞能量。混凝土护栏是刚性护栏的主要代表形式。混凝土护栏由一定形状的混凝土块相互连接而组成墙式结构，通过失控车辆碰撞后爬高并转向来吸收碰撞能量。

半刚性护栏——是一种连续的梁柱式护栏结构，具有一定的强度和刚度。主要设在需要着重保护乘员安全的路段。它通过车辆与护栏间的摩擦，车辆与地面间的摩擦及车辆、土基和护栏本身产生一定量的弹性、塑性变形（以护栏系统的变形为主）吸收碰撞能量，延长碰撞过程的作用时间来降低减速度，并迫使失控车辆改变行驶方向，回复到正常的行驶方向。从而确保乘员安全，减小车辆损坏程度。波形梁护栏是半刚性护栏的主要代表形式。波形梁护栏由相互拼接的波纹状钢板和立柱构成连续梁柱结构，利用土基、立柱、波纹状钢板的变形来吸收碰撞能量，并迫使失控车辆改变方向。

柔性护栏——是一种具有较大缓冲能力的韧性护栏结构。对乘员的保护性能较好。缆索护栏是柔性护栏的主要代表形式。缆索护栏由一种以数根施加以初张力的缆索固定于端柱上而组成的钢缆结构，主要利用缆索的拉应力来抵抗车辆的碰撞荷载、吸收碰撞能量。

二、隔离栅

用于阻止人、畜进入公路或沿线其他进入区域、防止非法侵占公路用地的设施。

隔离栅是高速公路的基础设施之一。它使高速公路全封闭得以实现，并阻止人、畜进入高速公路。它可有效地排除横向干扰，避免由此产生的交通延误或交通事故，保障高速公路效益的发挥。隔离栅按其使用材料的不同，可分为金属网、钢板网、刺铁丝和常青绿篱几大类。

三、桥梁护网

安装于公路上跨桥梁两侧，用于阻止有人向公路内抛扔物品、杂物，或防止运输散落物落到公路上的防护设施。

四、防眩设施

防眩设施是指防止夜间行车受对向车辆前照灯眩目的设施。有板条式的防眩板、扇面状的防眩大板、防眩网、防眩棚等构造形式。有时中央分隔带上的植树和中央隔离栏也能起到防眩作用，但原则上不算防眩设施。

防眩设施一般设置在等级比较高的道路上。设置依据主要有：夜间相对白天事故率较高的路段；夜间交通量较大，特别是大型车混入率较高的路段；中央分隔带小于3m的路段；平曲线半径小于一般最小半径的路段；夜间事故较集中的凹形竖曲线路段；道路使用者对眩光程度的评价。

常见的防眩设施是塑料防眩板，按标准《塑料防眩板》（JT/T598—2004）的要求制作。

五、活动护栏

设置在中央分隔带开口处用以分隔对向交通的可移动护栏，在抢险、救援等紧急情况下，能及时、方便地开启，使车辆紧急通过。

六、减速垄

减速垄的目的是迫使进入、驶出停车场或交通复杂路段的车辆减速，确保安全。减速垄由橡胶、金属材料或水泥混凝土制成，形状为人字型，两边有5%～10%的斜坡，其上涂刷黄、黑相间的线条以引起驾驶人注意。减速垄通常设于停车场出入口处或交通复杂，需要强制减速的道路出入口或路段。

七、道路反光镜

道路反光镜一般设在道路视距不足的小半径曲线的弯道、无控制装置的小型平交路口、铁路道口等处。驾驶人或行人通过反光镜辨认前方道路、交通状况，便于提前采取动作，预防事故发生。在山岭地区弯道处、事故多发路段根据实际情况适当设置反光镜，有一定的安全效果。

道路反光镜由反光镜和立柱构成，分为圆形、方形与椭圆形，其中圆形反光镜最常用、最普遍，有单面镜和双面镜。反光镜采用凸形镜，凸形镜反映的图像必须清晰明确，其镜面半径应满足标准规定要求。

圆形镜适用于纵向需要有宽阔视野的情况；方形镜或椭圆形镜适用横向需要有宽阔视野的情况。在平交路口通常设双面圆形镜，镜面材料有丙烯树脂、玻璃不锈钢、聚碳酸醋树脂。圆形反光镜的直径有90cm、120cm、160cm三种，常用直径为90cm。镜面中心离地面约1.5m，支柱用警戒色黄色涂刷。

八、阻车器和路障

阻车器是由生铁或其他金属材料制成的，设于停车场内的停车泊位一端，可阻止停放车辆溜车或限制车辆倒车，以防碰撞的一种安全设施。

路障是应付突发事件，在道路上设置的强制车辆停止行驶的一种临时性障碍设施。一般为便携式，钉齿朝上，能封锁道路，阻止车辆行驶。

第四章

车辆管理

第一节　机动车管理基本制度

一、机动车管理基本制度

我国机动车管理的基本制度是机动车登记制度。在管理活动中，交通管理部门依据国家有关法规和政策，对机动车进行登记、检验和查验，以保证机动车上路行驶的合法性和必要的运行安全技术条件。

机动车登记的主要依据是《交通安全法》及其实施条例、《机动车登记规定》、《机动车登记工作规范》等相关交通法规，以及《机动车安全技术检验项目和方法》、《机动车运行安全技术条件》和《机动车查验工作规程》等相关标准。

二、机动车上路行驶条件

对机动车进行登记，实质上是对机动车上路行驶进行许可管理。

机动车上路行驶应具备的基本条件是：依法登记并取得牌证，按规定接受机动车检验（查验）并合格，依法投保机动车交通事故责任强制保险，按规定悬挂机动车号牌，放置检验合格标志、保险标志，并随车携带机动车行驶证。不符合上述条件之一的机动车，都不准上路行驶。

任何单位或者个人不得拼装机动车或者擅自改变机动车已登记的结构、构造或者特征；不得改变机动车型号、发动机号、车架号或者车辆识别代号；不得伪造、变造或者使用伪造、变造的机动车登记证书、号牌、行驶证、检验合格标志、保险标志；不得使用其他机动车的登记证书、号牌、行驶证、检验合格标志、保险标志。

第二节　机动车类型及规格

为了适应道路交通管理工作，公安部发布了标准《机动车类型　术语和定义》（GA802—

2008），对机动车类型分类的规格术语、结构术语及机动车使用性质术语等进行了规定。

一、机动车的定义

机动车是指以动力装置驱动或者牵引，上道路行驶的供人员乘用或者用于运送物品以及进行工程专项作业的轮式车辆，包括汽车、有轨电车、摩托车、挂车、轮式专用机械车、上道路行驶的拖拉机和特型机动车。

（一）汽车

汽车是指由动力驱动，具有四个或四个以上车轮的非轨道承载的车辆，主要用于：载运人员和/或货物；牵引载运货物的车辆或特殊用途的车辆；特殊用途。还包括与电力线相联的车辆，如无轨电车；整车整备质量超过 400kg 的三轮车辆。

（二）载客汽车

载客汽车是指设计和技术特性上主要用于载运人员的汽车，包括以载运人员为主要目的的专用汽车。

（三）载货汽车

载货汽车是指设计和技术特性上主要用于载运货物或牵引挂车的汽车，包括以载运货物为主要目的的专用汽车。

（四）专项作业车

专项作业车是指设计和技术特性上用于特殊工作的汽车，不包括以载运人员或货物为主要目的的专用汽车。

（五）有轨电车

有轨电车是指以电动机驱动，设有集电杆，架线供电，有轨道承载的道路车辆。

（六）摩托车

摩托车是指由动力驱动的，具有两个或三个车轮的道路车辆，但不包括：整车整备质量超过 400kg 的三轮车辆；最大设计车速、整车整备质量、外廓尺寸等指标符合有关国家标准的残疾人机动轮椅车；电驱动的，最大设计车速不大于 20km/h 且整车整备质量符合相关国家标准的两轮车辆。

（七）挂车

挂车是指就其设计和技术特性需由汽车或拖拉机牵引，才能正常使用的一种无动力的道路车辆，用于：载运货物；特殊用途。

（八）全挂车

全挂车也称牵引杆挂车，是指至少有两根轴的挂车，具有：一轴可转向；通过角向移动的牵引杆与牵引车联结；牵引杆可垂直移动，联结到底盘上，因此不能承受任何垂直力。

（九）半挂车

除全挂车以外的其他挂车。

（十）轮式专用机械车

轮式专用机械车也称轮式自行机械车，是指有特殊结构和专门功能，装有橡胶车轮可以自行行驶，最大设计车速大于 20km/h 的轮式工程机械，如装载机、平地机、挖掘机、铲车、推土机等，但不包括叉车。

（十一）上道路行驶的拖拉机

上道路行驶的拖拉机是指手扶拖拉机等最大设计车速小于等于 20km/h 的轮式拖拉机和

最大设计车速小于等于 40km/h、牵引挂车方可从事道路运输的轮式拖拉机。

（十二）特型机动车

特型机动车是指轴荷及总质量超限的工程用专项作业车和超长、超宽、超高的运输大型不可解体物品的机动车。

二、机动车类型

车辆类型即根据机动车规格术语和机动车结构术语确定的机动车分类。

机动车规格术语见表 4-1，机动车结构术语见表 4-2。

表 4-1　　　　　　　　　　　　　机动车规格术语

分　类			说　　　明
汽车	载客汽车 a	大型	车长大于等于 6000mm 或者乘坐人数大于等于 20 人的载客汽车
		中型	车长小于 6000mm 且乘坐人数为 10～19 人的载客汽车
		小型	车长小于 6000mm 且乘坐人数小于等于 9 人的载客汽车，但不包括微型载客汽车
		微型	车长小于等于 3500mm 且发动机气缸总排量小于等于 1000mL 的载客汽车
汽车	载货汽车	重型	总质量大于等于 12000kg 的载货汽车
		中型	车长大于等于 6000mm 或者总质量大于等于 4500kg 且小于 12000kg 的载货汽车，但不包括低速货车
		轻型	车长小于 6000mm 且总质量小于 4500kg 的载货汽车，但不包括微型载货汽车、三轮汽车和低速货车
		微型	车长小于等于 3500mm 且总质量小于等于 1800kg 的载货汽车，但不包括三轮汽车和低速货车
		三轮（三轮汽车）	以柴油机为动力，最大设计车速小于等于 50km/h，总质量小于等于 2000kg，长小于等于 4600mm，宽小于等于 1600mm，高小于等于 2000mm，具有三个车轮的货车。其中，采用方向盘转向、由传递轴传递动力、有驾驶室且驾驶人座椅后有物品放置空间的，总质量小于等于 3000kg，车长小于等于 5200mm，宽小于等于 1800mm，高小于等于 2200mm
		低速（低速货车）	以柴油机为动力，最大设计车速小于 70km/h，总质量小于等于 4500kg，长小于等于 6000mm，宽小于等于 2000mm，高小于等于 2500 mm，具有四个车轮的货车
	专项作业车		专项作业车的规格术语分为重型、中型、轻型、微型，具体参照载货汽车的相关规定确定
有轨电车			有轨电车的规格术语参照载客汽车的相关规定确定
摩托车	普通		最大设计车速大于 50km/h 或者发动机气缸总排量大于 50mL 的摩托车
	轻便		最大设计车速小于等于 50km/h，且若使用发动机驱动，发动机气缸总排量小于等于 50mL 的摩托车

续表

分　类		说　明
挂车 b	重型	总质量大于等于 12000kg 的挂车
	中型	总质量大于等于 4500kg 且小于 12000kg 的挂车
	轻型	总质量小于 4500kg 的挂车

注：a 对《全国机动车辆生产企业及产品公告》记载的乘坐人数为区间的载客汽车（包括以载运人员为主要目的的专用汽车），以上限确定其规格术语。乘坐人数包括驾驶人。

　　b 不适用于设计和技术特性上需由拖拉机牵引的挂车。

表 4-2　　　　　　　　　　　　　　　　机动车结构术语

分　类			说　明
汽车	载客汽车	普通客车	车身为长方体或近似长方体，单层地板，一厢或两厢式结构，安装座椅的载客汽车
		双层客车	车身为长方体或近似长方体，双层地板，一厢或两厢式结构，安装座椅的载客汽车
		卧铺客车	车身为长方体或近似长方体，单层地板，一厢或两厢式结构，安装卧铺的载客汽车
		铰接客车	车身为长方体或近似长方体，单层地板，由铰接装置连接两个车厢且连通，安装座椅的载客汽车
		轿车	车身结构为两厢式且乘坐人数不超过 5 人，或者车身结构为三厢式且乘坐人数小于等于 9 人的载客汽车
		专用客车	需经特殊布置安排后才能载运人员（通常为特定人员）的载客汽车，如囚车、殡仪车、救护车、专用校车等，包括旅居车和乘坐人数大于 9 人的专用汽车（如电力工程车）
		无轨电车 a	以电动机驱动，与电力线相连，具有四个或四个以上车轮的非轨道承载道路车辆
		越野客车 a	车身结构为一厢式或者两厢式，所有车轮能够同时驱动，接近角、离去角、纵向通过角、最小离地间隙等技术参数按照高通过性设计的载客汽车
汽车	载货汽车 b	普通货车	载货部位的结构为栏板的载货汽车，但不包括具有自动倾卸装置的载货汽车
		厢式货车	载货部位的结构为封闭厢体且与驾驶室各自独立的载货汽车
		仓栅式货车	载货部位的结构为仓笼式或栅栏式且与驾驶室各自独立的载货汽车
		封闭货车	载货部位的结构为封闭厢体且与驾驶室联成一体，车身结构为一厢式的载货汽车
		罐式货车	载货部位的结构为封闭罐体的载货汽车
		平板货车	载货部位的地板为平板结构且无栏板的载货汽车
		集装箱车	载货部位为框架结构或者地板，专门运输集装箱的载货汽车

分 类			说 明
汽车	载客汽车 b	自卸货车	载货部位具有自动倾卸装置的载货汽车
		特殊结构货车	载货部位为特殊结构，专门运输特定物品的载货汽车。如：运输小轿车的双层结构载货汽车、运输活禽畜的多层结构载货汽车、混凝土搅拌运输车等
		半挂牵引车	不具有载货结构，专门用于牵引半挂车的载货汽车
		全挂牵引车	具有载货结构，专门用于牵引全挂车的载货汽车
	专项作业车		装置有专用设备或器具，用于专项作业的汽车，如汽车起重机、消防车、混凝土泵车、清障车、高空作业车、洒水车、扫路车、吸污车、钻机车、仪器车、检测车、监测车、电源车、通信车、电视车、采血车等。但不包括以载运人员或货物为主要目的的专用汽车
摩托车	二轮摩托车		装有两个车轮的摩托车。
	正三轮载客摩托车		装有与前轮对称分布的两个后轮，具有载客装置的摩托车
	正三轮载货摩托车		装有与前轮对称分布的两个后轮，具有载货装置的摩托车
	侧三轮摩托车		在二轮摩托车的右侧装有边车的摩托车
全挂车	普通全挂车		载货部位为栏板结构的全挂车
	厢式全挂车		载货部位为封闭厢体结构的全挂车
	仓栅式全挂车		载货部位的结构为仓笼式或栅栏式的全挂车
	罐式全挂车		载货部位为封闭罐体结构的全挂车
	平板全挂车		载货部位的地板为平板结构且无栏板的全挂车
	集装箱全挂车		载货部位为框架结构且无地板，专门运输集装厢的全挂车
	自卸全挂车		载货部位具有自动倾卸装置的全挂车
	专项作业全挂车		装置有专用设备或器具，用于专项作业的全挂车
	旅居全挂车		装备有必要的生活设施，用于旅游和野外工作人员宿营的全挂车
半挂车	普通半挂车		载货部位为栏板结构的半挂车
	厢式半挂车		载货部位为封闭厢体结构的半挂车
	仓栅式半挂车		载货部位的结构为仓笼式或栅栏式的半挂车
	罐式半挂车		载货部位为封闭罐体结构的半挂车
	平板半挂车		载货部位的地板为平板结构且无栏板的半挂车
	集装箱半挂车		载货部位为框架结构且无地板，专门运输集装箱的半挂车
	自卸半挂车		载货部位具有自动倾卸装置的半挂车
	低平板半挂车		采用低货台（货台承载面离地高度不大于 1150mm）、轮胎规格最大为 8.25 - 20（8.25R20）、与牵引车的连接为鹅颈式的半挂车，车轴主要为轴线结构（一线二轴或二线四轴）
	特殊结构半挂车		载货部位为特殊结构，专门运输特定物品的半挂车
	专项作业半挂车		装置有专用设备或器具，用于专项作业的半挂车
	旅居半挂车		装备有必要的生活设施，用于旅游和野外工作人员宿营的半挂车

69

车辆类型根据机动车规格术语和机动车结构术语相加确定，规格术语在前，结构术语在后，如"大型普通客车"、"中型罐式货车"、"重型专项作业车"、"重型集装箱半挂车"、"普通二轮摩托车"等。但低速货车的结构术语在前，规格术语在后，如"普通低速货车"、"厢式低速货车"、"罐式低速货车"等。轿车按照其规格术语确定为"大型轿车"、"小型轿车"和"微型轿车"。

无对应的规格术语时，车辆类型按照结构术语确定，如"轮式装载机械"。

三轮汽车无对应的结构术语，其车辆类型统一为"三轮汽车"。除三轮汽车外的其他汽车，其结构特征无对应的结构术语时，车辆类型按照机动车规格术语及最相近的结构术语相加确定。

有轨电车无对应的结构术语，其车辆类型根据规格术语确定，如"大型有轨电车"。

三、机动车使用性质

机动车按使用性质分为营运和非营运两大类。营运机动车是指个人或者单位已获取利润为目的而使用的机动车；非营运机动车是指个人或者单位不以获取利润为目的而使用的机动车。

机动车使用性质分类见表 4-3。

表 4-3　　　　　　　　　　　　机动车使用性质分类

分　类		说　明
营运	公路客运	专门从事公路旅客运输的机动车
	公交客运	城市内专门从事公共交通客运的机动车
	出租客运	以行驶里程和时间计费，将乘客运载至其指定地点的机动车
	旅游客运	专门运载游客的机动车
	租　赁	专门租赁给其他单位或者个人使用，以租用时间或者租用里程计费的机动车
	教　练	专门从事驾驶技能培训的机动车
	货　运	专门从事货物运输的机动车
	危化品运输	专门用于运输剧毒化学品、爆炸品、放射性物品、腐蚀性物品等危险化学品的机动车
非营运 a	警　用	公安机关、国家安全机关、监狱、劳动教养管理机关和人民法院、人民检察院用于执行紧急职务的机动车
	消　防	公安消防部队和其他消防部门用于灭火的专用机动车和现场指挥机动车
	救　护	急救、医疗机构和卫生防疫部门用于抢救危重病人或处理紧急疫情的专用机动车
	工程救险	防汛、水利、电力、矿山、城建、交通、铁道等部门用于抢修公用设施、抢救人民生命财产的专用机动车和现场指挥机动车
	幼儿校车	专门从事运载 3 岁以上学龄前幼儿上下学的校车
	小学生校车	专门从事运载小学生上下学的校车
	其他校车	除了幼儿校车和小学生校车以外的其他专用校车
	营 转 非	原为营运机动车，现改为非营运机动车
	出租转非	原为出租客运机动车，现改为非营运机动车
a 非营运机动车没有对应细类的，使用性质确定为非营运		

第三节　机动车登记

一、机动车登记部门和分工

机动车登记部门是公安交通管理部门，其分工如下：

省级公安交通管理部门负责本省（自治区、直辖市）机动车登记工作的指导、检查和监督。

直辖市公安交通管理部门车辆管理所、设区的市或者相当于同级的公安交通管理部门车辆管理所负责办理本行政辖区内机动车登记业务。

县级公安交通管理部门车辆管理所可以办理本行政辖区内摩托车、三轮汽车、低速载货汽车登记业务。条件具备的，可以办理除进口机动车、危险化学品运输车、校车、中型以上载客汽车以外的其他机动车登记业务。具体业务范围和办理条件由省级公安交通管理部门确定。

二、机动车登记工作的原则

车辆管理所办理机动车登记，应当遵循公开、公正、便民的原则。

车辆管理所在受理机动车登记申请时，对申请材料齐全并符合法律、行政法规和本规定的，应当在规定的时限内办结。对申请材料不齐全或者其他不符合法定形式的，应当一次告知申请人需要补正的全部内容。对不符合规定的，应当书面告知不予受理、登记的理由。

车辆管理所应当将法律、行政法规和本规定的有关机动车登记的事项、条件、依据、程序、期限以及收费标准、需要提交的全部材料的目录和申请表示范文本等在办理登记的场所公示。

省级、设区的市或者相当于同级的公安交通管理部门应当在互联网上建立主页，发布信息，便于群众查阅机动车登记的有关规定，下载、使用有关表格。

三、车辆管理所岗位设置

车辆管理所办理机动车登记业务，应当设置查验岗、登记审核岗和档案管理岗。各岗位根据所承办的登记业务，履行相应的岗位职责。具体岗位职责见《机动车登记工作规范》。

四、机动车登记的种类及登记主要事项

机动车登记主要有注册登记、变更登记、转移登记、抵押登记、注销登记五种。详细登记规定和登记程序参见《机动车登记规定》和《机动车登记工作规范》。

（一）注册登记

注册登记是指初次申领机动车号牌、行驶证的，机动车所有人应当向住所地的车辆管理所申请的登记。

机动车所有人应当到机动车安全技术检验机构对机动车进行安全技术检验，取得机动车安全技术检验合格证明后申请注册登记。但经海关进口的机动车和国务院机动车产品主管部

门认定免予安全技术检验的机动车除外。

申请注册登记的，机动车所有人应当填写申请表，交验机动车，并提交《机动车登记规定》规定提交的证明、凭证。车辆管理所应当自受理申请之日起 2 日内，确认机动车，核对车辆识别代号拓印膜，审查提交的证明、凭证，核发机动车登记证书、号牌、行驶证和检验合格标志。

（二）变更登记

变更登记是指已注册登记的机动车，因需要变更登记事项时向登记地车辆管理所申请的登记。

根据《机动车登记规定》的规定，需要改变车身颜色的；更换发动机的；更换车身或者车架的；因质量问题更换整车的；营运机动车改为非营运机动车或者非营运机动车改为营运机动车等使用性质改变的；机动车所有人的住所迁出或者迁入车辆管理所管辖区域的，可申请变更登记。

申请变更登记的，机动车所有人应当填写申请表，交验机动车，并提交《机动车登记规定》规定提交的证明、凭证。车辆管理所应当自受理之日起 1 日内，确认机动车，审查提交的证明、凭证，在机动车登记证书上签注变更事项，收回行驶证，重新核发行驶证。

（三）转移登记

转移登记是指已注册登记的机动车所有权发生转移，现机动车所有人向登记地车辆管理所申请变更转移事项的登记。

根据《机动车登记规定》的要求，转移登记申请应当在自机动车交付之日起 30 日内，由现有机动车所有人向登记地车辆管理所提出。机动车所有人申请转移登记前，应当将涉及该车的道路交通安全违法行为和交通事故处理完毕。

申请转移登记的，现机动车所有人应当填写申请表，交验机动车，并提交《机动车登记规定》规定提交的证明、凭证。现机动车所有人住所在车辆管理所管辖区域内的，车辆管理所应当自受理申请之日起 1 日内，确认机动车，核对车辆识别代号拓印膜，审查提交的证明、凭证，收回号牌、行驶证，确定新的机动车号牌号码，在机动车登记证书上签注转移事项，重新核发号牌、行驶证和检验合格标志。

现机动车所有人住所不在车辆管理所管辖区域内的，机动车所有人的住所迁出车辆管理所管辖区域的，车辆管理所应当自受理之日起 3 日内，在机动车登记证书上签注变更事项，收回号牌、行驶证，核发有效期为 30 日的临时行驶车号牌，将机动车档案交机动车所有人。机动车所有人应当在临时行驶车号牌的有效期限内到住所地车辆管理所申请机动车转入。

（四）抵押登记

抵押登记是指机动车所有人将机动车作为抵押物抵押或者抵押权消灭时，向登记地车辆管理所申请抵押事项签注的登记。

申请抵押登记的或解除抵押登记的，机动车所有人应当填写申请表，由机动车所有人和抵押权人共同申请，并提交《机动车登记规定》规定提交的证明、凭证。车辆管理所应当自受理之日起 1 日内，审查提交的证明、凭证，在机动车登记证书上签注抵押登记或解除抵押登记的内容和日期。

机动车抵押登记日期、解除抵押登记日期可以供公众查询。

（五）注销登记

注销登记是指机动车因报废、灭失等原因申请注销证明的登记。

《机动车登记规定》规定，已达到国家强制报废标准的机动车（报废标准见表4-4），机动车所有人向机动车回收企业交售机动车时，应当填写申请表，提交机动车登记证书、号牌和行驶证。机动车回收企业应当确认机动车并解体，向机动车所有人出具《报废机动车回收证明》。报废的大型客、货车及其他营运车辆应当在车辆管理所的监督下解体。

表4-4　　　　　　　　　　　　机动车报废标准一览表

车辆类型		使用年限	延缓年限	延缓期内年检次数
微型载货汽车（1.8t以下）		8年	不得延期	
轻型载货汽车（1.8~6t）		10年	5年	每年2次
三轮农用运输车（三轮汽车）		6年	3年	每年2次
四轮农用运输车（低速货车）	单缸柴油机	6年	3年	每年2次
	多缸柴油机	9年		
19座以下营运客车（含出租小汽车）		8年	不得延期	
19座以上营运客车		10年	4年	每年4次
9座（含9座）以下非营运载客汽车（包括轿车、含越野车型）		15年	不设	从第16年起每年2次，从第21年起每年4次
带拖挂的载货汽车		15年	不设	每年2次
矿山作业专用车		8年	4年	每年2次
旅游载客汽车和9座以上非营运载客汽车		10年	10年	每年4次
两轮摩托车		10年	3年	每年2次
三轮摩托车		8年	不得延期	
其他车辆		10年	4年	吊车、消防车、钻探车等从事专门作业的车辆每年检验1次，其他车辆每年检验2次

备注：①微型载货汽车是指：总质量1.8t以下的载货汽车；②轻型载货汽车是指：总质量1.8t以上的、6t（含）以下的载货汽车；③非营运载客汽车是指：单位和个人不以获取运输利润为目的的自用载客汽车；④旅游载客汽车是指：经各级旅游主管部门批准的旅行社专门运载旅客的自用载客汽车；⑤营运车转为非营运车辆或非营运车辆转为营运车辆，一律按营运车辆的规定报废。

机动车回收企业应当在机动车解体后7日内将申请表、机动车登记证书、号牌、行驶证和《报废机动车回收证明》副本提交车辆管理所，申请注销登记。

车辆管理所应当自受理之日起1日内，审查提交的证明、凭证，收回机动车登记证书、号牌、行驶证，出具注销证明。

另外，机动车灭失的，机动车因故不在我国境内使用的，因质量问题退车的，机动车所有人应当向登记地车辆管理所申请注销登记。已注册登记的机动车登记被依法撤销的，达到国家强制报废标准的机动车被依法收缴并强制报废的，登记地车辆管理所应当办理注销登记。

第四节　机动车牌证

机动车牌证主要有机动车登记证书、机动车行驶证、机动车号牌、机动车检验合格证。

一、机动车登记证书

机动车登记证书与机动车行驶证和机动车号牌一起核发，其记载的机动车信息内容与行驶证一致。目前，机动车登记证书按公共安全行业标准《中华人民共和国机动车登记证书》（GB369—2005，代替 GB369—2001），由公安部统一印制。机动车登记证书是车辆所有权的法律证明，由车辆所有人保管，不随车携带，但在办理机动车变更登记、转移登记、抵押登记时都要求出具，并在其上记录有关情况。在进行机动车注销登记时由车辆管理所回收。

机动车登记证书的启用从 2001 年 10 月 1 日开始。启用机动车登记证书前已注册登记的机动车未申领机动车登记证书的，机动车所有人可以向登记地车辆管理所申领机动车登记证书。但属于机动车所有人申请变更、转移或者抵押登记的，应当在申请前向车辆管理所申领机动车登记证书。申请时，机动车所有人应当填写申请表，交验机动车并提交身份证明。车辆管理所应当自受理之日起 5 日内，确认机动车，核对车辆识别代号拓印膜，审查提交的证明、凭证，核发机动车登记证书。

二、机动车行驶证

机动车行驶证是机动车上道路行驶的法定证件，由车辆管理所核发。

2008 年 10 月 1 日开始启用的行驶证按照公共安全行业标准《中华人民共和国机动车行驶证》（GA 37—2008，代替 GA 37—2004）制作。机动车行驶证由证夹、主页、副页三部分组成。其中：主页正面是已签注的证芯，背面是机动车相片，并用塑封套塑封。副页是已签注的证芯。车辆管理所核发行驶证时，通过机动车登记系统并使用专用打印机在证芯上打印机动车所有人和机动车专属信息。行驶证证芯式样见图 4-1。行驶证上签注的号牌号码与核发给该车的号牌号码一致。

三、机动车号牌及固封装置

机动车号牌是准予机动车在道路上行驶的法定标志，其号码是机动车登记编号，与行驶证上的号牌号码一致。号牌按 2007 年 11 月 1 日起实施的公共安全行业标准《中华人民共和国机动车号牌》（GA36—2007，代替 GA36—1992）制作。

（一）机动车号牌的分类、规格、颜色

号牌的分类、规格、颜色及适用范围见表 4-5。

（二）机动车登记编号和号牌式样

按照不同类型的机动车号牌，机动车登记编号包含省、自治区、直辖市的汉字简称，用英文字母表示发牌机关的代号，由阿拉伯数字和英文字母组成的序号和有特殊性质的机动车使用的号牌分类用汉字简称。

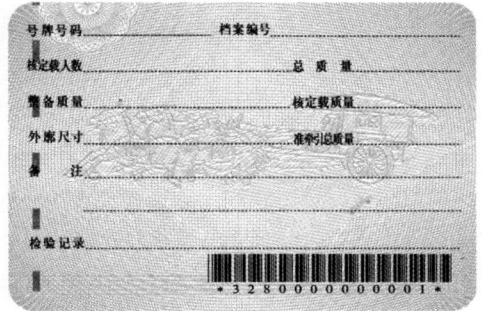

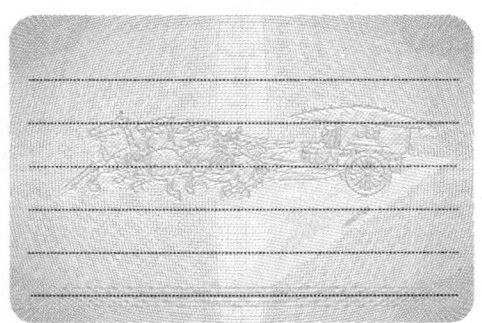

| a 机动车行驶证主页正面 | b 机动车行驶证主页背面 |
| c 机动车行驶证副页正面 | d 机动车行驶证副页背面 |

图 4-1   机动车行驶证证芯式样

表 4-5 号牌的分类、规格、颜色及适用范围

序号	分类	外廓尺寸 mm×mm	颜色	数量	适用范围
1	大型汽车号牌	前：440×140 后：440×220	黄底黑字黑框线	2	中型（含）以上载客、载货汽车和专项作业车；半挂牵引车；电车
2	挂车号牌	440×220		1	全挂车和不与牵引车固定使用的半挂车
3	小型汽车号牌		蓝底白字白框线		中型以下的载客、载货汽车和专项作业车
4	使馆汽车号牌		黑底白字，红"使"、"领"字白框线		驻华使馆的汽车
5	领馆汽车号牌				驻华领事馆的汽车
6	港澳入出境车号牌	40×140	黑底白字，白"港"、"澳"字白框线	2	港澳地区入出内地的汽车
7	教练汽车号牌		黄底黑字，黑"学"字黑框线		教练用汽车
8	警用汽车号牌		白底黑字，红"警"字黑框线		汽车类警车

序号	分类	外廓尺寸 mm×mm	颜色	数量	适用范围
9	普通摩托车号牌	前：220×95 后：220×140	黄底黑字黑框线	2	普通二轮摩托车和普通三轮摩托车
10	轻便摩托车号牌		蓝底白字白框线		轻便摩托车
11	使馆摩托车号牌		黑底白字，红"使"、"领"字白框线		驻华使馆的摩托车
12	领馆摩托车号牌				驻华领事馆的摩托车
13	教练摩托车号牌		黄底黑字，黑"学"字黑框线		教练用摩托车
14	警用摩托车号牌	220×140	白底黑字，红"警"字黑框线	1	摩托车类警车
15	低速车号牌	300×165	黄底黑字黑框线	2	低速载货汽车、三轮汽车和轮式自行机械车
16	临时行驶车号牌	220×140	天（酞）蓝底纹黑字黑框线	1	行政辖区内临时行驶的机动车
			棕黄底纹黑字黑框线		跨行政辖区临时移动的机动车

部分规格号牌式样和效果图如图 4-2、图 4-3 所示，其余规格号牌式样和效果图见 GA36-2007。

图 4-2 大型汽车前号牌、小型汽车号牌、领馆汽车号牌、港澳入出境车号牌、教练汽车号牌式样

图 4 - 3 小型汽车号牌效果图

（三）省、自治区、直辖市简称

机动车登记编号中的省、自治区、直辖市简称见表 4 - 6。

表 4 - 6   省、自治区、直辖市简称

序号	地区名称	简称	序号	地区名称	简称
1	北京市	京	17	湖北省	鄂
2	天津市	津	18	湖南省	湘
3	河北省	冀	19	广东省	粤
4	山西省	晋	20	广西壮族自治区	桂
5	内蒙古自治区	蒙	21	海南省	琼
6	辽宁省	辽	22	重庆市	渝
7	吉林省	吉	23	四川省	川
8	黑龙江省	黑	24	贵州省	贵
9	上海市	沪	25	云南省	云
10	江苏省	苏	26	西藏自治区	藏
11	浙江省	浙	27	陕西省	陕
12	安徽省	皖	28	甘肃省	甘
13	福建省	闽	29	青海省	青
14	江西省	赣	30	宁夏回族自治区	宁
15	山东省	鲁	31	新疆维吾尔自治区	新
16	河南省	豫			

（四）发牌机关代号

发牌机关即车辆登记机关，为省、自治区、直辖市公安厅、局和地、市、州、盟公安局、处车辆管理所。发牌机关代号见 GA36—2007 附录 A。

直辖市公安交通管理部门车辆管理所的发牌机关代号为 A 至 Z，报公安部交通管理局备案后，可依次自行使用。

设区的市或者相当于同级的公安交通管理部门车辆管理所报经公安部交通管理局批准同意后可启用新的发牌机关代号。

（五）序号编码规则和使用规则

1．序号编码规则

序号编码规则有三种，分别是：

（1）序号的每一位都使用阿拉伯数字；

（2）序号的每一位可单独使用英文字母，26个英文字母中O和I不能使用；

（3）序号中允许出现2位英文字母，26个英文字母中O和I不能使用。

2．序号使用规则

（1）序号数字和字母组合方式见表4-7。序号的使用率超过60％后，应经省级公安交通管理部门批准并报公安部交通管理局备案后，依次启用下一种组合方式；

表4-7　　　　　　　　　　　　　序号用字母和数字组合方式

序　号	数字和字母组合方式	序号类型	
		四位数	五位数
1	每一位都是数字	√	√
2	第一位是字母，其余是数字	√	√
3	第一位和第二位是字母，其余是数字	√	√
4	第二位是字母，其余是数字	√	√
5	第三位是字母，其余是数字	√	√
6	第四位是字母，其余是数字	√	√
7	第五位是字母，其余是数字	×	√
8	第一位和第五位是字母，其余是数字	×	√
9	第四位和第五位是字母，其余是数字	×	√
10	第一位和第三位是字母，其余是数字	√	√
11	第二位和第三位是字母，其余是数字	√	√

注：×表示不能使用，√表示可以使用

（2）机动车登记中收回的号牌，其机动车登记编号6个月后可重新使用。

（六）号牌分类用汉字

领馆汽车号牌和摩托车号牌的机动车登记编号中使用汉字简称"领"字；使馆汽车号牌和摩托车号牌的机动车登记编号中使用汉字简称"使"字；警用汽车号牌和摩托车号牌的机动车登记编号使用汉字简称"警"；教练汽车号牌和摩托车号牌的机动车登记编号中使用汉字简称"学"字；挂车号牌的机动车登记编号使用汉字简称"挂"；香港特别行政区入出内地车辆号牌的机动车登记编号使用汉字简称"港"字；澳门特别行政区入出内地车辆号牌的机动车登记编号使用汉字简称"澳"字；试验车的临时行驶车号牌的机动车登记编号中使用汉字简称"试"字；特型车的临时行驶车号牌的机动车登记编号中使用汉字简称"超"字。

（七）间隔符

间隔符对机动车登记编号进行有效分割。

（八）机动车号牌固封装置

机动车号牌采用专用的机动车号牌固封装置固定。机动车号牌固封装置按公共安全标准

《机动车号牌专用固封装置》（GA804—2008），由省级交通管理部门监制。

三、机动车检验合格标志

《机动车检验合格标志》是机动车按规定检验合格后发给的检验合格证明，其式样由公安部交通管理局统一印发，各省（区、市）交警总队负责印制。每年的《机动车检验合格标志》式样和颜色都可能不同。例如 2008 年的汽车（含三轮汽车、低速货车）及其他四轮以上机动车的《机动车检验合格标志》为黄色、绿色和蓝色三种。检验有效期截止日期在 2008 年 12 月底以前的，使用黄色；截止日期在 2009 年 1 月至 12 月底的，使用绿色；截止日期在 2010 年 1 月至 12 月底的，使用蓝色。

驾驶机动车上道路行驶时，属于汽车及其他四轮以上机动车的，应将《机动车检验合格标志》粘贴在车前挡风玻璃的右上角；属于摩托车的，应随车携带。

四、机动车强制保险标志

机动车交通事故责任强制保险标志（简称保险标志），是已经投保机动车交通事故责任强制保险的重要凭证，保险标志的式样全国统一，按中国保险监督管理委员会的有关规定制作。

根据《机动车交通事故责任强制保险条例》以及公安部交通管理局《关于贯彻实施〈机动车交通事故责任强制保险条例〉的通知》的规定，保险标志分两种，分别是用于放置的内置型保险标志和用于携带的便携型保险标志。应当注意，机动车上路行驶时，要求放置或者携带的是保险标志，不是保单。

第五节　机动车检验

一、机动车检验分类和检验的实施

机动车检验是指机动车安全技术检验，分为注册登记检验和在用机动车检验两大类。

机动车安全技术检验由机动车安全技术检验机构实施。对符合机动车国家安全技术标准的，公安交通管理部门应当发给检验合格标志。

机动车安全技术检验机构应当按照国家机动车安全技术检验标准对机动车进行检验，对检验结果承担法律责任。质量技术监督部门负责对机动车安全技术检验机构实行资格管理和计量认证管理，对机动车安全技术检验设备进行检定，对执行国家机动车安全技术检验标准的情况进行监督。

二、注册登记检验

注册登记检验是指机动车安全技术检验机构对经国家有关部门许可生产（入境），或经有关执法部门罚没、拍卖，需领取机动车牌证上道路行驶的机动车，在其申请注册登记时进行的安全技术检验。但是，经国家机动车产品主管部门依据机动车国家安全技术标准认定的企业生产的机动车型，该车型的新车在出厂时经检验符合机动车国家安全技术标准，获得检验合格证的，免予安全技术检验。

三、在用机动车检验

在用机动车检验是指机动车安全技术检验机构对已注册登记的机动车进行的安全技术检验，包括定期检验和其他检验。

已注册登记的机动车进行安全技术检验时，机动车行驶证记载的登记内容与该机动车的有关情况不符，或者未按照规定提供机动车交通事故责任强制保险凭证的，不予通过检验或不予检验。

（一）定期检验

对登记后上道路行驶的机动车，应当依照法律、行政法规的规定，根据车辆用途、载客载货数量、使用年限等不同情况，定期进行安全技术检验。

机动车应当从注册登记之日起，按照下列期限进行安全技术检验：

（1）营运载客汽车5年以内每年检验1次；超过5年的，每6个月检验1次；

（2）载货汽车和大型、中型非营运载客汽车10年以内每年检验1次；超过10年的，每6个月检验1次；

（3）小型、微型非营运载客汽车6年以内每2年检验1次；超过6年的，每年检验1次；超过15年的，每6个月检验1次；

（4）摩托车4年以内每2年检验1次；超过4年的，每年检验1次；

（5）拖拉机和其他机动车每年检验1次。

营运机动车在规定检验期限内经安全技术检验合格的，不再重复进行安全技术检验。

（二）其他检验

其他检验是指定期检验以外的检验。即因某种情况需要进行的安全技术检验。例如机动车申请变更登记，涉及更换发动机、车身或者车架等变更项目时；因进行科研、定型试验需要，申领机动车临时号牌时，都需要通过相应的安全技术检验，取得机动车安全技术检验合格证明。需要进行其他检验的情形详见《机动车登记规定》。

另外，因机动车发生交通事故，为了确定机动车是否有与交通事故相关的技术故障，也需要对事故车辆进行某些特定项目的检验。

四、机动车安全技术检验标准

机动车安全技术检验按照国家标准《机动车安全技术检验项目和方法》（GB21861—2008）进行，其检验目的是确认机动车所检项目的技术条件是否符合国家标准《机动车运行安全技术条件》（GB7258—2012）的要求。

《机动车安全技术检验项目和方法》规定了机动车安全技术检验的检验项目和检验方法等要求，适用于机动车安全技术检验机构对在我国道路上行驶的机动车进行安全技术检验，也适用于进出口机动车检验机构对入境机动车进行安全技术检验。对经有关部门批准进行实际道路试验的机动车进行安全技术检验时，可参照该标准进行。具体检验项目和方法详见该标准文本。

《机动车运行安全技术条件》是我国机动车管理的最基本的技术性法规，是公安交通管理部门新车注册登记、在用机动车定期检验、事故车检验等安全技术检验的主要技术依据，同时也是我国机动车新车定型强制性检验，新车出厂检验及进口机动车检验的重要技术依据之一。该标准规定了机动车的整车及主要总成、安全防护装置等有关运行安全的基本技术要求及检验方法，同时还规定了机动车的环保要求及消防车、救护车、工程救险车和警车的附加要求，适用于在我国道路上行驶的机动车。有关机动车运行安全的基本技术要求及检验方法详见该标准文本。

第六节　机动车查验

一、机动车查验标准

机动车查验是指公安交通管理部门车辆管理所办理机动车登记业务时，依据道路交通安全法律法规和相关标准，确认机动车是否符合相关规定的一项业务工作。

机动车查验工作由查验员按公共安全标准《机动车查验工作规程》（GA801－2008）进行。

《机动车查验工作规程》规定了机动车查验的人员资质、查验项目、查验工作要求及其他相关要求。

二、查验员及其资质

（一）查验员

查验员是指具有相应的知识和技能，经培训考试合格并获得查验员资格证书，从事机动车查验工作的人员。

（二）查验员资质

从事机动车查验工作的人员应具有查验员资质，须持证上岗。

省级公安交通管理部门负责对本省（自治区、直辖市）范围内的查验员进行培训、考试，核发查验员资格证书。

有查验员资质的民警负责进口机动车、中型（含）以上载客汽车、中型（含）以上载货汽车、专项作业车、三轮汽车和低速货车、挂车、危险化学品运输车（即道路运输危险货物车辆，下同）的注册登记、变更登记及法定监销机动车的报废解体监销等业务的机动车查验，并采用现场监督、抽查复核等方式对其他车辆类型和业务种类的机动车查验进行监督。

三、机动车查验项目

机动车查验项目有很多，主要分为注册登记、核发机动车检验合格标志、变更登记和变更备案（如重新打刻车辆识别代号申请变更备案）以及办理其他业务时的查验等几个方面。办理各种登记业务时所需进行的查验项目见《机动车查验工作规程》，在此不赘述。

四、查验工作要求

（一）查验场地和查验合格要求

查验机动车应在照明良好的条件下进行，用于查验机动车的场地应平坦、硬实。

查验员应当按照规定的项目查验机动车，按照相关法律法规和GB7258等机动车国家安全技术标准确认所查验项目是否符合规定（见表4－7）。

序号	项目	合格要求
1	车辆识别代号（整车出厂编号）	汽车、摩托车（含轻便摩托车）、半挂车应至少有一个易见且易于拓印的车辆识别代号打刻在车架（无车架的机动车为车身主要承载且不能拆卸的部件）上；其他机动车应打刻整车型号和出厂编号，型号在前，出厂编号在后，出厂编号两端应打刻起止标记。同一辆车上标识的所有车辆识别代号（或整车出厂编号，下同）内容应相同。同一辆车上不允许既打刻车辆识别代号，又打刻整车型号和出厂编号。打刻的车辆识别代号内容应与相关凭证（机动车整车出厂合格证明、货物进口证明书或《机动车行驶证》记载及整车产品标牌标明的车辆识别代号内容一致，并且不应有明显的更改、变动、凿改、挖补、打磨痕迹或垫片、擅自另外打刻等异常情形。 注1：2004年10月1日前出厂的改装汽车可能有两个不同内容的车辆识别代号，此时应有一个车辆识别代号的内容与相关凭证相同。 注2：核发检验合格标志时，可不查看整车产品标牌。 注3：2007年4月1日起出厂的三轮汽车和低速货车必须按照规定打刻车辆识别代号
2	发动机型号和出厂编号	发动机型号和出厂编号应打刻（或铸出）在气缸体上且应能永久保持；打刻的发动机出厂编号不应有明显的凿改、挖补、打磨痕迹或擅自另外打刻等异常情形。若打刻（或铸出）的发动机型号和出厂编号不易见，则应在发动机易见部位增加能永久保持的发动机型号和出厂编号的标识。 相关凭证上记载的"发动机型号和出厂编号"应与发动机缸体上打刻或铸出（或标识上标明）及整车产品标牌上标明的发动机型号和出厂编号一致。 注1：2004年10月1日前出厂的机动车打刻的发动机型号和出厂编号不易见时，其发动机的易见部位不一定有发动机标识。 注2：核发检验合格标志时，也可核对发动机型号和出厂编号
3	车辆品牌/型号	注册登记查验时，机动车整车出厂合格证明（对国产机动车）、海关货物进口证明书（对进口机动车）等凭证上记载的"车辆品牌"和"车辆型号"与整车产品标牌上标明的车辆品牌、型号应一致
4	车身颜色	注册登记查验时，按照标准核定车身颜色；变更车身颜色时，按照实车填写车身颜色。 其他情况下，车身颜色应与《机动车行驶证》记载的车身颜色一致
5	核定载人数	注册登记查验时，按照 GB7258—2004 及其第 2 号修改单的 4.5.2～4.5.5 及 11.8 核定载客人数/驾驶室乘坐人数。对实行《公告》管理的国产机动车，载货汽车和专项作业车核定的驾驶室乘坐人数可小于《公告》和机动车整车出厂合格证明标明的驾驶室乘坐人数，但载客汽车核定的乘坐人数与机动车整车出厂合格证明标明的乘坐人数的数值应一致且符合《公告》管理的相关规定。 其他情况下，座位/铺位数应与《机动车行驶证》记载的内容一致

续表1

序号	项目	合格要求
6	号牌板（架）/车辆号牌	注册登记查验时，检查机动车号牌板（架）：前号牌板（架）应设于前面中部或右侧（按机动车前进方向），后号牌板（架）应设于后面中部或左侧，号牌板（架）应能安装符合 GA36—2007 要求的机动车号牌。 其他情况下，检查车辆号牌：号牌应安装在号牌板（架）处，号牌应正置、横向水平、纵向基本垂直且使用符合标准的固封装置固封、号牌应无变形、遮盖和破损、涂改，号牌号码和种类应与《机动车行驶证》的记录一致，其汉字、字母和数字应清晰可辨、颜色应无明显色差。不允许使用可拆卸号牌架和可翻转号牌架
7	车辆外观形状	外部照明灯具的透光面均应齐全，对称设置、功能相同的外部照明灯具的透光面颜色不应有明显差异。机动车配备的后视镜和下视镜应完好。所有车窗玻璃应完好且未粘贴镜面反光遮阳膜。校车（包括专用校车和非专用校车）所有车窗玻璃均不应张贴有不透明和带任何镜面反光材料之色纸或隔热纸。 注册登记查验时，对实行《公告》管理的国产机动车，车辆外观形状应与《公告》的机动车照片一致，但装有公告允许选装的部件时除外；其他情况下，车辆外观形状应与《机动车行驶证》上机动车标准照片记载的车辆外观形状一致，但装有允许自行加装的部件时除外。 注：机动车标准相片的规格为：长度 88mm±0.5mm，宽度 60mm±0.5mm，圆角半径为 4mm±0.1mm。拍摄汽车类机动车的相片时，应当从车前方左侧 45°角拍摄，拍摄其他机动车相片时，应当从车后方左侧 45°角拍摄；机动车影像应占相片的三分之二。机动车标准相片应当能够清晰辨认车身颜色及外观特征，如悬挂有机动车号牌，其号牌号码和号牌类型应与《机动车行驶证》记载的内容一致。查验员可以通过采集机动车标准照片信息核对机动车标准照片
8	轮胎完好情况	轮胎胎冠花纹深度应符合 GB7258—2004 的 9.1.1 的要求，轮胎胎面及胎壁应无影响使用的破裂、缺损、异常磨损和割伤，轮胎螺母应完整齐全。 注册登记查验时，轮胎数应与机动车整车出厂合格证明等相关凭证记载的数据一致；其他情况下，轮胎数应与《机动车行驶证》上机动车标准照片记载的轮胎数一致
9	机动车用三角警告牌	汽车（三轮汽车除外）应配备机动车用三角警告牌，三角警告牌在车上应妥善放置，式样及尺寸应符合 GB19151—2003 相关规定。 注：警告牌应是中空的，外侧为红色的回复反射区，内侧邻接的为红色荧光区，均为同心的等边三角形。警告牌的理论边长为 500mm±50mm，中空区域的边长最小为 70mm

序号	项目	合格要求
10	汽车安全带	微、小、中型载客汽车及最大设计车速大于等于100km/h的载货汽车（包括半挂牵引车）的前排座椅，公路客运载客汽车和旅游客运载客汽车的驾驶员座椅、前面没有座椅的座椅及前面护栏不能起到必要防护作用的座椅，应装置汽车安全带；卧铺客车的每个铺位均应安装两点式汽车安全带。 2005年8月1日起新出厂的座位数不大于5的小型载客汽车，及2006年2月1日起新出厂的座位数大于5的载客汽车，所有座椅（第三排及第三排以后的可折叠座椅除外）均应装置汽车安全带。 2005年8月1日起新出厂的公路客运载客汽车和旅游客运载客汽车，当（同向）座椅的座间距大于1000mm且座垫前面沿座椅纵向不大于600mm的范围内没有能起到防护作用的护栏或其他物体时，也应装置汽车安全带。 专用校车的每一个儿童座位都应装置汽车安全带。 汽车安全带应齐全且能正常使用
11	车辆外廓尺寸	汽车及汽车列车、挂车的实际外廓尺寸不得超出GB1589—2004及其第1号修改单规定的限值，摩托车及轻便摩托车的实际外廓尺寸不得超出GB7258—2004的4.2中表2规定的限值。 注册登记查验时，车辆的长、宽、高应与机动车整车出厂合格证明等相关凭证上记载的数值一致；其他情况下，应与《机动车行驶证》上记载的数值一致。外廓尺寸参数公差允许范围对汽车（低速货车和三轮汽车除外）为±1%，对其他机动车为±3%
12	轴数	注册登记查验时，轴数（包括浮动轴）应与机动车整车出厂合格证明等相关凭证上记载的数据一致；其他情况下，轴数应与《机动车行驶证》上机动车标准照片记载的轴数一致
13	轮胎规格	同一轴上的轮胎规格和花纹应相同，轮胎规格应与机动车整车出厂合格证明等相关凭证（或资料）记载的内容一致
14	车身反光标识	车身反光标识应为红白单元相间的条状反光膜材料，表面应完好、无破损。红白单元每一单元的长度应不小于150mm且不大于450mm，宽度可为50mm，75mm或100mm。 机动车粘贴的车身反光标识的白色单元上应加施有符合规定的"3C"标识。 后部车身反光标识应能体现机动车后部宽度和高度，其离地高度应不小于380mm。后部车身反光标识与后反射器的面积之和，使用一级车身反光标识材料时应不小于$0.1m^2$，使用二级车身反光标识材料时应不小于$0.2m^2$。 侧面车身反光标识允许分隔粘贴，但应保持红白单元相间。侧面的车身反光标识长度应不小于车长的50%，三轮汽车的侧面车身反光标识长度不应小于1200mm，货厢长度不足车长50%的载货汽车的侧面车身反光标识长度应为货厢长度。 粘贴的车身反光标识式样应符合相关规定。厢式货车和厢式挂车后部、侧面的车身反光标识应能体现货厢轮廓。 道路运输剧毒化学品和爆炸品车辆还应在车辆的后部和两侧粘贴能标示车辆轮廓的、宽度为150mm±20mm的橙色反光带

序号	项目	合格要求
15	侧面及后下部防护装置	侧面及后下部防护装置应固定可靠，与车架或车体的可靠部位有效连接，不会因车辆正常行驶而松动。 后下部防护装置任一端的最外缘应与这一侧车辆后轴车轮最外端的横向水平距离不大于 100mm；后下部防护装置整个宽度上的下边缘离地高度对于后下部防护装置状态可调整的车辆应不大于 450mm，对后下部防护装置状态不可调整的车辆应不大于 550mm；后下部防护装置的横向构件的截面高度（对格构式圆钢结构的后下部防护装置，截面高度为横向布置圆钢的直径之和）应不小于 100mm，端部不应有尖锐边缘；后下部防护装置应具有足够的强度。 侧面防护装置的下缘任何一点的离地高度应不大于 550mm。侧面防护装置的前缘和后缘应处在最靠近它的轮胎周向切面之后（前）300mm 的范围之内。但对于全挂车，前缘位于 500mm 的范围之内即可；对于半挂车，前缘与支腿中心横截面距离小于等于 250mm 即可；对于长头载货汽车，前缘与驾驶室后壁板件的间隙小于等于 100mm 内时即可
16	灭火器	中型（含）以上载客汽车、危险化学品运输车应配备处于有效期内的灭火器，灭火器在车身应安装牢靠并便于使用
17	行驶记录装置	行驶记录装置及其连接导线在车上应固定可靠，行驶记录装置应能正常显示。2006 年 12 月 1 日起新出厂汽车装置的汽车行驶记录仪，其主机外表面的易见部位应铭刻有符合规定的 "3C" 标识
18	安全出口/安全手锤	车长大于等于 6000mm 的载客汽车，如车身右侧仅有一个供乘客上下的车门时，应设置安全门或安全窗。车长大于 7000mm 的公路客运载客汽车和旅游客运载客汽车应设置车顶安全出口（安全顶窗）。 使用安全窗时，应采用易于迅速从车内、外开启的装置；或采用安全玻璃，并在车内明显部位装备用于击碎出口玻璃的手锤。 每个安全出口（安全门、安全窗和安全顶窗）应在其附近设有 "安全出口" 字样，安全出口的应急控制器应在其附近标有清晰的符号或字样并注明其操作方法，字体高度应不小于 20mm
19	外部标识、文字	车长大于等于 6000mm 或总质量大于等于 4500kg 的载货汽车、挂车，车身（车厢）后部应喷涂有符合规定的放大牌号。 危险化学品运输车应装置符合 GB13392—2005 规定的标志（包括标志灯和标志牌）及符合《公安部关于贯彻执行〈剧毒化学品购买和公路运输许可证件管理办法〉有关问题的通知》（公通字［2005］38 号）规定的矩形安全标示牌。 燃气汽车（天然气汽车和液化石油气汽车）应按规定在车辆前端和后端醒目位置分别设置标注其使用的气体燃料类型的识别标志，标志图形为有边框的菱形，在方框中分别居中匀称地布置有大写印刷体英文字母 "CNG"（压缩天然气汽车）、"LNG"（液化天然气汽车）、"ANG"（吸附天然气汽车）、"LPG"（液化石油气汽车）。 专用校车及专门用于运送学生上下学的非专用校车应按相关规定喷涂外部标识、文字，其他非专用校车应配备有符合规定的校车标牌

序号	项目	合格要求
20	外观制式、标志灯具、电子警报器	警车的外观制式应符合相关公共安全行业标准的规定；消防车的车身颜色应为大红色；救护车的车身颜色应为白色，左、右侧及车后正中应喷涂符合规定的图案；工程救险车的车身颜色应为中黄色，车身两侧应喷"工程救险"字样；其他机动车不允许喷涂上述车辆专用的或与其类似的标志图案。 警车、消防车、救护车和工程救险车应安装符合规定的标志灯具和车用电子警报器，标志灯具和警报器应固定可靠；其他车辆不允许安装上述车辆专用的标志灯具和警报器
21	安全技术检验合格证明	安全技术检验合格证明应有具备资质的安检机构的印章及授权签字人签名，其内容至少应包括人工检查项目（车辆外观检查、底盘动态检验和车辆底盘检查）的检查结果、线内仪器设备检查项目（制动、灯光等）的检测数据和判定结果（因不能上线检测而未进行线内仪器设备检查时除外）、路试数据和判定结果（如进行）及整车检验结论。 安检机构与车辆管理所已联网且车辆管理所通过计算机系统自动比对上述项目和数据时，安全技术检验合格证明可不反映相关内容

（二）机动车查验登记表签注要求

《机动车查验记录表》（表 4-8）所列查验项目发现不合格情形时，应在对应的判定栏内签注"×"，必要时还应在备注栏简要予以说明；对按照规定不须查验的项目，在对应的判定栏内签注"—"；发现有不符合 GB7258 等机动车国家安全技术标准和相关法律法规的其他情形时，应在《机动车查验记录表》的备注栏内记录相关情况。对申请注册登记的机动车进行查验时，查验员应在对应的判定栏内签注确定的"车身颜色"、"核定载人数"及"车辆类型"；若相关凭证记载有相应的内容，还应在签注内容后签注"√"或"×"。对申请变更车身颜色的机动车进行查验时，查验员应在对应的判定栏内签注确定的"车身颜色"。

表 4-8　　　　　　　　　　机动车查验登记表

号牌号码（流水号或其他与车辆能对应的号码）：　　　　　　　　　号牌种类：

业务类型：注册登记　　转入　　转移登记　　变更迁出　　变更车身颜色　　核发检验合格标志
更换车身或者车架　　更换发动机　　变更使用性质　　重新打刻 VIN　　重新打刻发动机号
更换整车　　　　申领登记证书　　补领登记证书　　监销　　　其他

类别	序号	查验项目	判定	类别	序号	查验项目	判定
通用项目	1	车辆识别代号		大中型客车、校车、危险化学品运输车	14	灭火器	
	2	发动机型号/号码			15	行驶记录装置	
	3	车辆品牌/型号			16	安全出口/安全手锤	
	4	车身颜色			17	外部标识、文字	
	5	核定载人数		其他	18	标志灯具、警报器	
	6	车辆类型			19	安全技术检验合格证明	

类别	序号	查验项目	判定	类别	序号	查验项目	判定
通用项目	7	号牌/车辆外观形状		查验结论：			
	8	轮胎完好情况					
	9	安全带、三角警告牌					
货车挂车	10	外廓尺寸、轴数		查 验 员：			
	11	轮胎规格				年 月 日	
	12	侧后部防护装置		复检合格	查验员：		
	13	车身反光标识				年 月 日	
机 动 车 照 片 （注册登记、转移登记、需要制作照片的变更登记、转入、监销）				备　注：			

车辆识别代号（车架号）拓印膜（注册登记、转移登记、转出、转入、更换车身或者车架、更换整车、申领登记证书、重新打刻 VIN）

说明：1. 填表时应在对应的业务类型名称上划"√"；2. 对按照规定不须查验的项目，在对应的判定栏内划"—"；3. 本表所列查验项目判定不合格时在对应栏划"×"，本表以外的查验项目不合格时，在备注栏内注明情况，查验结论签注为"不合格"；所有查验项目合格，查验结论签注为"合格"；4. 复检合格时，查验员签字并签注日期；复检仍不合格的，不签注；5. 注册登记查验时，"车身颜色、核定载人数、车辆类型"判定栏内签注查验确定的相应内容，变更颜色查验时签注车身颜色

按规定应当查验的项目全部合格且未发现其他不合格情形时，查验员应在《机动车查验记录表》对应的位置签注"合格"、签字并签注日期；具有不合格情形时，查验员应签注"不合格"、签字并签注日期。

查验不合格的机动车复检合格时，查验员在《机动车查验记录表》对应的位置签字并签注日期；复检仍不合格的，不签注。

（三）查验车辆识别代号的要求

查验车辆识别代号时，应实车查看车辆识别代号的号码，核对是否与机动车整车出厂合格证明、货物进口证明书或者机动车行驶证等凭证一致，确认车辆识别代号有无被凿改嫌疑。办理机动车注册登记、转入、转移登记、变更迁出、更换车身或者车架、更换整车、申领机动车登记证书等业务及重新打刻车辆识别代号变更备案时，还应当核对车辆识别代号拓印膜。更换车身或者车架时不属于打刻原车辆识别代号的，在《机动车查验记录表》的备注栏内记录新的车辆识别代号。

（四）查验发动机号码的要求

查验发动机号码时，应实车查看打刻（或铸出）的发动机型号和出厂编号，核对是否与机动车整车出厂合格证明、货物进口证明书或机动车行驶证等凭证一致，确认发动机号码有无被凿改嫌疑。如打刻（或铸出）的发动机型号和出厂编号不易见，则只查看发动机易见部位上能永久保持的标有发动机型号和出厂编号的标识，对 2004 年 4 月 30 日前注册登记的机动车有疑问时可核对发动机出厂编号拓印膜。更换发动机时不属于打刻原发动机号码的，在《机动车查验记录表》的备注栏内记录新的发动机型号和出厂编号。

（五）查验车辆外廓尺寸的要求

查验车辆外廓尺寸时，应当使用量具测量相关尺寸参数；对侧面及后下部防护装置离地高度、车身反光标识面积等参数有疑问时，也应当使用量具测量相关尺寸。

（六）审核机动车安全技术检验合格证明的要求

审核机动车安全技术检验合格证明时，应审查安全技术检验合格证明上是否有具有资质的机动车安全技术检验机构的签章，确认安全技术检验的项目是否齐全及制动、灯光等主要安全项目的检验结果是否符合相关技术标准。

（七）监销报废解体的机动车的要求

监销报废解体的机动车时，如发现车辆的五大总成不齐全，应要求机动车所有人出具相应的书面材料予以说明，但车身/车架缺失时应认定为车辆缺失。

（八）其他要求

省、自治区、直辖市和设区的市公安交通管理部门，可以根据 GB7258 等机动车国家安全技术标准增加查验项目，根据地方性法规或地方政府规章扩大安全装置的配置和查验范围，在表 4-8 的基础上增加填写事项。各地实际执行的机动车查验工作要求应报公安部交通管理局备案。

省、自治区、直辖市和设区的市公安交通管理部门，可以根据需要对在辖区内首次注册登记的新车型进行技术参数确认，建立新车型的技术参数库。

五、查验中特殊情形的处理

查验中发现机动车存在被盗抢嫌疑、走私嫌疑、违法改装、非法拼组装等情形时，应详细记录机动车的基本信息并在计算机系统中注明。属于被盗抢嫌疑和走私嫌疑的，进入嫌疑车辆调查程序；属于违法改装的，应责令机动车车主将机动车恢复原状；属于非法拼组装的，应按照相关规定移交有关部门予以拆解、报废。属于办理业务前经机动车安全技术检验机构安全技术检验合格的，应将相关信息通报给当地质量技术监督部门。

查验申请注册登记的机动车时，发现车辆外廓尺寸等主要特征和技术参数不符合 GB7258 等机动车国家安全技术标准或与公告的数据不一致时，或发现公告的技术参数不符合 GB7258 等机动车国家安全技术标准时，车辆管理所应做好取证工作，在计算机系统中详细记录机动车的基本信息及整车生产厂家、生产日期、公告批次（对进口机动车为进口证明凭证名称、编号）等信息，填写《违规机动车产品通报表》（见《机动车查验工作规程》附录 C）向当地质量技术监督部门通报并通过网络逐级上报。

第七节　机动车档案管理

一、机动车档案的建立

车辆管理所建立每辆机动车的档案，确定档案编号。机动车档案按照机动车号牌种类、号牌号码或者档案编号顺序存放。

车辆管理所按照本规范规定的存档资料顺序，按照国际标准 A4 纸尺寸，对每次登记的资料装订成册，并填写或者打印档案资料目录，置于资料首页。

当某类机动车登记业务完成后，车辆管理所档案管理岗核对计算机登记系统的信息，整理资料，装订、归档。机动车档案归档材料根据不同登记业务，有多有少。详见《机动车登记工作规范》。

二、机动车档案的查询规定

车辆管理所对人民法院、人民检察院、公安机关或者其他行政执法部门、纪检监察部门以及公证机构、仲裁机构、律师事务机构等因办案需要查阅机动车档案的，审查其提交的档案查询公函和经办人工作证明；对机动车所有人查询本人的机动车档案的，审查其身份证明。

查阅档案应当在档案查阅室进行，档案管理人员应当在场。需要出具证明或者复印档案资料的，经业务领导批准。

除机动车所有权转移到原登记车辆管理所辖区以外和机动车所有人住所迁出车辆管理所辖区以外的变更登记外，已入库的机动车档案原则上不得再出库。

三、机动车档案的补建

车辆管理所因意外事件致使机动车档案损毁、丢失的，应当书面报告省级公安交通管理部门，经书面批准后，按照计算机登记系统的信息补建机动车档案，打印该机动车在计算机系统内的所有记录信息，并补充机动车所有人身份证明复印件。

机动车档案补建完毕后，报省级公安交通管理部门审核。省级公安交通管理部门与计算机登记系统核对，并出具核对公函。审核进口机动车档案时，属于全国进口机动车计算机核查系统内的机动车还应当与计算机核查系统比对，经核查无记录的，不得出具核对公函。补建的机动车档案与原机动车档案有同等效力，但档案资料内无省级公安交通管理部门批准补建档案的文件和核对公函的除外。

机动车所有人在办理完毕机动车档案转出但尚未办理机动车转入前将机动车档案损毁或者丢失的，应当向转出地车辆管理所申请补建机动车档案。

四、机动车档案的销毁

机动车档案从注销登记之日起保存 2 年后销毁。属于撤销机动车登记的，机动车档案保存 3 年后销毁。

销毁机动车档案时，车辆管理所应当对需要销毁的机动车档案登记造册，并书面报告所属直辖市或者设区的市公安交通管理部门，经批准后方可销毁。销毁机动车档案应当在指定的地点，监销人和销毁人共同在销毁记录上签字。记载销毁档案情况的登记簿和销毁记录存档备查。

五、计算机登记系统的使用规定

机动车登记业务目前均在计算机登记系统上进行。车辆管理所民警和聘用人员办理机动车登记业务时，应当使用本人的用户名、密码或者 PKI/PMI 登录计算机登记系统，并定期更换密码。严禁使用他人的用户名、密码或者 PKI/PMI 登录计算机登记系统。

车辆管理所办理机动车登记业务时，应当于业务办结后 3 日内在计算机登记系统中归档，并在 36 小时内将登记信息上传到全国交通管理信息系统。

第八节　非机动车管理

一、非机动车的定义

非机动车是指以人力或者畜力驱动，上道路行驶的交通工具，以及虽有动力装置驱动但设计最高时速、空车质量、外形尺寸符合有关国家标准的残疾人机动轮椅车、电动自行车等交通工具。

在我国大、中城市而言，非机动车主要是自行车和电动自行车。

二、非机动车管理制度

《交通安全法》规定，依法应当登记的非机动车，经公安交通管理部门登记后，方可上道路行驶。依法应当登记的非机动车的种类，由省、自治区、直辖市人民政府根据当地实际情况规定。由于《交通安全法》将非机动车的许可管理权限下到了各省、自治区、直辖市人民政府，所以非机动车管理制度目前全国还没有统一规定。

但是自从《交通安全法》将电动自行车归入非机动车类别以后，很多城市道路电动车流量大增，其中许多不符合电动自行车技术标准和《交通安全法》对电动车自行车的限速要求，给各地道路交通带来很大秩序管理压力和安全管理压力。因此各地开始考虑非机动车尤其是电动自行车的管理问题。有些地方已经出台或者正在着手制定相关电动自行车的管理规定。其基本做法是对电动自行车施行登记许可管理。

三、非机动车管理建议

从目前情况看，非机动车管理的重点应当放在电动自行车上。建议各地制定相应的非机动车登记制度和检验制度。可以根据当地情况，明确规定非机动车的外形尺寸、质量、制动器、车铃和夜间反光装置和设计行驶速度应当符合非机动车技术标准和交通法规要求；电动自行车、残疾人机动轮椅车等安装有动力装置的非机动车，必须经登记后方可上道路行驶。

非机动车的登记制度可以仿照机动车登记制度设置。例如，申请非机动车登记的，应当提交车辆来历证明、整车出厂合格证明、所有人身份证明；公安交通管理部门经审核认为符合发证条件的，及时发给登记证书、号牌；属于登记范围内的非机动车的牌证灭失、丢失或者毁损的，非机动车所有人交验本人身份证明和车辆，到原登记机关申请补领。

非机动车管理主要应进行源头管理，禁止不符合交通法规规定和非机动车技术标准的非机动车的生产、销售；对在用的不符合交通法规规定和非机动车技术标准的非机动车采取不予登记、禁止上路、责令厂家限期改造等措施，或采取政府补贴、集中报废处理的办法。

第五章
机动车驾驶证制度和驾驶人管理

第一节　机动车驾驶证制度

一、机动车驾驶证制度

机动车驾驶工作是一项具有高度危险性的工作。要使机动车在道路上安全运行，机动车驾驶人必须具备一定的条件。为了使机动车驾驶人符合这些条件要求，我国交通安全法律、法规规定了相应的机动车驾驶证制度，明确了驾驶机动车的许可条件。目前公安交通管理部门对驾驶人的管理，主要通过驾驶证制度来实施。这些管理工作主要包括：接受驾驶申请，并对驾驶申请人进行考试；核发驾驶证；审查并办理驾驶证的换证、增驾等手续；对驾驶人进行交通法规教育和考试、考核；对驾驶人交通违法和交通事故情况进行管理；对驾驶证进行审验；建立和管理驾驶人技术档案。

《交通安全法》规定：驾驶机动车，应当依法取得机动车驾驶证。申请机动车驾驶证，应当符合国务院公安部门规定的驾驶许可条件；经考试合格后，由公安机关交通管理部门发给相应类别的机动车驾驶证。这是法律对驾驶证制度的基本规定。

驾驶证制度由公安交通管理部门实施。为此，公安部发布了《机动车驾驶证申领和使用规定》（2012 年 8 月 21 日公安部令第 123 号发布，自 2013 年 1 月 1 日起施行，其中第五章第四节自发布之日起施行。2006 年 12 月 20 日发布的公安部令第 91 号和 2009 年 12 月 7 日发布的公安部令第 111 号同时废止）和《机动车驾驶证业务工作规范》等规范性文件，用以规范实施驾驶证制度。

二、驾驶证和实习期要求

（一）驾驶证

驾驶证是驾驶人可以驾驶机动车上路行驶的许可证明。本书所述为民用驾驶证（不包括解放军和武警部队驾驶证），即由公安交通管理部门核发的《中华人民共和国机动车驾驶证》（简称机动车驾驶证或驾驶证，全书同）。机动车驾驶证有效期分为 6 年、10 年和长期（符合交通法律法规有关规定的，可以换发 10 年有效或长期有效的驾驶证）。

机动车驾驶证全国有效，公安机关交通管理部门以外的任何单位或者个人，不得收缴、扣留机动车驾驶证。

机动车驾驶证由国务院公安部门规定式样并监制。驾驶证的式样、规格按照中华人民共和国公共安全行业标准 GA482—2008《中华人民共和国机动车驾驶证》执行。驾驶证式样见图 5-1。

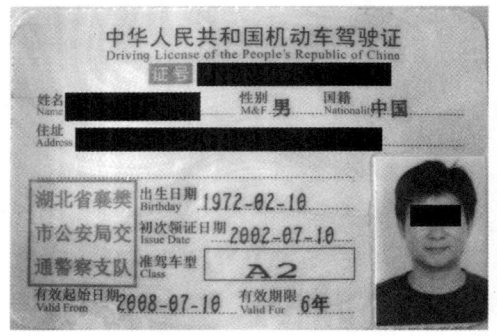

a. 驾驶证正面

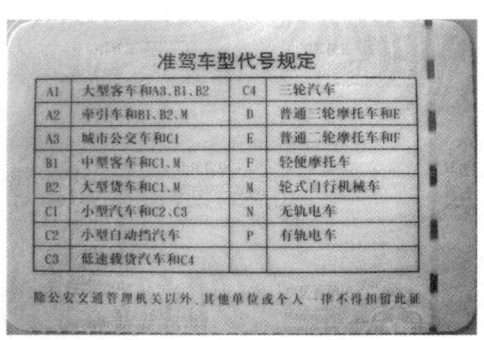

b. 驾驶证背面

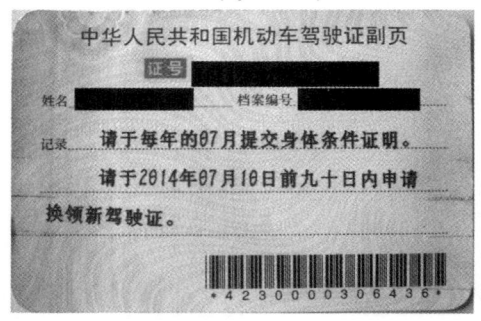

c. 驾驶证副页正面

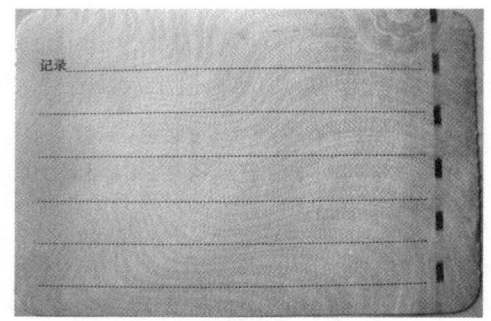

d. 驾驶证副页背面

图 5-1　机动车驾驶证式样（GA482）

驾驶证分为驾驶证正面、背面（俗称正证）和驾驶证副页正面、背面（俗称副证），分别记载驾驶人信息和签注相关内容。

机动车驾驶人信息：证号（与身份证明号码相同）、姓名、性别、出生日期、国籍、住址、出生日期、照片。

车辆管理所签注内容：初次领证日期、准驾车型、有效起始日期、有效期限、核发机关印章、档案编号、驾驶人审验信息等情况。

（二）实习期驾驶和残疾人车辆驾驶要求

机动车驾驶人初次申领机动车驾驶证后的 12 个月为实习期。驾驶人初次领取驾驶证一段时期，由于驾驶技术还不够熟练，存在安全隐患，因此在领取驾驶证后的 12 个月被定为实习期，并对实习期驾驶机动车提出了相应要求。

一是在实习期内驾驶机动车的，应当在车身后部粘贴或者悬挂统一式样的实习标志，以提醒车后跟进的车辆主要保持安全车距。实习标志的式样在《机动车驾驶证申领和使用规定》中进行了规定，见图 5-2。

二是在实习期内不得驾驶公共汽车、营运客车或者执行任务的警车、消防车、救护车、工程救险车以及载有爆炸物品、易燃易爆化学物品、剧毒或者放射性等危险物品的机动车；驾驶的机动车不得牵引挂车。

三是驾驶人在实习期内驾驶机动车上高速公路行驶，应当由持相应或者更高准驾车型驾驶证三年以上的驾驶人陪同。其中，驾驶残疾人专用小型自动挡载客汽车的，可以由持有小型自动挡载客汽车以上准驾车型驾驶证的驾驶人陪同。

在增加准驾车型后的实习期内，驾驶原准驾车型的机动车时不受上述限制。

持有准驾车型为残疾人专用小型自动挡载客汽车的机动车驾驶人驾驶机动车时，应当按规定在车身设置残疾人机动车专用标志，见图5-3。

图5-2 汽车实习标志式样

图5-3 残疾人机动车专用标志式样

三、准驾车型及代号

机动车品种很多，大小、用途和操作技能要求都有所不同，学习、训练和考核要求也有差异。《机动车驾驶证申领和使用规定》将机动车分为16种准驾车型，分别用代号代表。机动车驾驶人准予驾驶的车型顺序依次分为：大型客车（A1）、牵引车（A2）、城市公交车（A3）、中型客车（B1）、大型货车（B2）、小型汽车（C1）、小型自动挡汽车（C2）、低速载货汽车（C3）、三轮汽车（C4）、残疾人专用小型自动挡载客汽车（C5）、普通三轮摩托车（D）、普通二轮摩托车（E）、轻便摩托车（F）、轮式自行机械车（M）、无轨电车（N）和有轨电车（P），见表5-1。驾驶申请人根据申请的准驾车型训练并考核合格后，在发给的驾驶证上签注规定的准驾车型代号。驾驶人应当按照驾驶证载明的准驾车型驾驶机动车；驾驶机动车时，应当随身携带机动车驾驶证。

但是，年龄在60周岁以上的，不得驾驶大型客车、牵引车、城市公交车、中型客车、大型货车、无轨电车和有轨电车；年龄在70周岁以上的，不得驾驶低速载货汽车、三轮汽车、普通三轮摩托车、普通二轮摩托车和轮式自行机械车。

表5-1　　　　　　　　　　　　　**准驾车型及代号**

准驾车型	代号	准驾的车辆	准予驾驶的其他准驾车型
大型客车	A1	大型载客汽车	A3、B1、B2、C1、C2、C3、C4、M
牵引车	A2	重型、中型全挂、半挂汽车列车	B1、B2、C1、C2、C3、C4、M
城市公交车	A3	核载10人以上的城市公共汽车	C1、C2、C3、C4

准驾车型	代号	准驾的车辆	准予驾驶的其他准驾车型
中型客车	B1	中型载客汽车（含核载 10 人以上、19 人以下的城市公共汽车）	C1、C2、C3、C4、M
大型货车	B2	重型、中型载货汽车；大、重、中型专项作业车	
小型汽车	C1	小型、微型载客汽车以及轻型、微型载货汽车；轻、小、微型专项作业车	C2、C3、C4
小型自动挡汽车	C2	小型、微型自动挡载客汽车以及轻型、微型自动挡载货汽车	
低速载货汽车	C3	低速载货汽车（原四轮农用运输车）	C4
三轮汽车	C4	三轮汽车（原三轮农用运输车）	
残疾人专用小型自动挡载客汽车	C5	残疾人专用小型、微型自动挡载客汽车（只允许右下肢或者双下肢残疾人驾驶）	
普通三轮摩托车	D	发动机排量大于 50mL 或者最大设计车速大于 50km/h 的三轮摩托车	E、F
普通二轮摩托车	E	发动机排量大于 50mL 或者最大设计车速大于 50km/h 的二轮摩托车	F
轻便摩托车	F	发动机排量小于等于 50mL，最大设计车速小于等于 50km/h 的摩托车	
轮式自行机械车	M	轮式自行机械车	
无轨电车	N	无轨电车	
有轨电车	P	有轨电车	

四、驾驶证办理主要业务工作

驾驶证办理主要业务工作有：

（一）办理机动车驾驶证申领业务

主要包括：办理初次申领业务；办理增加准驾车型申领业务；办理持军队、武装警察部队机动车驾驶证申领业务；办理持境外机动车驾驶证申领业务。

（二）办理换证、补证和注销业务

（三）办理记分和审验业务

（四）档案管理业务

五、驾驶证业务岗位

车辆管理所按照《机动车驾驶证业务工作规范》规定的程序办理机动车驾驶证业务，并根据所办业务分工，设置受理岗、考试岗、业务领导岗和档案管理岗 4 个岗位。

各岗位各司其职，但又相互配合和监督。办理机动车驾驶证各项业务工作的具体操作程序详见《机动车驾驶证业务工作规范》。本书仅简要介绍驾驶证申领和考试等业务工作。

六、驾驶证业务计算机系统

驾驶证业务用计算机办理和管理，根据《机动车驾驶证申领和使用规定》要求，车辆管理所应当使用机动车驾驶证计算机管理系统核发、打印机动车驾驶证，不使用计算机管理系统核发、打印的机动车驾驶证无效。

机动车驾驶证计算机管理系统的数据库标准和软件全国统一，要求能够完整、准确地记录和存储申请受理、科目考试、机动车驾驶证核发等全过程和经办人员信息，并能够实时将有关信息传送到全国公安交通管理信息系统。

第二节　机动车驾驶证申请、考试和发证

一、机动车驾驶证申领

符合国务院公安部门规定的驾驶许可条件的人，可以向公安交通管理部门申请机动车驾驶证。

（一）申请机动车驾驶证的条件

申请机动车驾驶证的条件主要包括年龄条件和身体条件。《机动车驾驶证申领和使用规定》对申领机动车驾驶证人员的年龄条件和身体条件进行了规定。

1. 年龄条件

（1）申请小型汽车、小型自动挡汽车、轻便摩托车准驾车型的，在18周岁以上，70周岁以下；

（2）申请低速载货汽车、三轮汽车、普通三轮摩托车、普通二轮摩托车或者轮式自行机械车准驾车型的，在18周岁以上，60周岁以下；

（3）申请城市公交车、大型货车、无轨电车或者有轨电车准驾车型的，在20周岁以上，50周岁以下；

（4）申请中型客车准驾车型的，在21周岁以上，50周岁以下；

（5）申请牵引车准驾车型的，在24周岁以上，50周岁以下；

（6）申请大型客车准驾车型的，在26周岁以上，50周岁以下。

2. 身体条件

（1）身高：申请大型客车、牵引车、城市公交车、大型货车、无轨电车准驾车型的，身高为155cm以上。申请中型客车准驾车型的，身高为150cm以上；

（2）视力：申请大型客车、牵引车、城市公交车、中型客车、大型货车、无轨电车或者有轨电车准驾车型的，两眼裸视力或者矫正视力达到对数视力表5.0以上。申请其他准驾车型的，两眼裸视力或者矫正视力达到对数视力表4.9以上；

（3）辨色力：无红绿色盲；

（4）听力：两耳分别距音叉50cm能辨别声源方向。有听力障碍但佩戴助听设备能够达到以上条件的，可以申请小型汽车、小型自动挡汽车准驾车型的机动车驾驶证；

（5）上肢：双手拇指健全，每只手其他手指必须有三指健全，肢体和手指运动功能正常。但手指末节残缺或者右手拇指缺失的，可以申请小型汽车、小型自动挡汽车、低速载货汽车、三轮汽车准驾车型的机动车驾驶证；

（6）下肢：双下肢健全且运动功能正常，不等长度不得大于5厘米。但左下肢缺失或者丧失运动功能的，可以申请小型自动挡汽车准驾车型的机动车驾驶证。右下肢、双下肢缺失或者丧失运动功能但能够自主坐立的，可以申请残疾人专用小型自动挡载客汽车准驾车型的机动车驾驶证；

（7）躯干、颈部：无运动功能障碍。

（二）不得申领驾驶证的情形

根据《机动车驾驶证申领和使用规定》的规定，有下列情形之一的，不得申请机动车驾驶证：

（1）有器质性心脏病、癫痫病、美尼尔氏症、眩晕症、癔病、震颤麻痹、精神病、痴呆以及影响肢体活动的神经系统疾病等妨碍安全驾驶疾病的；

（2）三年内有吸食、注射毒品行为或者解除强制隔离戒毒措施未满三年，或者长期服用依赖性精神药品成瘾尚未戒除的；

（3）造成交通事故后逃逸构成犯罪的；

（4）饮酒后或者醉酒驾驶机动车发生重大交通事故构成犯罪的；

（5）醉酒驾驶机动车或者饮酒后驾驶营运机动车依法被吊销机动车驾驶证未满五年的；

（6）醉酒驾驶营运机动车依法被吊销机动车驾驶证未满十年的；

（7）因其他情形依法被吊销机动车驾驶证未满二年的；

（8）驾驶许可依法被撤销未满三年的；

（9）法律、行政法规规定的其他情形。

未取得机动车驾驶证驾驶机动车，有第一款第五项至第七项行为之一的，在规定期限内不得申请机动车驾驶证。

（三）驾驶证申请

1. 驾驶证申请的提出

申领机动车驾驶证的人，按照下列规定向车辆管理所提出申请：

（1）在户籍地居住的，应当在户籍地提出申请；

（2）在暂住地居住的，可以在暂住地提出申请；

（3）现役军人（含武警），应当在居住地提出申请；

（4）境外人员，应当在居留地提出申请；

（5）申请增加准驾车型的，应当在所持机动车驾驶证核发地提出申请。

2. 驾驶证申请手续

初次申请机动车驾驶证，应当填写《机动车驾驶证申请表》，并提交：申请人的身份证明；县级或者部队团级以上医疗机构出具的有关身体条件的证明。申请增加准驾车型的，除填写《机动车驾驶证申请表》，提交与上述初次申领时规定提交的证明以外，还应当提交所持机动车驾驶证。

持军队、武装警察部队机动车驾驶证的人申请机动车驾驶证，以及持境外机动车驾驶证的人申请机动车驾驶证的有关申领手续，详见《机动车驾驶证申领和使用规定》相关条款，不赘述。

（四）初次申领驾驶证准驾车型规定

初次申领机动车驾驶证的，可以申请准驾车型为城市公交车、大型货车、小型汽车、小型自动挡汽车、低速载货汽车、三轮汽车、残疾人专用小型自动挡载客汽车、普通三轮摩托车、普通二轮摩托车、轻便摩托车、轮式自行机械车、无轨电车、有轨电车的机动车驾驶证。

在暂住地初次申领机动车驾驶证的，可以申请准驾车型为小型汽车、小型自动挡汽车、低速载货汽车、三轮汽车、残疾人专用小型自动挡载客汽车、普通三轮摩托车、普通二轮摩托车、轻便摩托车的机动车驾驶证。

二、机动车驾驶证考试

（一）考试科目及考试顺序

机动车驾驶人考试内容分为道路交通安全法律、法规和相关知识考试科目（以下简称"科目一"）、场地驾驶技能考试科目（以下简称"科目二"）、道路驾驶技能和安全文明驾驶常识考试科目（以下简称"科目三"）。

（二）考试科目内容及合格标准

考试科目内容及合格标准全国统一。根据不同准驾车型规定相应的考试项目。

1. 科目一考试内容及合格标准

（1）科目一考试内容：道路通行、交通信号、交通安全违法行为和交通事故处理、机动车驾驶证申领和使用、机动车登记等规定以及其他道路交通安全法律、法规和规章。

（2）科目一考试合格标准：满分为 100 分，成绩达到 90 分的为合格。

2. 科目二考试内容和合格标准

（1）科目二考试内容：

①大型客车、牵引车、城市公交车、中型客车、大型货车考试桩考、坡道定点停车和起步、侧方停车、通过单边桥、曲线行驶、直角转弯、通过限宽门、通过连续障碍、起伏路行驶、窄路掉头，以及模拟高速公路、连续急弯山区路、隧道、雨（雾）天、湿滑路、紧急情况处置；

②小型汽车、小型自动挡汽车、残疾人专用小型自动挡载客汽车和低速载货汽车考试倒车入库、坡道定点停车和起步、侧方停车、曲线行驶、直角转弯；

③三轮汽车、普通三轮摩托车、普通二轮摩托车和轻便摩托车考试桩考、坡道定点停车和起步、通过单边桥；

④轮式自行机械车、无轨电车、有轨电车的考试内容由省级公安机关交通管理部门确定。

对第一款第一项、第二项规定的准驾车型，省级公安机关交通管理部门可以根据实际增加考试内容。

（2）科目二考试合格标准：

科目二考试满分为 100 分，考试大型客车、牵引车、城市公交车、中型客车、大型货车准驾车型的，成绩达到 90 分的为合格，其他准驾车型的成绩达到 80 分的为合格；

3. 科目三考试内容和合格标准

（1）科目三道路驾驶技能考试内容包括：大型客车、牵引车、城市公交车、中型客车、大型货车、小型汽车、小型自动挡汽车、低速载货汽车和残疾人专用小型自动挡载客汽车考试上车准备、起步、直线行驶、加减挡位操作、变更车道、靠边停车、直行通过路口、路口左转弯、路口右转弯、通过人行横道线、通过学校区域、通过公共汽车站、会车、超车、掉头、夜间行驶；其他准驾车型的考试内容，由省级公安机关交通管理部门确定。

（2）科目三安全文明驾驶常识考试内容包括：安全文明驾驶操作要求、恶劣气象和复杂道路条件下的安全驾驶知识、爆胎等紧急情况下的临危处置方法以及发生交通事故后的处置知识等。

（3）科目三考试合格标准

科目三道路驾驶技能和安全文明驾驶常识考试满分分别为 100 分，成绩分别达到 90 分的为合格。

（三）考试的其他规定

车辆管理所对符合机动车驾驶证申请条件的，应当受理，并按照预约日期安排考试。考试顺序按照科目一、科目二、科目三依次进行，前一科目考试合格后，方准参加后一科目的考试。科目三道路驾驶技能考试合格后，方准参加安全文明驾驶常识考试。车辆管理所应当提供互联网、电话等方式由申请人自助预约考试，并在车辆管理所和互联网公开考试预约计划、预约人数和考试人数等情况。

初次申请机动车驾驶证或者申请增加准驾车型的，科目一考试合格后，车辆管理所应当在一日内核发驾驶技能准考证明。驾驶技能准考证明的有效期为三年，申请人应当在有效期内完成科目二和科目三考试。未在有效期内完成考试的，已考试合格的科目成绩作废。

每个科目考试一次，考试不合格的，可以补考一次。不参加补考或者补考仍不合格的，本次考试终止，申请人应当重新预约考试，但科目二、科目三考试应当在十日后预约。科目三安全文明驾驶常识考试不合格的，已通过的道路驾驶技能考试成绩有效。

在驾驶技能准考证明有效期内，科目二和科目三道路驾驶技能考试预约考试的次数不得超过五次。第五次预约考试仍不合格的，已考试合格的其他科目成绩作废。

根据《机动车驾驶证申领和使用规定》规定，各科目考试结果应当当场公布，并出示成绩单。考试不合格的，应当说明不合格的原因。

每个科目的考试成绩单应当有申请人和考试员的签名。未签名的不得核发机动车驾驶证。

从事考试工作的人员，应当持有省级公安机关交通管理部门颁发的考试员证书。

申请人在考试过程中有舞弊行为的，取消本次考试资格，已经通过考试的其他科目成绩无效。

三、在道路上学习驾驶等规定

在道路上学习驾驶，应当按照公安机关交通管理部门指定的路线、时间进行。

在道路上学习机动车驾驶技能应当使用教练车，在教练员随车指导下进行，与教学无关的人员不得乘坐教练车。

学员在学习驾驶中有道路交通安全违法行为或者造成交通事故的，由教练员承担责任。

四、核发机动车驾驶证

申请人考试合格后，应当接受不少于半小时的交通安全文明驾驶常识和交通事故案例警示教育，并参加领证宣誓仪式。车辆管理所应当在申请人参加领证宣誓仪式的当日核发机动车驾驶证。

道路交通管理

第三节　计分制度和驾驶证审验

一、驾驶人交通违法累计记分制度

《交通安全法》规定，公安交通管理部门对机动车驾驶人违反道路交通安全法律、法规的行为（简称交通安全违法行为或违法行为），除依法给予行政处罚外，实行累积记分（简称记分）制度。《交通安全法实施条例》和《机动车驾驶证申领和使用规定》等行政法规和规章对计分周期、计分值等进行了具体规定。

记分制度是一种行之有效的管理制度。记分情况，可以直观反映驾驶人遵守交通法律、法规的情况。通过记分管理，可以对驾驶人的驾驶行为进行有效引导和监督。

（一）记分周期和记分值

交通安全违法行为累积记分周期（即记分周期）为12个月，满分为12分，从机动车驾驶证初次领取之日起计算。

依据交通违法行为的严重程度，一次记分的分值为五种：12分、6分、3分、2分、1分（详见《机动车驾驶证申领和使用规定》附件2）。

（二）记分管理

1. 记分的执行

（1）对机动车驾驶人的交通安全违法行为，处罚与记分同时执行。

（2）机动车驾驶人一次有两个以上违法行为记分的，分别计算，累加分值。

（3）驾驶人在一个记分周期内记分达到12分的，由公安机关交通管理部门扣留其机动车驾驶证，不得驾驶机动车。

（4）机动车驾驶人在一个记分周期内累积记分达到12分的，应当在15日内到机动车驾驶证核发地或者违法行为地公安交通管理部门接受为期7日的道路交通安全法律、法规和相关知识的教育。机动车驾驶人接受教育后，车辆管理所应当在20日内对其进行道路交通安全法律、法规和相关知识考试。考试合格的，记分予以清除，发还机动车驾驶证；考试不合格的，继续参加学习和考试。拒不参加学习，也不接受考试的，由公安机关交通管理部门公告其机动车驾驶证停止使用。

（5）机动车驾驶人在一个记分周期内两次以上达到12分或者累积记分达到24分以上的，车辆管理所还应当在道路交通安全法律、法规和相关知识考试合格后10日内对其进行道路驾驶技能考试。接受道路驾驶技能考试的，按照本人机动车驾驶证载明的最高准驾车型考试。

（6）机动车驾驶人在一个记分周期内记分未达到12分，所处罚款已经缴纳的，记分予以清除；记分虽未达到12分，但尚有罚款未缴纳的，记分转入下一记分周期。

（7）机动车驾驶人在机动车驾驶证丢失、损毁、超过有效期或者被依法扣留、暂扣期间以及记分达到12分的，不得驾驶机动车。

2. 记分的变更或撤销

记分是管理制度，不是处罚，但是记分随处罚同时进行。如果机动车驾驶人对交通安全违法行为处罚不服，申请行政复议或者提起行政诉讼后，经依法裁决变更或者撤销原处罚决定的，相应记分分值予以变更或者撤销。

二、机动车驾驶证审验

《交通安全法》明确要求，公安机关交通管理部门依照法律、行政法规的规定，定期对机动车驾驶证实施审验。这里所规定的"审验"，是指公安机关交通管理部门按照国家的有关规定，对不同准驾车型的机动车驾驶证，按一定期限对驾驶证及驾驶人的有关情况进行的审验。

根据国家有关规定，审验分两种情况进行，一是换发机动车驾驶证时的审验；二是定期进行的审验。

（一）换证时的审验事项

车辆管理所办理换证业务时，应当对驾驶证进行审验。审验事项主要包括：道路交通安全违法行为、交通事故处理情况；身体条件情况；道路交通安全违法行为记分及记满12分后参加学习和考试情况。

持有大型客车、牵引车、城市公交车、中型客车、大型货车驾驶证一个记分周期内有记分的，以及持有其他准驾车型驾驶证发生交通事故造成人员死亡承担同等以上责任未被吊销机动车驾驶证的驾驶人，审验时应当参加不少于三小时的道路交通安全法律法规、交通安全文明驾驶、应急处置等知识学习，并接受交通事故案例警示教育。

对交通违法行为或者交通事故未处理完毕的、身体条件不符合驾驶许可条件的、未按照规定参加学习、教育和考试的，不予通过审验。机动车驾驶人在机动车驾驶证的6年有效期内，每个记分周期均未达到12分的，换发10年有效期的机动车驾驶证；在机动车驾驶证的10年有效期内，每个记分周期均未达到12分的，换发长期有效的机动车驾驶证。

（二）高龄驾驶人的审验特别要求

年龄在60周岁以上的机动车驾驶人，应当每年进行一次身体检查，在记分周期结束后三十日内，提交县级或者部队团级以上医疗机构出具的有关身体条件的证明。

持有残疾人专用小型自动挡载客汽车驾驶证的机动车驾驶人，应当每三年进行一次身体检查，在记分周期结束后三十日内，提交经省级卫生主管部门指定的专门医疗机构出具的有关身体条件的证明。

第四节　机动车驾驶人的驾驶资格和义务

一、机动车驾驶人的驾驶资格

有人认为只要取得了机动车驾驶证就可以驾车上路，这种认识是片面的。根据法律、法规的相关规定，机动车驾驶人必须同时具备四个条件，才具有在道路上驾车的驾驶资格，缺少其中一项，就没有驾驶资格或者丧失驾驶资格。这四个条件是：领取驾驶证；驾驶的是准驾车型；按规定接受了审验并合格；履行驾驶人的义务。

二、机动车驾驶人应当履行的义务

机动车驾驶人具有驾驶资格必备的四个条件中，有一项是驾驶人应当履行的义务。这些义务，实际上也是驾驶人的责任和应当遵守的基本规定，体现了驾驶人所享有的驾驶权利和应尽义务的一致性。驾驶人应当履行的义务，即应当遵守的规定或要求，在《交通安全法》第二十一条进行了总规定，可以将其概括为四大要求。

（一）遵章守法要求

驾驶人驾驶车辆上路，应当遵守道路交通法律、法规的规定，其中主要是道路通行规定。

（二）技术要求

技术要求主要包括三种情况：

一是驾驶人驾驶机动车上道路行驶前，应当对机动车的安全技术性能进行认真检查。

二是不得驾驶安全设施不全或者机件不符合技术标准等具有安全隐患的机动车。

三是按机动车操作规范驾驶。

（三）安全驾驶要求

这实际上是一种安全原则。在交通法律、法规上没有规定到的不安全情况，驾驶人在驾驶过程也应当时刻注意。

（四）文明驾驶要求

要求文明驾驶，这是道路交通管理的一种新理念，是对驾驶人的新要求。驾驶行为不仅要体现安全，而且要体现文明。很多交通问题，包括交通事故的产生，均与驾驶人不文明驾驶有关。文明属于道德的范畴，但是《交通安全法》把这一道德要求上升为法律要求，成为法律规范，明确要求驾驶人应当文明驾驶。

三、不得驾驶机动车的情形

虽然领取了驾驶证，但是如果有下列情形，同样不得驾驶机动车上路：

一是，机动车驾驶人在机动车驾驶证丢失、损毁、超过有效期或者被依法扣留、暂扣期间以及记分达到 12 分的，不得驾驶机动车。

二是，饮酒、服用国家管制的精神药品或者麻醉药品，或者患有妨碍安全驾驶机动车的疾病（录像），或者过度疲劳影响安全驾驶的，不得驾驶机动车。

确定是否饮酒或醉酒驾驶，应当依照《车辆驾驶人员血液、呼气酒精含量阈值与检验》（国家标准 GB 19522—2004）规定，以车辆驾驶人员（包括机动车和非机动车驾驶人员）血液中酒精含量来判别。饮酒驾车是指车辆驾驶人员血液中的酒精含量大于或者等于 20mg/100mL，小于 80mg/100mL 的驾驶行为；醉酒驾车是指车辆驾驶人员血液中的酒精含量大于或者等于 80mg/100mL 的驾驶行为。

国家管制的精神药品或者麻醉药品是指国家禁止、限制的抑制、麻痹或兴奋神经的药品。这些管制药品以国家食品药品监督管理局发布的有关药品目录标定的为准。

过度疲劳是指驾驶人每天驾车的时间过长，或者从事其他劳动，体力消耗过大，或者睡眠不足，以致驾驶时困倦瞌睡，四肢无力，不能及时发现和准确处理路面情况的交通情况。测试是否疲劳驾驶，目前还没有很好的方法。《交通安全实施条例》第六十二条第七项规定：连续驾车 4 小时未停车休息或者停车休息时间少于 20 分钟的驾车行为是不允许的。这可以作为确定疲劳驾驶的法定尺度之一。另外，通过行驶记录仪记录的驾驶时间长短的信息，也可以对是否疲劳驾驶进行佐证。

四、对饮酒和醉驾的新规定

（一）安全法对饮酒和醉驾的新规定

2011 年 4 月 22 日第十一届全国人民代表大会常务委员会对《交通安全法》进行了第二次修正。规定：

饮酒后驾驶机动车的，处暂扣六个月机动车驾驶证，并处一千元以上二千元以下罚款。因饮酒后驾驶机动车被处罚，再次饮酒后驾驶机动车的，处十日以下拘留，并处一千元以上二千元以下罚款，吊销机动车驾驶证。

醉酒驾驶机动车的，由公安机关交通管理部门约束至酒醒，吊销机动车驾驶证，依法追究刑事责任；五年内不得重新取得机动车驾驶证。

饮酒后驾驶营运机动车的，处十五日拘留，并处五千元罚款，吊销机动车驾驶证，五年内不得重新取得机动车驾驶证。

醉酒驾驶营运机动车的，由公安机关交通管理部门约束至酒醒，吊销机动车驾驶证，依法追究刑事责任；十年内不得重新取得机动车驾驶证，重新取得机动车驾驶证后，不得驾驶营运机动车。

饮酒后或者醉酒驾驶机动车发生重大交通事故，构成犯罪的，依法追究刑事责任，并由公安机关交通管理部门吊销机动车驾驶证，终生不得重新取得机动车驾驶证。

（二）刑法对醉驾的新规定

2011 年 5 月 1 日起施行的《中华人民共和国刑法修正案（八）》设定了"危险驾驶罪"，将醉酒驾驶机动车、驾驶机动车追逐竞驶等交通违法行为纳入刑法调整范围。醉酒驾驶机动车将被处以一个月以上六个月以下拘役，并处罚金；同时构成其他犯罪的，依照处罚较重的规定定罪处罚。

五、不允许的驾驶行为

驾驶机动车除了遵守上述规定以外，不得有下列行为（《交通安全实施条例》第六十二条）：在车门、车厢没有关好时行车；在机动车驾驶室的前后窗范围内悬挂、放置妨碍驾驶人视线的物品；拨打接听手持电话、观看电视等妨碍安全驾驶的行为；下陡坡时熄火或者空挡滑行；向道路上抛撒物品；驾驶摩托车手离车把或者在车把上悬挂物品；连续驾驶机动车超过 4 小时未停车休息或者停车休息时间少于 20 分钟；在禁止鸣喇叭的区域或者路段鸣喇叭。

有的地方交通法规还进行了补充规定，例如《湖南省实施〈道路交通安全法〉办法》规定：驾驶机动车时不得有使用耳机、耳塞收听广播以及查阅通讯信息等妨碍安全驾驶的行为；不得使用干扰交通技术监控设备的装置；按规定安装行驶记录仪的，不得更改、毁损行驶记录仪的资料。

第六章
交通组织管理

第一节　交通组织管理概述

一、什么是交通组织管理

交通组织管理指公安交通管理部门根据国家有关法律法规和政策，结合本地区的道路交通状况，综合运用法律、行政和工程技术手段，对交通运行进行规划、调控和安排的一种管理活动。

交通组织管理的对象是交通流，即参与交通的行人、非机动车和机动车。

交通组织管理的目的是充分发挥现有路网的效能，提高道路通行能力，缓解交通拥堵，减少交通冲突，节约能源，降低交通公害，实现交通的安全、畅通与高效。

二、交通组织管理的分类

（一）按照作用范围划分

交通组织管理按照其作用范围划分，从小到大，依次可以分为微观交通组织管理、中观交通组织管理和宏观交通组织管理三类。

1. 微观交通组织管理

微观交通组织管理主要指某条路段或单个交叉口的交通组织管理。任何城市的道路交通网络，都是由大量单个路段和交叉口组成的，而且交通问题的出现，往往都是从单个交叉口和路段开始的。因此，微观交通组织管理是交通组织管理工作的基础。

2. 中观交通组织管理

中观交通组织又称为区域交通组织，主要指涉及某一个区域的交通组织管理。区域交通组织是交通组织管理技术水平发展到一定阶段的必然产物。

3. 宏观交通组织管理

宏观交通组织管理指涉及整个城市范围的交通组织管理。宏观交通组织管理的出台与城市经济发展水平、交通政策、交通规划、管理模式等密切相关。例如，城市"禁摩"、"公交优先"、"机动车单双号限行"、"错时上下班"等交通组织管理措施均属此类。宏观交通组织管理由于其牵涉面广，涉及部门多，对城市生产生活影响较大，一般由政府出面组织，公安交通管理部门负责主要的实施工作。

（二）按照管理对象划分

交通组织管理按照其管理对象划分，可以分为机动车交通组织管理、非机动车交通组织管理和行人交通组织管理。

（三）按照交通流运行状态划分

交通组织管理按照交通流运行状态来划分，可以分为动态交通组织管理和静态交通组织管理。

（四）按照组织管理背景划分

交通组织管理按照其组织管理背景来划分，可以分为常态交通组织管理和非常态交通组织管理。

第二节　微观交通组织管理

微观交通组织管理是交通组织管理的基础，包括交叉口交通组织和路段交通组织两类。要指出的是，路段的交通组织和平面交叉口的交通组织之间不是孤立的，在制定实际交通组织方案时，有时往往要将路段和交叉口综合起来考虑，统筹规划和安排，才能取得比较好的效果。

一、微观交通组织管理概述

（一）微观交通组织管理的基本思想

微观交通组织的基本思想是：通过采取各种交通组织手段，对道路交通时空交通资源进行充分优化，使不同类型、不同方向、不同运动状态的交通流按所预设的路线，遵照设定的通行规则，各行其道、互不干扰、有序高效地通行。

微观交通组织管理的常用手段包括两大类：即空间交通组织优化措施和时间交通组织优化措施。

（二）微观交通组织管理遵循的原则

微观交通组织管理应遵循的原则主要有：

● 要设立交通组织优化区域的通行规则，即明确所有参与交通的各方各自在时间和空间上的"通行权"。

● 要尽可能将不同类型、不同流向、不同速度的交通流分开，以减少相互冲突，有利安全。

● 要保证交通参与者的视野开阔，各种标志标线清晰醒目，各种通行路线明确。

● 导流带的划设或隔离带的布设，应有利于驾驶员识别行驶方向，对转弯车流，要保证能使车辆逐步减速，为此，行驶路线的轨迹最好渠化成为缓和曲线的形式。

● 各种交通岛应设在行车轨迹最少通过的位置。这样，既可确保合理的行车轨迹，又可减少冲突区域面积，减少冲突点。

（三）微观交通组织优化应考虑的因素

微观交通组织优化要考虑的因素有：

1. 要考虑人的特性

人有习惯性动作：人希望走"自然的"通行路；人受惊后容易引起思想混乱；人由于受到外界刺激而产生反应并进行判断、决定等需要一定的时间；人有选择行动方式的能力。

2. 要考虑交通特性

主要包括：通行能力、交通流的组成、交通流的方向、车辆的大小尺寸与驾驶员的驾驶特性、车辆的速度特性；在交叉、集中与分散地点的交通流的流动特性；公共交通车辆的运行特性；行人交通特性；交通事故特性等。

3. 要考虑物理特性

主要包括：交叉口的总面积；具有冲突可能性的出入交叉口的交叉角度；视距；变速区间；车道的坡度、路面的种类及横断面；道路沿线设施的特性及利用情况；交通控制设施的必要性；导流岛的数量、大小及形状；照明的必要性及有效性等。

4. 要考虑经济因素

主要包括：交通组织优化的费用和收益；交通组织优化措施制定后对周边居民、单位、出行及通过性交通所产生的影响等。

（四）微观交通组织中的交通分离

各种不同的交通形态有各自不同的交通特点，这些不同的交通形态如存在于同一个道路时间和空间，就会增加道路的复杂性，给交通安全、畅通及交通秩序带来很大的问题。交通分离是指采用科学交通管理手段，把不同类型、不同方向、不同速度的车辆以及行人和车辆等不同的交通形态在时间或空间上进行分离，以解决混行交通，达到各行其道、互不干扰的目的。交通分离是微观交通组织中最主要的手段和方法。

1. 交通分离的作用

实施交通分离的作用可概括如下：

● 合理使用现有道路，均衡交通流量；
● 弥补城市道路布局不合理的交通状况；
● 分离疏导交通流，提高道路通行能力；
● 缓和道路设施建设与不断增长的交通需求之间的矛盾。

2. 交通分离的类型

按交通分离的性质不同，可分为空间分离和时间分离、物体分离和法规分离两大类。

（1）空间分离和时间分离

空间分离是指针对各种不同的交通形态，在同一道路平面或不同的道路平面，用道路工程设施或交通管理设施分隔行驶，以减少不同形式的交通流的相互干扰，消灭交通冲突点，保证道路交通的安全和畅通。空间分离包括交叉口立体交叉、人行过街天桥或地下通道、各种分割带、步行带、汽车专用道及封闭次要道路及开辟自行车专用通道等方式。空间分离是交通分离最理想的方法，但它的实施往往要借助于工程手段，因此，尽管它是一种理想的分离措施，但很难在全部道路和交叉口上实现。

时间分离是指在同一道路空间内，让各种不同类型、不同速度、不同方向的交通形态使用不同的时间段，以减少道路或交叉口上集中的交通负荷。时间分离包括有信号控制的交叉路口、客运交通和货运交通高峰的人为错开、各种带有时间限制的单行、禁行道路和其他交通管理措施等。时间分离对于合理地使用现有道路空间，减少交通阻塞，保证交通安全，提高道路交通的社会效益有着明显的作用。与空间分离相比，时间分离比较易于实施，但它不可避免地要造成某些形式的交通流在一定时间内的延误和不便。这也是为什么采用立体交叉（空间分离）交叉口的通行能力要大于采用信号灯控制（时间分离）交叉口通行能力的原因。

另外要指出的是，由于时间分离和空间分离的不同特点，在某些情况下，二者也可以结合起来使用。

（2）物体分离和法规分离

物体分离是指在道路上通过某种工程设施对交通流进行分离。其中又可分为可逾越和不可逾越两种。前者一般是指道路交通标志、标线等路面交通标志，或者交通指挥信号灯等。后者是指一种人为设置的障碍物，使得车辆和行人不能逾越或很难通过。物体分离的适用范围，主要是较宽的道路和可以严格分离的路段，在上行和下行车道之间、机动车道与非机动车道之间、车行道与人行道之间进行隔离。中央绿化分隔带、隔离墩、护栏、铁路道口栏都属于这种形式。

法规分离是指在道路上没有采用任何物体将交通进行分离。如"一块板"道路上的混合交通，机动车、非机动车与行人都在同一道路平面内通行。这种交通分离主要是通过交通法规中"机动车在中间行驶，非机动车在右边行驶，行人须靠边行走"等有关内容来实行。这种分离虽然在道路上没有设任何隔离物体，但车辆和行人都必须依法行进，交通管理部门也必须依法管理。

3. 交通分离的方法

交通分离的方法大致可以分为四种：

（1）不同车种的交通分离

不同车种的交通分离，包括自行车与机动车的交通分离、公共汽车与小汽车等其他车辆的交通分离、行人与车辆的交通分离等。自行车与机动车的交通分离，最理想的方法是各自建立道路交通专用系统或道路专用线。公共汽车与小汽车等其他车辆的交通分离，最好的方法是开辟公共汽车专用道路，形成单独的公交专用道路或定时公交道路交通系统。

（2）不同方向车辆的交通分离

实践证明，不同方向车辆碰撞时最危险。从交通物理学的角度来看，同方向运行的两车相撞时的危险程度与两车速度之差成正比，而不同方向运行的两车相撞的危险程度与两车运行速度绝对值之和成正比。如以毁坏程度来讲，后者与它们的二次方成正比。因此，在道路等级较高，车速较快的道路上，必须采用交通分离。不同方向车辆的交通分离可采取以下形式：

- 设中央隔离带；
- 设中央隔离护栏；
- 设中心分离线；
- 变双向交通为单向交通等。

（3）不同车速车辆的交通分离

即在同一方向行驶的车辆，根据其速度的不同而分别在道路的不同区域行驶的交通分离方式。一般说来，在同一条车道上行驶的车辆原则上应具有相同的车速，而不同车速的车辆如果在同一条车道上行驶，就容易发生阻滞或相互碰撞。因此应对不同车速的车辆进行交通分离。一般做法为：设快速车道和慢速车道，或增设变速车道。

（4）动态交通与静态交通的交通分离

动态交通一般是指行进中的车辆和行人；静态交通则是指对道路不作相对位移和改变的

道路交通管理

其他各种物体。对于动态交通与静态交通的分离，主要是从时间和空间上进行分离。从空间分离来看，严格限制在道路交通繁忙、道路狭窄的地段停放各种车辆，堆放各种物品，否则就会影响道路的安全、畅通和通行能力。从时间分离来看，根据道路的不同使用情况，对动态交通和静态交通进行合理分离。如需要对交通繁忙的路段进行道路施工时，可利用夜间施工并清理，以保证白天道路的畅通。又如对于缺少停车场的城市，也可利用夜间车流量少、道路利用率低的特点，安排利用部分道路作为停车场，以充分利用现有道路。

二、路段空间交通组织优化

（一）路段空间交通组织优化概述

空间交通组织优化通常又称为"交通渠化"。通俗地说就是通过在道路上采用各种分离措施，使各种不同类型、不同速度、不同方向的交通流，能像渠道内的水流一样，顺着一定的方向和路径有序流动。交通渠化是一项费用少，收益大且效果好的交通组织管理措施，对提高道路的通行能力和行车速度，缓和交通拥挤，减少交通事故等都有十分重要的意义，是交通组织的重要方法之一。交通渠化目前已广泛应用于我国公安交通管理工作之中。

空间交通组织可用交通岛、交通标线、标志、导流带或隔离带的方法来实现分流，对合理使用道路，提高道路利用率以及保证交通安全、畅通，建立良好的交通秩序等方面起到重要的作用。路段与交叉口交通渠化的手段和方法基本一致。

路段空间交通组织的主要内容有道路横断面交通组织、车道宽度设置、行人过街组织和路侧停车组织等。

（二）道路横断面交通组织

一般的道路横断面的空间交通组织形式有一块板、两块板、三块板、四块板等几种形式。如图2-8所示。

随着我国城市交通结构的变化，非机动车所占的比例迅速下降。为节约用地，提高非机动车的安全性，现在部分道路采用了改进后的两块板，其最大的特点是非机动车和行人在同一平面通行。如图6-1所示。

图6-1　改进后的两块板

（三）路段行人过街组织

行人是交通事故中的弱者，发生事故后，是受侵害的主要对象之一。在交通事故中，行人的死亡率很高。据统计，在我国交通事故中，步行交通方式死亡人数为事故总死亡人数的25%左右，行人在横穿行车道时造成的死亡事故占行人死亡事故的90%以上，而且行人在路段上发生事故的比例大大高于在路口处发生的事故比例。这是因为机动车在路段上的行车速度比在路口处快得多，行人横路时容易使驾驶人措手不及。所以，搞好路段行人过街的交通组织尤为重要。路段行人过街交通组织通常采用以下措施：

1. 设置行人过街指示标志规范

行人横穿行车道的行为，应当以引导为主。要注意多设置行人过街设施指示标志，引导行人从过街设施或人行横道处通过。在道路护栏缺口处必须设立过街设施指示标志，明确提醒和告知行人不能从护栏缺口处横穿道路。如果行人过街设施指示不明显，行人可以认为没有过街设施，在观察来往车辆情况后直行通过机动车道。这使得行人穿行机动车道的秩序难以规范。

2. 设置中心护栏和其他隔离设施

根据各地的经验，约束规范行人穿行行车道的交通行为，最佳办法是在道路中心设置隔离护栏和隔离岛等物体隔离设施。因此在有条件的道路上，应当尽可能设置中心护栏，这种物体隔离设施既可以有效隔离对向行驶的机动车，又可以有效防止行人随意穿行行车道，起到真正保护行人安全的作用。

3. 设置行人过街保护设施

在行人过街时，与来往车辆发生冲突的可能时刻存在，因此对行人过街的安全保护非常重要，除了在交通法规中明确机动车应当避让行人的规定以外，更重要的是设置行人过街保护设施。在有隔离带的道路上，人行横道线应当从隔离带上穿过，利用隔离带做安全岛（图6-2所示）。隔离带可以给行人提供中途驻足区域，也可以在车辆与行人间形成保护屏障，保护行人安全。因此在改建道路时，隔离带不要随意铲除。

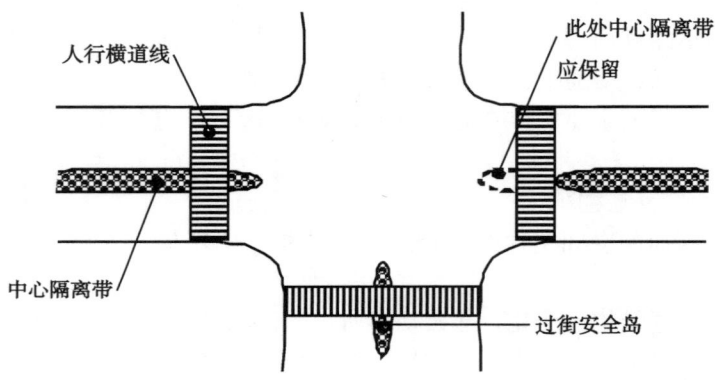

图6-2　平面交叉路口人行横道线施划示意图

在设有中心隔离护栏的路段上，可以考虑设置行人二次过街设施（图6-3所示）。这种设施在中心护栏处给横路的行人提供一个驻足观察来往车辆的安全区域，可以防止或减少行人突然横穿道路的危险行为，也利于车辆驾驶人正确判断横路行人的动态，能大大提高行人横路的安全性。行人二次过街设施适用于二至六车道的道路，如果道路过宽，应当优先考虑设置人行天桥或过街地道。

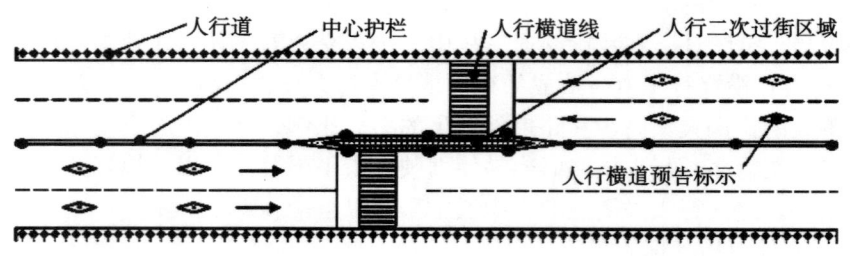

图6-3　路段行人二次过街示意图

道路交通管理

（四）路段公交站点交通组织

1. 公交停靠站的选择

一般而言，公交停靠站的间距应大于 200m；对向公交停靠站错开的距离为 30m；公交停靠站可设在平面交叉口的上游，也可设在平面交叉口的下游，原则上应尽量设在交叉口的下游。公交停靠站尽量设在交叉口附近。有条件的情况下设在交叉口的下游。

2. 交叉口下游的公交停靠站设置

下列情况下，公交停靠站应优先考虑设置在交叉口下游：

● 存在视距问题；

● 机非混行的道路，公交车频繁使用外侧非机动车道；

● 机动车专用道路（包括机非分隔道路，且未设公交专用道），公交车频繁使用外侧机动车道；

● 机动车高峰期间上游右转车小时流量超过 250 辆时；

● 公交车为左转的情况；

3. 公交停靠站设置在交叉口上游的情况

● 公交停靠站优先考虑设置在交叉口上游的情况：

● 公交流量大，车辆停靠不产生冲突与危险；

● 右转车道公交车占主要比例情况下。

4. 港湾式停车站的设置

港湾式公交停靠站能够有效减少公交停靠站对道路主线的干扰。城市主、次干道，应尽量设置港湾式停靠站，减小对城市道路交通的影响。对于城市内机动车道较宽，有较宽的机非分离绿化带的道路，可通过改造绿化带设置港湾式停靠站。港湾的长度可根据该站点车辆停靠频率调整，具体形式如图 6-4 和图 6-5 所示。

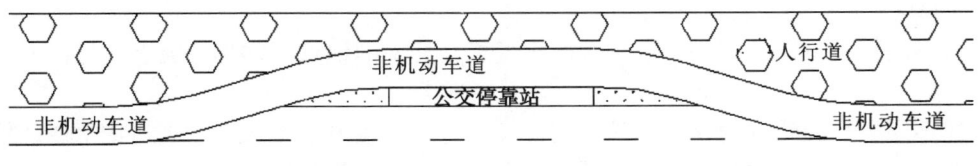

图 6-4　在机动车道与非机动车道间设置的港湾式停靠站形式 1

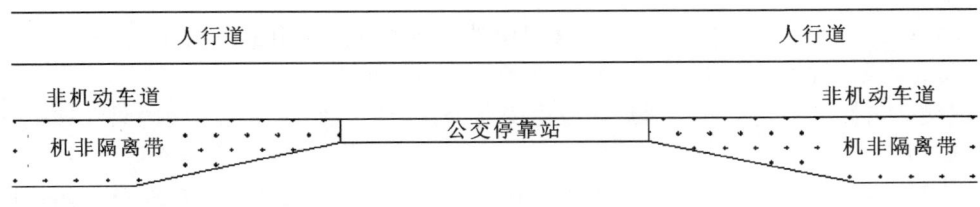

图 6-5　在机动车道与非机动车道间设置的港湾式停靠站形式 2

（五）路段掉头交通组织

为防止车辆在路段随意左转、掉头，应对路段车辆掉头位置进行有效组织。路段掉头交通组织应尽量配合中央分隔带来进行，避免与对向交通形成冲突。同时路段掉头可以与行人过街设施结合起来设置。如图6-6和图6-7所示。

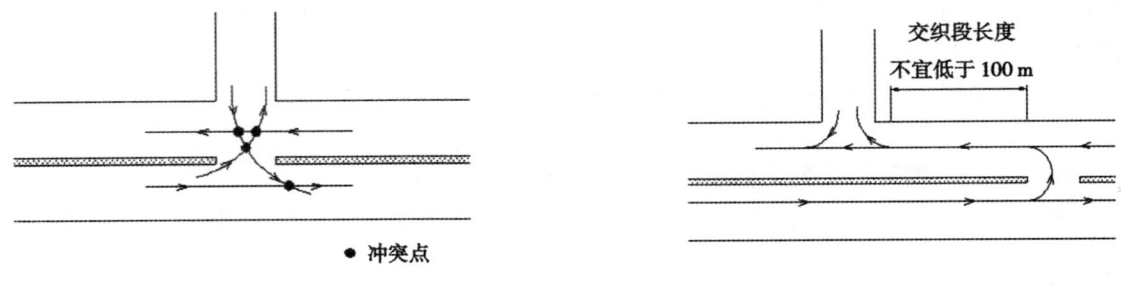

图6-6　开口正对开口引发冲突　　　　　图6-7　掉头交通组织

三、平面交叉口空间交通组织优化

（一）交叉口车辆交错点

交叉口是道路交通的咽喉。进出交叉口的车辆，由于行驶方向不同，车辆与车辆之间的交错也有所不同，可能产生的交错点的性质也不一样。

1. 分流点

同一行驶方向的车辆，向不同方向分开的地点，称为分流点。见图6-8a。

2. 合流点

来自不同行驶方向的车辆，以较小角度向同一方向汇合的地点称为合流点。见图6-8b。

3. 冲突点

来自不同行驶方向的车辆，以较大的角度相互交叉的地点，称为冲突点。见图6-8c和图6-2d。

上述不同类型交错点的存在，是影响交叉口行车速度和容易发生交通事故的主要原因。其中，对交通影响最大的是冲突点，其次是合流点，第三是分流点。

在平面交叉口上，冲突点的数量可按下式计算：

$$C=\frac{n^2(n-1)(n-2)}{6}$$

式中：C——冲突点数量；n——交叉口向外延伸的双向车道道路条数。

通常减少或消除冲突点的方法大致有三种：

● 在交叉口设置自动交通信号灯，或由交通警察指挥，使在同一时间内只允许某一方向的车流通过；

● 在交叉口进行交通流渠化，合理地布置导流岛，或将冲突点变为交织点，如环形交叉口，减少车辆行驶时的相互干扰；

● 建设立体交叉，将互相冲突的车流分别设在不同平面的车行道上，各行其道，互不干扰。

（二）平面交叉口交通渠化的作用

和路段上的交通相比，平面交叉口的交通情况要复杂一些。平面交叉口的交通如果组织

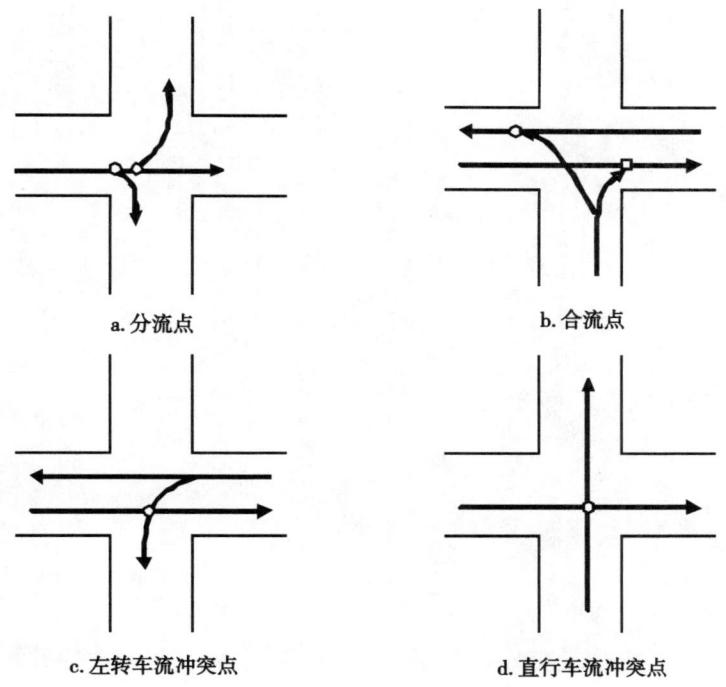

a.分流点   b.合流点

c.左转车流冲突点   d.直行车流冲突点

图6-8 交叉口各类交错点

不好，往往会成为道路交通的瓶颈和交通事故的多发地。因此，平面交叉口交通组织相应更复杂一些。交叉口交通组织的基本任务，就是要提高交叉口的通行能力，并保障相交道路上车辆和行人的交通安全。其基本方法是，设置必要的车道数，正确地组织不同方向的车流，合理布置交通岛、划分停车线，并设置交通信号灯和相应的交通标志标线。

交通渠化是交通组织的重要方法之一。渠化交叉口，可以有效地保障交通安全，提高车速和通行能力，以缓和城市道路上的交通拥挤和阻塞状况，尤其是对于解决畸形交叉口的交通问题尤为见效。交叉口渠化实例见图6-9。交叉口渠化的作用主要有：

1. 控制进入交叉口车辆的速度

交通渠化可以控制进入交叉口车辆的速度。在干道和支路相交的交叉口，通过渠化控制支路车辆在进口处的车速，在保证安全的前提下，顺利地交叉或汇入干道车流。

2. 利用交通岛控制车流交叉角度

当相交的车流以大于120°角相会时，通常会发生类似正面碰撞的严重事故。通过对交通岛的适当布置，可将斜交对冲车流变为直角交叉，如6-10图和图6-11所示。这既提高了交叉与合流的顺适性，又提高了交叉口的安全性；不仅缩短了交叉时间和距离，也减少了发生事故的可能性。

3. 导流和导向作用

交通渠化具有导流和导向作用，使行车路线明确，可防止车辆在交叉口任意行驶或错转车道。在交通量较大、车速较高的交叉口，可缩减中央分隔带的宽度，如图6-12所示。设置渠化转弯车道，让主要转弯车辆优先通行，并可为行人提供安全岛。

4. 限制交通流和过大的交叉范围

交通渠化可限制交通流，限制过大的交叉范围，尽量减少车辆和行人在交叉口冲突区的

图 6-9　交叉口渠化（江苏张家港市）

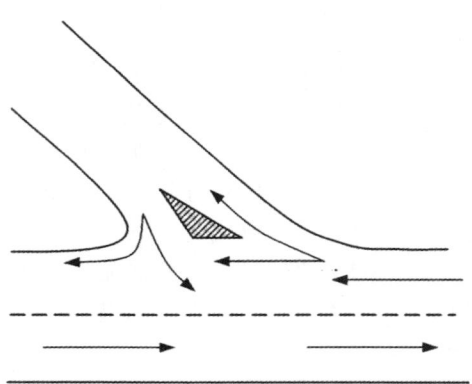

图 6-10　设置交通岛改变交叉角

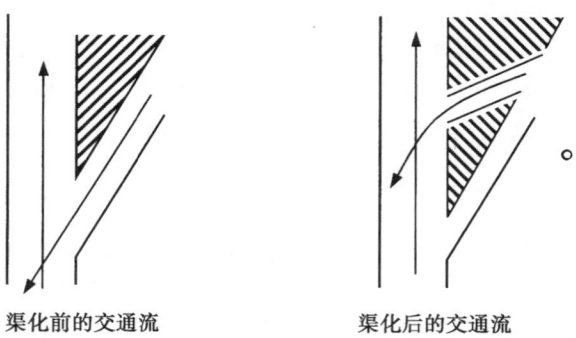

渠化前的交通流　　　　　渠化后的交通流

图 6-11　将斜交叉渠化为直角交叉

道路交通管理

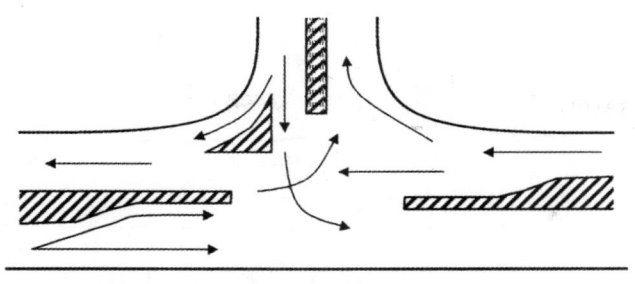

图 6-12　设置渠化转弯车道

时间和空间，以增加交叉口的安全性。

5. 帮助驾驶员遵守交通规则

用于渠化的交通岛等设施可以帮助驾驶员更好地辨认路口交通标志和标线，从而更好地遵守路口的交通规则。

（三）平面交叉口交通渠化组织的方法

交叉口交通渠化除遵循交通渠化的一般原则以外，还有一些特殊的原则，现简述如下：

1. 减少冲突面积

一般来说，路口面积越大，车辆和行人通行时的危险性就越大。已经进行渠化的冲突区域面积要比没有进行渠化的冲突区域面积小得多。

2. 直角交叉

在不是汇合或交织的交通流交叉时，应尽可能以直角或近似直角交叉，以利于车辆在另一股车流有可供穿越的空当时，以最短的时间或行驶轨迹通过交叉区域。

3. 以最小角度进行合流

即使交通流以 10°～15° 的角度合流，以最小的速度差进行合流，使驾驶员跟主交通流进行合流时可以利用小的车头间隔。如图 6-13 所示。

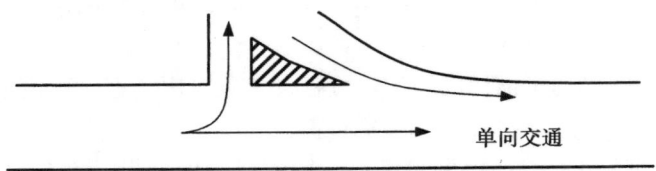

单向交通

图 6-13　小角合流及用导流岛禁止转弯交通

4. 降低流入弯曲交叉口的交通流速度

降低流入弯曲交叉口的交通流速度，同时尽可能使主交通流避免弯曲。

5. 采用漏斗型渠化

可采用漏斗型渠化来降低行驶速度。还可以用减小渠道宽度的办法使车道变窄，利用驾驶员的心理作用来降低行驶速度。如图 6-14 所示。

6. 分离交通流以保护转弯和穿过道路的车辆

在两个方向交通流之间设置安全地带，以便驾驶员可选择安全的车头间距。如图 6-15 所示。

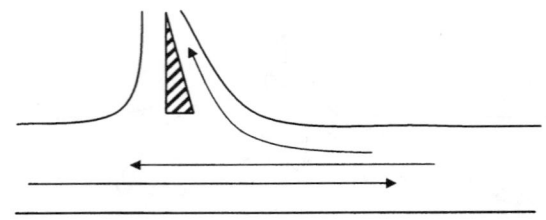

图 6-14　用漏斗型渠化降低行驶速度

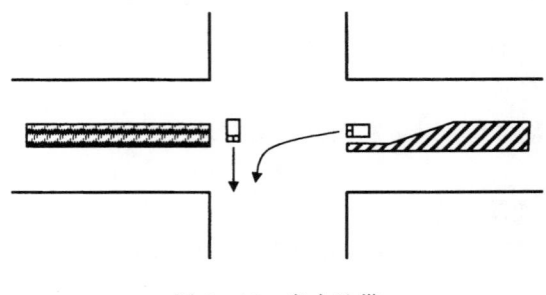

图 6-15　安全地带

7. 利用导流岛

8. 简化可能冲突线路

应使车辆在冲突区域内只有一次冲突的可能性，同时也只有通过一条线路。

9. 应尽量避免设计过大或过小的交通岛

为了保障可见度良好，交通岛不应设在凸形竖曲线上，且在渠化交通岛上应该设有标志，这种标志应装在缓冲墩座上。

10. 设置平面交叉口专用车道

根据车行道的宽度，对进入交叉口的左、直、右行驶的车辆的不同组成，应作不同组合的车道划分：

左、直、右行驶的机动车辆构成均匀，可各设一条专用车道；车道宽度不足时，可向路中心稍左偏移布置；对向的车道可根据流量布置。

直行的机动车辆特别多，左转车辆也有一定数量，可分设二条直行车道和一条左转车道，对向的车道可根据流量布置。

左转弯的机动车多，右转车少，可设一条左转车道，右转直行与直行车辆合用一条车道；对向的车道可根据流量、流向作相应布置。

左转的机动车辆少，右转车多，可设一条右转车道，左转与直行车辆合用一条车道；对向的车道可根据流量、流向作相应布置。

左、右转的机动车辆较少，可分别与直行车道合用。

车行道宽度不够，无法划分左、直、右行的机动车道，可只划分快、慢车分道线。

车行道宽度很窄，无法划分快、慢车分道线，或划分了反而对车道的相互共用不利，则可不划分。

为提高交叉口的通行能力，在有条件的地方，可适当拓宽路口，增设车道。

11. 合理组织左转车行驶

道路交通管理

科学组织交叉口左转弯车辆的行驶，是提高道路通行能力的关键。可采用下列措施：

● 设置左转机动车道，以便驶进交叉口的左转车辆能按渠化交通的原则，分道等候和行驶，以免阻碍直行车辆的通行。

● 实行交通管制，在规定的时间内，不准车辆在交叉口左转弯行驶。

● 变左转为右转交通。如环形交通，在交叉口中央设置圆形或椭圆形交通岛，进入交叉口的车辆，一律环绕环岛单向行驶，变左转为右转。这种形式增加一段路程，但可减少交叉口的冲突点。

● 在交叉口左转弯的非机动车车辆，可采取远引交叉的方法行驶。当路口绿灯时，可直行通过路口，在距路口适当的支路左转形式或进入路口右转弯行驶，在距路口适当的路段左转，然后直行通过路口。

四、时间性交通组织优化

平面交叉路口时间性交通组织优化一般采用下列几种控制方式：

（一）减速让行控制方式

这种控制方式是指对于交通量很小的支路（包括胡同和里弄）与交通量不太大的干路相交的交叉路口进行的控制，不用交通信号而用减速让行交通标志和减速让行交通标线来控制。在这种交叉路口，支路上的车辆必须减速或停车让干路上的车辆先行，然后，寻找适当的机会通过交叉路口或与干路上的车辆合流。在我国，车辆拥有量低，交通量总的来说较小，这种交叉路口大量存在。

从城市交通的现代化管理来看，在这种交叉路口应设有明显的减速让行交通标志和标线。比如在交叉路口的支路入口路面上划有减速让行标线，同时，改善交叉路口的视距条件，使支路上的车辆在进入交叉路口前能看清楚干路上的车辆，并能估计可插车间隔，即能看清干路上的车辆队列，并根据干路上的车辆队列中的车辆间隙大小来确定支路车辆通过交叉路口的时间。这种让路控制方法同样适用于对自行车和行人的控制管理。

（二）停车让行控制方式

这种控制方式是指对于交通量不大的支路（包括胡同和里弄）与交通量大的干路相交的交叉路口进行的控制，不用交通信号而用停车让行交通标志和停车让路交通标线来控制。在这种交叉路口，支路上的车辆必须停车让干路上的车辆先行，然后，寻找适当的机会再通过交叉路口或与干路上的车辆合流。在我国，这种交叉路口也是大量存在的。

当交叉路口具备以下条件中的一个时可以采用停车让行控制方式：

● 支路上的交通量大大低于干路上的交通量；

● 对于支路上的车辆来说，视距不充分，视野不太好；

● 干路上的车道多，或转弯车辆多，交通流复杂。

从城市交通的现代化管理来看，在这种支路入口处的路面上应施划非常醒目的停车让行标线，并在路旁设置停车让行交通标志。利用这些交通工程设施来保证支路上的车辆在进入此种交叉路口前先停车，然后再找合适的机会通过交叉路口，或者与干路上的车辆合流。这种停车让行控制方法同样适用于铁路与公路相交的交叉路口的交通控制。

（三）交通信号控制方式

交通信号控制是指在交通量大的两条或多条道路相交的交叉路口设置信号灯，对各方向的交通流进行自动控制。按控制范围的大小分为点控制，线控制，面控制（又称为区域控制）。对单交叉路口的控制又有三类：定时控制，感应控制和人工控制。不同的控制系统虽然采用的控制方法不同，但控制的目的却是相同的。都是根据交叉路口的交通量来设计交通信号配时，使相互冲突的交通流分时通行，达到交通安全和畅通的目的。城市道路的交叉路口大部分采用交通信号控制方式。

（四）信号加人工控制方式

信号加人工控制方式是指交通信号加交通民警辅助手势的控制方式。

这种控制方式适用于交通量很大，且交通冲突较严重的交叉路口。这些交叉路口往往交通流复杂，左转弯流量较大，机动车流、非机动车流、行人常交织在一起，造成交叉路口的阻塞。在这种交叉路口只靠交通信号控制是不够的，辅助以交警的指挥对排除路口内的冲突、保障交叉路口的通畅起着不容忽视的作用。

例如，当交叉路口某一方向的道路获得绿灯信号后，交警可以通过指挥手势放行一个方向的左转弯车流，然后再放行对向的直行车流。这将排除由于左转弯车流和对向直行车流的冲突而造成的路口内的混乱和阻塞。另外，由于某种原因而造成在绿灯末尾的腾清路口的时间不够长时，交警可以通过手势禁止已经获得绿灯信号的方向的车流进入路口，使交叉路口内的车辆有足够的时间驶离交叉路口，排除冲突。显然，这些只靠信号控制是无法办得到的。

信号加人工控制方式还可以灵活地应付突发事件。例如，某一车辆在交叉路口内发生故障或交通事故发生时，交警可以及时疏导车辆，来保证交叉路口的畅通。

在我国城市中，由于有着大量的自行车和行人交通量，交叉路口的冲突严重且混乱；再加上人们遵守交通法规的自觉性还有待于提高等因素，所以，大多数交叉路口还是采用这种控制方式，特别是在交通高峰期间。

第三节　中观交通组织管理

中观交通组织管理与微观交通组织管理有着不同的思路。微观交通组织管理的重点是实现不同种类、不同方向的交通流的分离和对交通时空资源进行综合利用。中观交通组织管理所面对的管理对象不再是单个路段和交叉口，而是某一个区域。因此，其组织管理重点是解决区域内部交通流量分布不均和通行瓶颈的问题。中观交通组织常用的方法有单向交通、变向交通、通行限制、专用车道等。

一、单向交通

（一）单向交通的概念和种类

1. 单向交通的概念

单向交通是指道路上的车辆只能按一个方向行驶的交通。单向交通是在城市道路交通系统中，解决城市交通拥挤，充分利用现有城市道路网容量的一种经济、有效的交通道路交通管制措施。尤其是在旧城区街道狭窄，路网密度很大的地方，需要且可能在一些街道上组织单向交通。说它需要，是因为这些街道车行道狭窄，不加管制，易引起拥堵；说它可能，是由于道路网密度大，便于划出平行的车道。

2. 单向交通的种类

● 固定式单向交通。对道路上的车辆在全部时间内都实行单向交通称为固定式单向交通。常用于一般辅助性的道路上，如立体交叉桥上的匝道交通多是固定式单向交通。

● 定时式单向交通。对道路上的车辆在部分时间内实行单向交通称为定时式单向交通。如城市交通在高峰时间内，道路上的车辆只能按重交通流方向单向行驶，而在非高峰时间内，则恢复双向运行。所谓重交通流方向是指方向分布系数大于三分之二的方向。要注意的是，实施定时式单向交通时，必须给非重交通流方向的车流安排出路，否则会带来交通混乱。

● 可逆性单向交通。可逆性单向交通是指道路上的车辆在一部分时间内按一个方向行驶，而在另一部分时间内按相反方向行驶的交通。这种可逆性单向交通常用于车流流向具有明显不均匀性的道路上。其实施时间应依据全天的车流量及分布方向系数确定。一般当方向分布系数大于 3/4 时，即可实行可逆性单向交通。同时，应注意给非重交通流方向的车辆以出路。

● 车种性单向交通。车种性单向交通是指仅对某一类型的车辆实行单向行驶的交通。这种单向交通常应用于具有明显的方向性及对社会秩序、人民生活影响不大的车种，如货车。实行这类单向交通的同时，对公共汽车和自行车仍可维持双向通行，目的是充分利用现有道路的通行能力。

（二）单向交通的特点

1. 单向交通的优点

单向交通在路段上减少了与对向行车的可能发生的冲突，在交叉口上大大减少了冲突点，故单向交通在改善交通方面具有以下几个较为突出的优点：

（1）提高通行能力

由于单向交通减少了对向行车的可能冲突及减轻了快慢车之间的干扰，故道路通行能力将会有明显的提高。据国外资料表明，宽度为 12m 的街道，在禁止路旁停车的情况下，双向交通的通行能力为 2800 辆/h，单向交通的通行能力可达 3400 辆/h，提高了 20% 以上。

（2）减少交通事故

在城市道路中，交通冲突点是发生交通事故可能性最大的地方之一。由于单向交通能起到大量减少冲突点数目的作用，将使行车的安全性有明显的提高。如原苏联实行单向交通的城市，事故平均减少了 20%～30%，有的减少了 50% 以上。单向交通区域发生的事故多为追尾事故，故恶性事故率也将下降。此外，双向交通改成单向交通后，可消除对向来车的眩光影响，行人过街只需注意一个方向的来车，事故率也会有所下降。

（3）提高行车速度

实行单向交通可使行车速度得以提高，行程时间得以缩短，这些都已被实践所证明。如英国伦敦的一些街道实行单向交通后，平均行驶速度从 13～16km/h 提高到了 26～32km/h；原苏联 20 个城市的单向交通调查资料表明，实施单向交通以后，促使交通条件明显改善，车速提高了 10%～20%。

（4）其他优点

单向交通有助于解决停车问题。窄路上的双向交通如遇停车，很容易引起交通阻塞。若能允许路旁停车，而将道路的其余部分改为单向交通，则能有效地解决窄路上停车困难及交通阻塞的问题。据美国的资料表明，12m 宽的街道在允许路旁停车的情况下，单向通行能力为 1600 辆/h，双向交通为 1200 辆/h。为减轻交叉口的交通拥挤与混乱，若将进口道改为单向交通，则可减少交叉口的停车次数，且汽车排气对空气的污染也会有所改善。

此外，单向交通可充分利用狭窄的街巷，弱化主干道上的交通负荷，起到一定的交通流量均分作用。

2. 单向交通的缺点
- 增加了车辆绕道行驶的距离，给机动车驾驶人增加了工作量；
- 给公共汽车乘客不便，增加了步行距离；
- 容易导致迷路，特别是对不熟悉情况的外地机动车驾驶人更是如此。
- 增加了为实行单向交通管制所需的道路公用设施。

（三）单向交通的实施条件

总的来说，单向交通对于改善交通条件，其优点多于缺点。但根据国内外实行单向交通的经验表明，实行单向交通一般应具备以下条件：
- 具有相同起终点的两条平行道路，其相隔距离在 350～400m 以内；
- 具有明显潮汐交通特性的街道，其宽度不足三车道的可实行可逆性单向交通；
- 复杂的多路交叉口，某些方向的交通可另有出路的，才可将相应的进口道改为单向交通。

当各条平行的横向街道的间隔不大，车行道狭窄又不能拓宽，而交通量很大造成严重交通堵塞时；当车行道的条数为奇数时；在复杂地形条件下或对向交通在陡坡上产生很大危险性时等情况下，实施单向交通能取得较好的效果。

二、变向交通

（一）变向交通的概念和种类

1. 变向交通的概念

变向交通是指在不同的时间内变换某些车道上行车的方向性或行车的种类的交通管制方式。变向交通又称为"潮汐交通"。

2. 变向交通的种类

变向交通按其作用可分为两类：方向性变向交通和非方向性变向交通。

（1）方向性变向交通

在不同时间内变换某些车道上行车方向性的交通称为方向性变向交通。这类变向交通可使车流量方向分布不均匀现象得到缓和，从而提高道路的利用率。

（2）非方向性变向交通

在不同时间内变换某些车道上行车种类的交通称为非方向性变向交通。它可变换的车道分为车辆与行人车道之间、机动车与非机动车之间相互变换使用的车道。这类变换交通对缓和各种类型的交通在时间分布上不均匀性的矛盾有较好的效果。例如，在早晨自行车高峰时间，变换机动车外侧车道为自行车道，到了机动车高峰时间，则变换非机动车道为机动车道。另外，在中心商业区变换车行道为人行道及设置定时步行街等。这些都是非方向性的变向交通。

（二）变向交通的特点

变向交通的优点是合理使用道路，充分提高道路的利用率，从而提高了道路的通行能力，这对解决交通流空间分布上的不均匀性和各种类型的交通在时间分布上不均匀性的矛盾都有较好的效果。

变向交通的缺点是增加了交通管制的工作量和管理难度，且要求机动车驾驶人要有较好的素质，能自觉遵守交通安全管理的各种规定，积极配合交通管理部门的工作。

（三）变向交通的实施条件

1. 方向性变向交通的实施条件

方向性变向交通的实施条件是：

● 道路上机动车车道数应为双向三车道以上；

● 交通量分布系数，重交通流方向大于三分之二；

● 重交通流方向在使用变向车道后，通行能力应得到满足；轻交通流方向在去掉变向车道后，剩余的交通能力应能满足其需求。

2. 非方向性变向交通的实施条件

● 自行车借用机动车道仅适用于一块板、两块板的道路，且借用车道后机动车剩余车道的通行能力应能满足机动车交通量的需求。

● 机动车借用自行车道后，剩余车道应能保证自行车通行的安全；

● 行人借用车行道使用于中心商业区，除定时步行街以外，要对机动车流进行分流疏导和控制。

（四）变向车道的管理措施

● 对于方向性和非方向性变换车道中机动车和自行车道相互借用的情况，可采用变换车道标志和交通信号灯显示进行动态控制，也可使用硬质工程塑料锥形桩进行隔离。

● 对于非方向性变换车道中的行人借用车行道标志，可采用报纸、电视、广播等宣传公告及轻质材料护栏、道钉等设施。

● 在高速公路上，除采用门式变换车道标志以外，还可用液压式栏式缘石来分隔车道。

● 在变换车道上应配备警力，有警车巡逻，清理并处罚违章者，确保交通安全。

三、通行限制

为减少特定区域的交通负荷，在规定的时间内，限制某些车辆在一些道路及相关区域内的通行。在实施时，可根据交通状况和所实施措施的内容，具体限制通行权的车辆种类、行驶区域和时间。

（一）车辆种类限制

通常限制通行权的车辆有载客人数少的车辆、单位使用的客运车辆、货运机动车、过境车辆和特殊用途车辆等。可根据要求，结合实际情况选用。

（二）行驶区域限制

市中心、居民住宅区、商业区、娱乐场所、重大集会场所、游行路线及其附近的街道、道路施工、事故多发地点等特殊路段可实行通行限制。

（三）行驶时间限制

城市交通一个很重要的特点就是其时间上的不均衡性，一天中一般都存在两个或更多的交通高峰时段。行驶时间限制的主要出发点是：原则上应满足不同时段主要出行对象出行方式的需求。另外，应考虑不同道路上不同的交通特点来确定限制对象。

例如，8：30～11：30，14：00～17：00，是公务交通和商务交通的高峰，多数是小客车出行，很少有用大客车进行公务和商务活动的。在办公区、商务商业区就可以在这个时段禁止大客车通行。另外，针对大型活动，也有在一定日期内禁止某种车辆通行的规定。例如北京奥运会期间的"单双号限行"等。

（四）交叉口转弯限制

交叉口转弯限制包括禁止左转、禁止右转和同时禁止左右转弯等。但是要注意的是，交叉口转弯限制必然会带来车辆的绕行，因此必须为绕行车辆提供必要的路线指引。

实例："两会"期间外省市进京车辆通行限制

2007年全国"两会"期间（3月1日至18日），北京市对外省市进京车辆采取以下管理措施：

①严格办证手续。目前，外省市车辆在进入北京市区时，如果不进入五环内，是不需要办理进京证的。"两会"期间，外省市车辆（危险化学品除外）进入北京市境内，须按规定在进京办证处办理"进京证"。办证时，须出示"三证"（驾驶员驾驶证、车辆行驶证、年检合格证）。危险化学品运输车辆在两会期间不准进京。

②严格控制外省市车辆进入市区。会议期间，外省市进京客车使用"进京证"有效时限为7天，货车为2天。（平时小客车进京证有效期为1个月，而货车进京证有效期为7天）同时，货车6时至24时不准进入五环路（含），0时至6时只准在五环路及五环路以外道路行驶。

③严格检查外省市进京车辆。对所有外省市进京车辆，各进京办证处将严格检查，对大客车、大货车等重点车种逐车登记，不符合安全标准的，坚决予以劝返。同时，在六环路、五环路周边及市中心区道路，将设立专门岗位，进行重点查控。

④对大会服务车辆给予通行便利。持有全国"两会"专用车证的外省市车辆进京不需办理"进京证"；为大会提供直接服务的外省市车辆，经核实专用车证后，准予驶入指定地点。

四、专用车道

规划专用车道（或专用道路系统）是缓解城市交通问题的途径之一。专用车道包括公共车辆专用道和自行车专用道。

（一）公共车辆专用道和专用街

公共车辆是指公共汽车、电车、轻型有轨车辆、地铁列车等。此外，出租小汽车也属公共车辆。

公共车辆载客多，人均占用面积小，可有效地利用道路，故采用公共车辆专用车道的办法来提高公共车辆的运行效率和社会经济效益。例如，开辟公共汽车专用线、公共汽车专用街及公共汽车专用道，发展轻型有轨交通和地下铁道等。

公共汽车专用车道的开辟，可在多车道道路上划出一条车道，用路面标示或交通岛与其他车辆分隔，专供公共汽车通行。这可避免公共汽车同其他车辆行驶时的相互干扰。又如，在实行单向交通的街道上，可靠边划出一条车道，专供对向公共汽车行驶。

公共汽车专用街是只允许公共汽车和行人通行的街道。对于较宽的街道也可允许自行车通行。城市的中心商业区或只有两条车道的狭窄街道，特别适宜划为公共汽车专用街。

公共汽车专用车道的设置条件如下：

● 道路单向应有两条以上的机动车道；

● 除特殊要求外，公共车辆的流量应大于100辆/h时才有设置的必要。

● 公共汽车专用车道的设置不应严重影响道路通行能力，亦即道路的剩余通行能力应与除公共汽车外的其他交通需求大致平衡。

图 6-16 是采用彩色铺装的公交专用道。

图 6-16　采用彩色铺装的公交专用道（江苏无锡）

（二）自行车专用道路

根据自行车交通早晚高峰流量大的特点，可将自行车和公共车流量大的路段、路线开辟成自行车和公共汽车专用路段、路线，定时将自行车与公共汽车及其他车辆分开。还可开辟某些街巷作为自行车专用道。如图 6-17 所示。

图 6-17　自行车专用道路（荷兰）

（三）步行专用道路

步行专用道路是一种禁止一切车辆（含机动车和非机动车）进入，仅供行人步行的道路。在国内，步行专用道路更多地是以"商业步行街"这一商业形态出现的。

第四节　宏观交通组织管理

一、基本原则

城市交通是一个系统，因此，解决城市交通问题必须采用系统的思想，遵循"标本兼治，远近结合，供需平衡，综合治理"的原则进行。

所谓系统思想，是指必须把构成道路交通的"人、车、路、交通环境"四大要素和对其产生影响的外部要素纳入一个系统进行综合考虑。从系统论的观点而言，必须考虑系统各个要素之间及系统与外界诸要素在时间、空间和逻辑上相互影响相互制约的过程。换言之，为切实解决当前日益复杂的城市交通问题，从前只将注意力集中于道路建设的传统观念应该得到突破，应扩大到建立一个以社会化公共交通网络为主体，以快速交通为骨干的多层次及多元化交通方式协调运行系统。在这一系统中，道路建设、客运系统、货运系统及相应的交通管理与控制系统将都应该得到很好的研究和解决。

标本兼治，指不但要找到引发交通拥堵的表面原因，还要探寻交通拥堵的深层次诱因。例如，某CBD（中心商业区）存在严重的交通拥堵，表面原因是道路设施不能满足需求，但是其深层次原因是，这一地区土地开发强度过大，导致道路交通系统无法承载。因此，除了对道路系统进行改扩建，交通组织进行优化外，还应通过"交通影响评价"，在土地利用与道路系统承载能力之间取得平衡。

远近结合，是指既要采取有效措施，缓解迫在眉睫急需解决的交通拥堵问题，又要有计划，有步骤地制定解决未来城市交通拥堵的计划和蓝图并逐步付诸实施。目前，许多城市的交通问题是通过局部路段、局部道路交叉口的拥挤堵塞反映出来的。显然，按照西医"脚痛医脚，头痛医头"的观念，拓宽这些道路，在交叉口修建立交桥似乎就是最立竿见影、最直截了当的解决办法。但是如果一味满足于权宜之计，忙于当"救火队"，就会造成顾此失彼的效果。问题很少这样简单。因为城市交通是一种社会活动，无法采用"休克疗法"来进行整治，只能循序渐进，逐步改善。因此，正确的做法是，上节提出的常见交通拥堵解决手段，应综合运用，以保证近期、中期、远期交通系统发展相协调。

供需平衡，是指整治交通拥堵应从"增加供给"和"需求管理"两个方面同时着手，实现供需基本平衡。交通系统供不应求固然会导致交通拥堵，但供过于求则会造成不必要的投资浪费，也不符合"科学发展观"的要求。即使是交通供给"适度超前"，也应是建立在供需基本平衡下的"适度超前"。

综合治理，是指要动员全社会各个部门、单位和其他社会力量，采取各类有效措施，形成合力，解决交通拥堵问题。长期以来，我国城市规划、城市道路建设和维护、公共交通运营、道路交通管理和公路建设、轨道交通的管理职能分别属于建设、公交、公安、交通、铁路等部门。对解决城市既有交通问题，各方均有自己的一套思路和做法，缺乏必要的沟通和协作。正确的做法是，规范政府相关职能部门责权，提高城市交通研究、规划、建设、管理等机构的协调、协作水平，群策群力，把握城市交通问题的症结和隐患，实现对既有人力、物力、财力的合理搭配、使用，推动城市交通拥堵问题的解决。

二、交通总量削减

（一）交通总量削减的概念

为了提高现有道路的有效利用率，在一定区域内，从总体上减少交通参与者及其占用道路的时间和空间，称为交通总量削减。

这里所指的交通参与者，是在道路上独立运行的交通实体，即参与交通的公共汽车、货车、小客车、自行车、人力车等各种车辆和行人。一个人是一个交通实体，一辆能运载多人的公共汽车是一个交通实体，一部能运载几百千克货物的板车也是一个交通实体。

所谓交通总量，是指所有交通参与者和它们占用道路的时间与占用道路面积乘积的总和。它是一个宏观概念，而不是一个数学公式。

交通总量还是一个动态概念。例如：一辆小汽车和一辆人力三轮车，在静止的情况下，它们所占用的道路面积差不多，交通总量是相当的。但是如果运行起来，小汽车的速度快，人力三轮车的速度慢，从甲地到乙地约 60km，小汽车只需 1 个小时，而人力三轮车需 5 个小时，从交通总量来说，人力三轮车是小汽车的 5 倍。那么，一辆人力三轮车带来的交通问题，则相当于 5 辆小汽车带来的交通问题。

交通总量的削减，就是减少交通参与者的数量，或缩短交通参与者在道路上运行的时间、里程，减少占用的道路面积等。要尽量做到"四个最少"：交通参与者的数量最少；交通参与者所占用的道路面积最少；交通参与者占用道路的时间最少；交通参与者绕道的里程最少，从而缓和交通参与者和道路之间由于供需不平衡所产生的矛盾。这是科学交通管理的重要原则之一。按照这一原则，我们可总结出交通总量削减的主要方法和措施。

（二）交通总量削减的主要措施

交通总量削减，是一个社会综合治理的问题，必须采取行政管理措施、交通管理措施和经济管理措施并行的方法。其中行政管理措施，或者说社会工程措施，是一种根本性的措施，而交通管理措施只是一种补救的措施。尽管如此，交通管理措施仍是十分必要和不可缺少的。

1. 行政管理措施（社会工程措施）

城市布局合理化。城市是个特大系统，城市道路交通是其中的一个大系统，城市居民的生活与生产活动等，需靠交通进行联系。因此，城市这个特大系统的布局，应充分考虑交通这个连接系统，考虑不要产生过多的交通量，尤其应尽量避免和减少无效交通量。要尽量使交通出行时间最少，出行距离最短，要与交通工具的现状与发展相适应。

住房邻近分配，就近上下班。据调查，早晚上下班时之所以形成交通高峰，原因之一是职工住房与工作单位相距太远。在大城市，有的人上下班花在途中的时间长达一个小时以上，既浪费时间，消耗精力，又增大了交通总量，造成早晚高峰期的交通拥挤和堵塞。对此，可采取就近修建住宅，调换工作单位等措施，使一部分职工就近上下班，减少出行的时间，缩短出行的距离。或者单位提供交通客车接送职工，减少骑车上下班的情况。这是削减交通总量的一个重要方面。城市规划、建设、人事等部门做规划时应充分考虑这个问题。

科学组织物流。所谓物流，即以货物为主的交通流，指货物从供给者到需求者之间的物理转移的各种必要的活动，包括运输、保管包装、装卸、流通加工等活动。应该把这些活动视为一个整体，这个整体的运动服从于交通总量削减的原则。例如，货物转运，就应考虑转运距离最短的原则。

业务联系通讯化。建设现代化的通讯系统，将许多面对面的业务联系变成通讯联系，这不仅是城市现代化建设的一个方面，而且也是削减交通总量的具体措施。在进入 20 世纪 90 年代以后，伴随着计算机技术、通讯技术的飞速发展和知识经济的出现，在国外和国内一些经济发达地区，出现了一种称为 SOHO 的工作方式，即办公室－住宅合一的办公方式。所有的工作都在家中的计算机上完成，通过电话、互联网、传真与公司或市场联系。随着这种工作方式的逐渐增多，也会对交通总量削减有一定的作用。

优先发展公共交通。据计算，就人均所占有的道路面积来说，小汽车最大，自行车次之，公共汽车最小。虽说一辆公共汽车比一辆小汽车所占的道路面积大，但它运载的人要多得多，所以按人平来说，公共汽车占道路面积小。比如，一辆公共汽车平均载客 100 人，在道路上行驶或通过交叉路口，仅占一条车道的一个车位；如果这 100 人骑自行车在道路上行驶，可能要占到 6～8 个车位，并且通过交叉口时与各方车辆交织，互相影响，互相干扰。

但是，在公共交通与私人交通的比较中，由于前者在效率、耗时、方便和舒适性方面不具有优势，导致相当一部分人出行选择了低效率的私人交通。

根据国内外的理论和实践，优先发展公共交通是削减交通总量的根本方式，也是效率最高的方式。优先发展公共交通涉及社会的各个方面，一般可以采取下列措施：系统设置公共交通线路，使乘客出行感到方便；设置公共交通专用车道，减少其他车辆的干扰；开辟公共交通专用线路，保障客运交通；设置公共交通优先信号，减少其在路口的延误时间；设置公共交通定位系统，有效地进行指挥调度等。

2. 交通管理措施

这里所讲的交通管理措施，是指有针对性地解决城市道路交通拥堵的措施。

限制行车范围。在城市某个区域、某些道路或路段，因交通量大，可禁止或限制某种车辆行驶，或开辟公共汽车专用线路，禁止其他机动车辆在此行驶；或辟为步行街禁止车辆通行，等等。这种局部禁止或限制车辆行驶的办法，可从局部上削减交通总量。

限制停车范围。在城市道路上，哪些地段禁止停车，哪些路段允许临时停车，哪些车辆只准在市区以外的停车场停放，哪些车辆可以进入市区停车场停放，对此都应作出明确规定。这样做可以使城市中心区或繁华道路的交通总量得到削减。因为城市中心区或繁华道路不允许停车，有些车辆就没有进入的必要。即使有的车辆不在禁止之列，可以在繁华道路上行驶，也只不过是通过一下罢了。

限制过境交通。这是减少市区或某个区域的交通量的有效方法。可采取：限制外地车辆白天进入市区；限制货车白天进入市中心区或繁华道路；限制区域内的交通进入全市交通干道等。从城市管理的角度，应修建环路或利用旁路，使过境车辆绕行，以免进入城市中心或繁华道路，造成交通拥堵。

3. 经济管理措施

所谓经济管理措施，即用经济手段减少交通总量。因为有些经济手段可以促使交通参与者进行比较和选择。

通行收费的办法。对欲从某条道路或某座桥梁通行的车辆收费，是一种有针对性的管理手段。然而，如果用得过多过滥，将失去有效控制交通流的初衷，反而会影响道路设施应有效益的发挥。近年来，我国不少地方在这个问题上都有过深刻的教训。

停车收费的办法。这里所指的停车收费的含义，是指在非指定的停车场或存车处停车；在不准临时停车的道路停车；在城市道路上停车过夜等。对此除按有关交通法规的规定予以处罚外，还应收取比较高的停车费用，从而达到限制的目的。停车收费与处罚不同，前者是针对占用道路而言，后者是针对违反交通法规而言。

收取区域交通费的办法。如将城市划分为市区、郊区、城市中心区等若干区域，对在不同区域内行驶的车辆，收取不同的交通费用。这样，可以限制一部分车辆的行驶范围，使在城市道路上行驶车辆的总数减少。

征收通行证费的办法。这与通行收费和收取区域交通费的办法类似。可将车辆的通行证分成若干种，按车辆通行证允许行驶的区域和时间的不同，收取不同的通行证费用。这样，可以控制车辆的行驶区域或时间，达到减少交通总量的目的。

征收牌照费或城市增容费的办法。与征收养路费的办法相似，可将车辆的号牌分成若干种，按车辆的号牌区分行驶区域和时间，征收不同的牌照费或城市增容费等。也可按车辆的用途不同征收不同的牌照费或城市增容费。目前，有些城市对出租小汽车收取的牌照费和城市增容费，就要比其他车辆高得多。用这种办法，既可以抑制车辆的盲目发展，又可以控制车辆的行驶区域、时间等，达到减少交通总量的目的，也是一项比较有效的管理措施。

要注意的是，通过经济管理手段来削减交通总量，首先要遵循国家的有关收费政策，因而也是一项政策性很强的措施。在实际的实施过程中，特别要注意不要用得过多过滥，以免失去有效控制交通流的初衷，反而会影响道路设施应有效益的发挥。

三、交通流量均分

（一）交通流量均分的概念

交通流量均分，就是把交通流量从时间和空间上进行均匀分布，简称交通分流。交通流量均分对于消除交通阻塞，解决交通拥挤的问题具有特别重要的意义。

道路交通流通常有以下规律：

1. 明显的时间性

一般交通流量在一天之中出现早、中、晚三个高峰，其中以早、晚两个高峰最为突出。同时，白天的交通流量明显大于夜晚的交通流量。

2. 明显的方向性

交通流在生活和生产区之间，住宅区与商业区之间表现出明显的方向性。例如，某条道路如果交通流在上午向东的要大于向西的，到了下午则变为向西的大于向东的，而且上、下午的流量大致相等。此外，一些大的交通源，如商场、体育场、影剧院等，在大型活动时，交通流也呈现明显的方向性。

3. 明显的区域性或道路性

主要表现在城镇道路交通流量比县乡公路交通流量大；干线道路比支线和一般道路流量大；交叉路口比路段的交通流量大；车站、码头附近街道比其他街道交通流量大等。

单一交通方式的交通流量在统计上同样表现出明显的时间性、方向性和区域性。例如，公路上的机动车流量白天明显大于夜晚；公路及火车货场、轮船货运码头附近道路的货车流量明显大于其他道路；在早晚职工上、下班高峰时间，道路上的自行车流量大，并具有明显的方向性，而其他时间则机动车流量大；在公休日、节假日，商业区和娱乐区的行人流量特别大等。

交通流量在时间和空间上的不均匀分布，是交通格局在时间和空间上的反映，同时也反映了道路使用的不合理，因而造成了某些道路、某段时间、某个方向的交通拥挤，而其他道路、其他时间、其他方向的服务水平则没有得到充分的利用。因此，必须通过交通流量均分来改变交通流量不均匀分布的状况。

（二）交通流量均分的主要形式

1. 时间上的流量均分。

所谓时间上的流量均分，就是采取削峰填谷的方法，把一天二十四小时中或一周七天的几个交通高峰期的交通流量调低一点，把低谷时段的交通流量提高一点。主要有以下几种方法：

（1）错时上班制。错时上班制亦称错峰上班制，是指在一个城市中各单位的职工上班时间不作统一规定，即按不同的系统和行业，如重工业、轻工业、服务行业、机关、文教、卫生等错开上下班时间。错时上班制已被国内外的一些大中城市普遍采用，对解决交通高峰时段和交通拥挤问题有明显的效果。当然，采用这种方法也会带来某些问题，然而就其主流来说，对社会是有益的。能否有效地实施错时上班制，主要需提高人们对解决城市交通问题的认识，同时需要有一个权威的机构统筹安排。因为它涉及城市服务设施、工业生产、家庭等社会的各个方面，所以国际上把这种办法称为"采用社会工程改善交通的办法"。

（2）弹性工作制。弹性工作制即弹性上班制，只规定每天的工作总小时数或工作总量，至于何时上、下班由工作人员自己或车间、班组决定。因为这种办法没有统一的上、下班时间，因而在城市中就不会出现明显的上下班交通高峰时段。这种方法比错时上班制更科学，更易于实施，在国外采用较多。实行弹性工作制的先决条件有两个：一是要有明确的责任制，二是要有科学的企业管理制度，要严格工业流程，要用系统工程的方法进行生产管理。

（3）分区分系统厂休日。分区分系统厂休日就是在城市中按行政区域或系统划分，规定厂矿企业不同的休息日。例如，一个城市分为东、西、南、北四个区域，规定在东区的厂矿企业休息为星期六、日，在西区的厂矿企业休息为星期一、二，在南区的厂矿企业休息为星期三、四，在北区的厂矿企业休息为星期五、六。又如按重工、轻工、纺织或化工等厂休息日错开。这个办法，最初是我国一些城市为了解决用电紧张问题而提出来的，近年来我国一些城市为解决一周内某日交通拥挤的问题，也采取了这个办法。实践证明，这是缓和交通拥挤，均分一周交通流量的好办法。这一办法的实施，仍可结合城市控制用电、用水的措施进行，同样需要有一个权威的机构统筹安排。

（4）夜间货运。采用夜间或早晚货运，是利用这些时段内道路交通流量小的特点，把白天的交通流量分一部分到这个时段，可使城市道路得到合理有效的使用。用这个办法均分一天的交通流量，一般情况下阻力较大，一是涉及人们的工作习惯问题，二是涉及发货、运输、收货等诸多部门。因此，交通管理部门采用这个办法时，要向社会做好宣传工作。夜间货运的主要对象可分为：货物吞吐量较大的单位（仓库、货场、大型工厂等）和可在夜间运输的大宗货物（建材、煤炭、机器设备等）。

（5）限时通行。为了缓和某时段和路段（每天的交通高峰或某几天的交通高峰）的交通拥挤状况，限制部分车辆在某个时段和路段的通行。限时通行的对象可因路而异，大体可分为以下几种：拖拉机、板车、货车、大型货车（平板车、拖挂车、五吨以上的大货车）；运输某种货物的车辆（如建筑材料、煤炭、蔬菜瓜果等）；过境的外地车辆等。这些车辆大都不必一定要在高峰时段通行。

2. 空间上的流量均分

所谓空间上的流量均分，是指充分利用现有的道路空间，把某些道路上过分集中的交通流量分散开来，达到均衡分布。主要有以下方法：

（1）调整公交线路的走向和站点位置。我国城市公交车辆大多集中在几条主干路上，次干道上较少，支路上几乎没有。而且主干道上运行线路重复，车辆间隔时间短，站点多，这样不仅使主干线上车流量增大，同时吸引和增大了人流。根据我国城市次干道和支路多的现状，应适当发展部分小型公共汽车，运行线路遍及次干道和支路，合理调度车辆和设置站点，减少主干道上的车流量和人流量。

（2）用旁路吸引过境交通流。一般的城市大都以一、两条主干道为核心形成城市中心，这些干道一般与国道、省道等干线公路相连接。这样，由于过境车辆通过市中心，势必给城区交通增加不必要的负担，造成交通拥挤和堵塞等状况，而且城区规模越小，过境交通流对城区交通的影响就越大。因此，对于中小城市，常常采用修建旁路（一般修在市郊）来吸引穿过市中心的过境交通流。对于大城市，常通过外环路来吸引过境交通流。如果没有修旁路或环路，也可利用城市边缘的支路，指定过境车辆行驶路线，限制过境车辆入城。

（3）合理布局商业、文体活动的网点。商业和文体活动网点，如商场、体育馆、影剧院等是大量吸引车流和人流的地方，一般都过分集中在城市中心区或主干道旁，增大了这些路段的交通流量。可在次干道和支路两旁或附近，设置相应规模的商业、文体活动网点，以分散市中心和主干道的交通流量。

（4）标志疏导和无线电广播诱导。运用可变交通标志，根据流量变化情况，适时地对过大的交通流量进行疏导，限制部分车辆进入某些路口或路段。例如禁止车辆在路口左转弯以缓解路口或路段的交通拥挤。这种可变标志还可以与由计算机控制的交通指挥控制中心联系，使发布的信息更加准确及时。目前有的地方已建立了交通广播电台。利用无线电广播，可以向驾驶员介绍当地的交通情况，以便驾驶员因地制宜，采取灵活措施，选择适当的行车路线，自觉均衡交通流量，缓解道路拥挤、堵塞现象。

四、交通连续

为了提高道路交通运行效率，把不同的交通方式有机地联系起来，或者使同一交通方式不间断地运行，在时间或空间上保持交通运输全过程的连续性，称为交通连续。交通连续的目的是保持交通畅通、不间断，各种交通方式之间存在有机的合理的联系，使各个交通参与者在交通活动中尽可能迅速、便利、经济。具有最短时间延误、最少经济消耗、最大经济效益的连续交通是人们以最少的时间、最方便的交通形式出行的重要保证。交通是否连续，体现出来的就是人们通常所说的交通是否"方便"。

交通连续包括交通工具、交通设施、交通组织和交通运输四个方面的内容。

（一）交通工具的连续性

交通工具的连续性，是指交通工具在交通的全过程中所起的作用。或者说，交通工具的连续性，就是把不同交通方向或不同交通方式的交通工具，通过交通组织，使之衔接起来，达到交通迅捷、便利的目的。就交通工具而言，我们可以把交通工具分为两大类：一类如飞机、轮船、火车和公共汽车，它们在交通活动全过程中不起连续作用，我们称它为不连续交通工具。另一类如自行车或小汽车等是门到门、户到户的交通工具，我们称它为连续交通工具。

（二）交通设施的连续性

交通设施的连续性是指交通设备的设置，必须充分考虑交通全过程的连续性。如公共交通站点的设置，应以减少乘车人员的步行距离与换乘时间为原则；停车场的设置，应考虑附近交通源的距离不要超过可接受步行距离，以保证交通设施的连续性。

在道路交通这个系统中，道路网相对来说是比较稳定的，道路交通参与者如何有效地利用道路网，就需要进行合理的交通组织，否则就会造成交通混乱和中断。例如，有禁就要有行，某条道路限制某种车辆通行，就必须考虑在其他道路给予通行。某个路口禁止左转弯，附近的路口就应允许左转弯；禁令标志要有一定范围，指路标志要连贯设立；停车场的设立要考虑和旅馆、饭店、厕所、加油站的配套等，这些都是交通连续原理在交通组织中的应用。

道路交通管理

第七章

道路交通勤务

第一节　道路执勤执法规范

道路交通勤务是指交通警察依据交通法律法规和道路执勤执法规范，在道路上执行维护交通秩序、处理交通安全违法行为、处理交通事故、执行交通警卫等任务的交通执勤执法勤务活动。

交通警察在道路上执行维护交通秩序、实施交通管制、执行交通警卫任务、纠正和处理道路交通安全违法行为等任务时，应当遵守《交通警察道路执勤执法工作规范》（简称《执勤执法规范》。2008年11月15日公安部修订发布，自2009年1月1日实施，2005年11月14日公安部印发的《交通警察道路执勤执法工作规范》同时废止）。《执勤执法规范》对交通警察执勤执法用语、执勤执法行为举止、着装和装备配备、通行秩序管理、违法行为处理、实施交通管制、执行交通警卫任务、接受群众求助、执勤执法安全防护等做出了基本要求和规定。下面仅介绍其中几个规定，其他详见《执勤执法规范》及相关章节内容。

一、执勤执法总要求

交通警察执勤执法应当坚持合法、公正、文明、公开、及时，查处违法行为应当坚持教育与处罚相结合。

交通警察执勤执法应当遵守道路交通安全法律法规。对违法行为实施行政处罚或者采取行政强制措施，应当按照《交通安全法》、《交通安全法实施条例》、《道路交通安全违法行为处理程序规定》等法律、法规、规章执行。

二、执勤执法行为举止

交通警察执勤执法时的行为举止，不仅影响到交通警察的形象，同时也影响到执法效果。为此，《执勤执法规范》根据人民警察内务条令等规定，对交通警察执勤执法行为举止作出了规定，要求交通警察在道路上执勤执法应当规范行为举止，做到举止端庄、精神饱满。为了便于操作，《执勤执法规范》对交警执勤执法时的站立、行走、敬礼、手势信号等基本动作进行了具体规定，督促交通警察做到站姿端正、行姿稳重、敬礼规范、手势标准。

（一）站立

站立时做到抬头、挺胸、收腹，双手下垂置于大腿外侧，双腿并拢、脚跟相靠，或者两腿分开与肩同宽，身体不得倚靠其他物体，不得摇摆晃动。

（二）行走

行走时，双臂自然摆动，不得背手、袖手、搭肩、插兜。

（三）敬礼

敬礼时右手取捷径迅速抬起，五指并拢自然伸直，中指微接帽檐右角前，手心向下，微向外张，手腕不得弯屈。礼毕后手臂迅速放回原位。

（四）交还被核查当事人证件

在交还被核查当事人的相关证件时，应当方便当事人接取。杜绝摔、扔证件等不尊重当事人的行为。

（五）信号指挥

交通警察执勤执法过程中，有必要使用手势信号进行指挥疏导时，应当动作标准，正确有力，节奏分明。手持指挥棒、示意牌等器具指挥疏导时，应当右手持器具，保持器具与右小臂始终处于同一条直线。

（六）休息

在驾驶机动车巡逻间隙休息时，不得倚靠车身或者趴在摩托车把上。

三、着装和装备等要求

交通警察的着装和装备，可以从外在形象上反映交通警察的精神面貌，显示交通警察的威严和威慑力。

交通警察执勤执法装备按要求配置，各省、自治区、直辖市公安机关可以根据实际需要增加，但应当在全省、自治区、直辖市范围内做到统一规范。

（一）着装要求

交通警察在道路上执勤执法应当按照规定穿着制式服装，佩戴人民警察标志。

（二）执勤装备要求

1. 执勤车辆和相应装备要求

执勤车辆应当保持车容整洁、车况良好、装备齐全。

执勤警用汽车应当配备反光锥筒、警示灯、停车示意牌、警戒带、照相机（或者摄像机）、灭火器、急救箱、牵引绳等装备；根据需要可以配备防弹衣、防弹头盔、简易破拆工具、防化服、拦车破胎器、酒精检测仪、测速仪等装备。

执勤警用摩托车应当配备制式头盔、停车示意牌、警戒带等装备。

2. 交通警察个人装备要求

交通警察在道路上执勤执法应当配备多功能反光腰带、反光背心、发光指挥棒、警用文书包、对讲机或者移动通信工具等装备，可以选配警务通、录音录像执法装备等，必要时可以配备枪支、警棍、手铐、警绳等武器和警械。

四、执勤执法用语要求

交通警察执勤执法时离不开语言表达。从一定意义上说，交通警察执勤执法时的语言不仅仅起简单的社交作用，往往还代表法律和政府的管理意愿，因此其用词用语既要符合社会交往习惯，同时还要符合法律法规规范和政策规定。

为此《执勤执法规范》对交通警察执勤执法的常用执勤执法用语进行了规定，要求交通警察在执勤执法的每一个环节，都使用规范的语言。

● 交通警察在执勤执法、接受群众求助时应当尊重当事人，使用文明、礼貌、规范的语言，语气庄重、平和。对当事人不理解的，应当耐心解释，不得呵斥、讽刺当事人。

● 检查涉嫌有违法行为的机动车驾驶人的机动车驾驶证、行驶证时，交通警察应当使用的规范用语是：你好！请出示驾驶证、行驶证。

● 纠正违法行为人（含机动车驾驶人、非机动车驾驶人、行人、乘车人，下同）的违法行为，对其进行警告、教育时，交通警察应当使用的规范用语是：你的（列举具体违法行为）违反了道路交通安全法律法规，请遵守交通法规。谢谢合作。

● 对行人、非机动车驾驶人的违法行为给予当场罚款时，交通警察应当使用的规范用语是：你的（列举具体违法行为）违反了道路交通安全法律法规，依据《道路交通安全法》第××条和《道路交通安全法实施条例》第××条（或××地方法规）的规定，对你当场处以××元的罚款。当非机动车驾驶人拒绝缴纳罚款时，交通警察应当使用的规范用语是：根据《道路交通安全法》第89条的规定，你拒绝接受罚款处罚，可以扣留你的非机动车。

● 对机动车驾驶人给予当场罚款或者采取行政强制措施时，交通警察应当使用的规范用语是：你的（列举具体违法行为）违反了道路交通安全法律法规，依据《道路交通安全法》第××条和《道路交通安全法实施条例》第××条（或××地方法规）的规定，对你处以××元的罚款，记××分（或者扣留你的驾驶证/机动车）。

● 实施行政处罚或者行政强制措施前，告知违法行为人应享有的权利时，交通警察应当使用的规范用语是：你有权陈述和申辩。

● 要求违法行为人在行政处罚决定书（或行政强制措施凭证）上签字时，交通警察应当使用的规范用语是：请你认真阅读法律文书的这些内容，并在签名处签名。

● 对违法行为人依法处理后，交通警察应当使用的规范用语是：请收好法律文书（和证件）。对经检查未发现违法行为时，交通警察应当使用的规范用语是：谢谢合作。

● 对于按规定应当向银行缴纳罚款的，机动车驾驶人提出当场缴纳罚款时，交通警察应当使用的规范用语是：依据法律规定，我们不能当场收缴罚款。请到×××银行缴纳罚款。

● 对于机动车驾驶人拒绝签收处罚决定书或者行政强制措施凭证时，交通警察应当使用的规范用语是：依据法律规定，你拒绝签字或者拒收，法律文书同样生效并即为送达。

● 实施交通管制、执行交通警卫任务、维护交通事故现场交通秩序，交通警察应当使用的规范用语是：前方正在实行交通管制（有交通警卫任务或者发生了交通事故），请你绕行×××道路（或者耐心等候）。

● 要求当事人将机动车停至路边接受处理时，交通警察应当使用的规范用语是：请将机动车停在（指出停车位置）接受处理。

五、实施交通管制

（一）实施交通管制的情形

遇有雾、雨、雪等恶劣天气、自然灾害性事故以及治安、刑事案件时，交通警察应当及时向上级报告，由上级根据工作预案决定实施限制通行的交通管制措施。

执行交通警卫任务以及具有上述情形的，需要临时在城市道路、国省道实施禁止机动车通行的交通管制措施的，应当由市（地）级以上公安交通管理部门决定。需要在高速公路上实施交通管制的，应当由省级公安交通管理部门决定。

（二）实施交通管制的公告

实施交通管制，公安交通管理部门应当提前向社会公告车辆、行人绕行线路，并在现场设置警示标志、绕行引导标志等，做好交通指挥疏导工作。

无法提前公告的，交通警察应当做好交通指挥疏导工作，维护交通秩序。对机动车驾驶人提出异议或者不理解的，应当做好解释工作。

（三）交通管制的实施

交通警察在道路上实施交通管制，应当严格按照相关法律、法规规定和工作预案进行。

（四）高速公路上的交通管制措施

在高速公路执勤遇恶劣天气时，交通警察应当采取以下措施：

（1）迅速上报路况信息，包括雾、雨、雪、冰等恶劣天气的区域范围、能见度、车流量等情况；

（2）根据路况和上级要求，采取发放警示卡、间隔放行、限制车速、巡逻喊话提醒、警车限速引导等措施；

（3）加强巡逻，及时发现和处置交通事故，严防发生次生交通事故；

（4）关闭高速公路时，要通过设置绕行提示标志、电子显示屏或者可变情报板、交通广播等方式发布提示信息。车辆分流应当在高速公路关闭区段前的站口进行，交通警察要在分流处指挥疏导。

六、接受群众求助

交通警察遇到属于《110接处警工作规则》受理范围的群众求助，应当做好先期处置，并报110派员处置。需要过往机动车提供帮助的，可以指挥机动车驾驶人停车，请其提供帮助。机动车驾驶人拒绝的，不得强制。

交通警察遇到职责范围以外但如不及时处置可能危及公共安全、国家财产安全和人民群众生命财产安全的紧急求助时，应当做好先期处置，并报请上级通报相关部门或者单位派员到现场处置，在相关部门或者单位进行处置时，可以予以必要的协助。

交通警察遇到职责范围以外的非紧急求助，应当告知求助人向所求助事项的主管部门或者单位求助，并视情予以必要的解释。

交通警察指挥疏导交通时不受理群众投诉，应当告知其到相关部门或者机构投诉。

七、执行交通警卫任务

（一）明确任务，按时到岗

执行警卫任务，应当及时掌握任务的时间、地点、性质、规模以及行车路线等要求，掌握管制措施、安全措施。按要求准时到达岗位，及时对路口、路段交通秩序进行管理，纠正各类违法行为，依法文明执勤。

（二）遵守纪律，规范指挥

执行交通警卫任务时，应当遵守交通警卫工作纪律，严格按照不同级别的交通警卫任务的要求，适时采取交通分流、交通控制、交通管制等安全措施。在确保警卫车辆安全畅通的前提下，尽量减少对社会车辆的影响。

警卫车队到来时，遇有车辆、行人强行冲击警卫车队等可能影响交通警卫任务的突发事件，应当及时采取有效措施控制车辆和人员，维护现场交通秩序，并迅速向上级报告。警卫任务结束后，应当按照指令迅速解除交通管制，加强指挥疏导，尽快恢复道路交通。

在路口执行警卫任务时，负责指挥的交通警察应当用手势信号指挥车队通过路口，同时密切观察路口情况，防止车辆、行人突然进入路口。负责外围控制的交通警察，应当分别站在路口来车方向，控制各类车辆和行人进入路口。

交通警察在路段执行警卫任务时，应当站在警卫路线道路中心线对向机动车道一侧，指挥控制对向车辆靠右缓行，及时发现和制止违法行为，严禁对向车辆超车、左转、掉头及行人横穿警卫路线。

八、执勤执法安全防护

（一）执勤防护规定

交通警察在道路上执勤时应当遵守防护规定：穿着统一的反光背心；驾驶警车巡逻执勤时，开启警灯，按规定保持车速和车距，保证安全。驾驶人、乘车人应当系安全带。驾驶摩托车巡逻时，应当戴制式头盔；保持信息畅通，服从统一指挥和调度。

在城市快速路、主干道及公路上执勤应当由两名以上交通警察或者由一名交通警察带领两名以上交通协管员进行。需要设点执勤的，应当根据道路条件和交通状况，临时选择安全和不妨碍车辆通行的地点进行，放置要求驾驶人停车接受检查的提示标志，在距执勤点至少200m处开始摆放发光或者反光的警告标志、警示灯，间隔设置减速提示标牌、反光锥筒等安全防护设备。

公安交通管理部门应当定期检查交通警察安全防护装备配备和使用情况，发现和纠正存在的问题。

（二）恶劣条件下设点执勤应当遵守的规定

交通警察在雾、雨、雪、冰冻及夜间等能见度低和道路通行条件恶劣的条件下设点执勤，应当遵守以下规定：

（1）在公路、城市快速路上执勤，应当由三名（含）以上交通警察或者两名交通警察和两名（含）以上交通协管员进行；

（2）需要在公路上设点执勤，应当在距执勤点至少500m处开始摆放发光或者反光的警告标志、警示灯，间隔设置减速提示标牌、反光锥筒等安全防护设备，并确定专人对执勤区域进行巡控；在高速公路上应当将执勤点设在收费站或者服务区、停车区，并在至少2km处开始摆放发光或者反光的警告标志、警示灯，间隔设置减速提示标牌、反光锥筒等安全防护设备。

（三）警车停车或停放时的防护

在执行公务时，警车需要临时停车或者停放的，应当开启警灯，并选择与处置地点同方向的安全地点，不得妨碍正常通行秩序。

警车在公路上执行公务时临时停车和停放应当开启警灯，并根据道路限速，将警车停在处置地点来车方向 50～200m 以外。在不影响周围群众生产生活的情况下，可以开启警报器。

（四）查处违法行为应当遵守的规定

查处违法行为应当遵守以下规定：

（1）除执行堵截严重暴力犯罪嫌疑人等特殊任务外，拦截、检查车辆或者处罚交通安全违法行为，应当选择不妨碍道路通行和安全的地点进行，并在来车方向设置分流或者避让标志；

（2）遇有机动车驾驶人拒绝停车的，不得站在车辆前面强行拦截，或者脚踏车辆踏板，将头、手臂等伸进车辆驾驶室或者攀扒车辆，强行责令机动车驾驶人停车；

（3）除机动车驾驶人驾车逃跑后可能对公共安全和他人生命安全有严重威胁以外，交通警察不得驾驶机动车追缉，可采取通知前方执勤交通警察堵截，或者记下车号，事后追究法律责任等方法进行处理；

（4）堵截车辆应采取设置交通设施、利用交通信号灯控制所拦截车辆的前方车辆停车等非直接拦截方式，不得站立在被拦截车辆行进方向的行车道上拦截车辆。

（五）高速公路上查处违法行为的防护规定

在高速公路发现有不按规定车道行驶、超低速行驶、遗洒载运物、客车严重超员、车身严重倾斜等危及道路通行安全的违法行为，可以通过喊话、鸣警报器、车载显示屏提示等方式，引导车辆到就近服务区或者驶出高速公路接受处理。情况紧急的，可以立即进行纠正。

九、执勤执法时严禁的行为

交通警察在道路上执勤执法时，严禁的行为有：违法扣留车辆、机动车行驶证、驾驶证和机动车号牌；违反规定当场收缴罚款，当场收缴罚款不开具罚款收据、不开具简易程序处罚决定或者不如实填写罚款金额；利用职务便利索取、收受他人财物或者谋取其他利益；违法使用警报器、标志灯具；非执行紧急公务时拦截搭乘机动车；故意为难违法行为人；因自身的过错与违法行为人或者围观群众发生纠纷或者冲突；从事非职责范围内的活动。

十、交通协管员的工作职责规定

交通协管员是各地公安机关为缓解警力不足的困难，在地方政府的关心支持下，从社会上招考聘用的协助交通警察工作的人员。目前，交通协管员已成为道路交通管理工作的一支重要辅助力量。但是，一些地方交通协管员经费未纳入财政预算保障，个别交通协管员违规执法问题时有发生。为进一步规范道路交通执勤执法活动，加强交通协管员队伍建设，更好地发挥交通协管员队伍的辅助作用，公安部2008年4月30日印发了《关于加强交通协管员队伍建设的指导意见》，并将交通协管员所承担的工作纳入《执勤执法规范》中进行了规定。

交通协管员可以在交通警察指导下承担以下工作：维护道路交通秩序，劝阻交通安全违法行为；维护交通事故现场秩序，保护事故现场，抢救受伤人员；进行交通安全宣传教育；及时报告道路上的交通、治安情况和其他重要情况；接受群众求助。省级公安机关可以结合本地区实际情况，对交通协管员的工作职责作出具体规定。

但是由于交通协管员无执法权，所以不得从事其他执法工作，不得对违法行为人作出行政处罚或者行政强制措施决定。

第二节 机动车交通秩序管理

一、交通秩序管理的含义

道路交通秩序（简称交通秩序）管理是公安交通管理部门依据交通法律法规，运用各种管控手段，对车辆、行人和乘车人等在道路上的通行行为实施控制管理，以规范交通秩序，提高通行效率的路面勤务活动。

交通法规所要求的交通秩序是：车辆和行人在道路上有规则地运动或停止，并且不发生非交通干扰，呈现出一种有条不紊的状态。

交通秩序管理的主要依据是交通法律法规中的道路通行规定。交通秩序管理的主要任务是正确协调道路交通过程中的各种关系，引导和督促驾驶人遵守道路通行规定。

交通秩序管理分为机动车交通秩序管理、非机动车交通秩序管理、行人和乘车人交通秩序管理。

二、道路交通秩序管理的一般规定

（一）各行其道的规定

各行其道是指车辆和行人、快车和慢车各自在交通法规规定的道路或道路部位按方向通行。即规定属于谁的道，谁就有权通行，如人走人行道，车走车行道；规定不属于谁的道，谁就无权通行，否则属于违法通行。各行其道是把交通流从空间上进行分离的交通组织措施，是划分道路通行权（简称路权）的最基本的规则之一。各行其道的规定使车辆与车辆、车辆与行人之间的干扰减少，对保证道路交通有序、安全和畅通十分有利。

各行其道的本质是对交通参与者规定了通行路权。它包括本道通行路权和借道通行路权。二者如果发生矛盾时，借道通行者应先让本道通行者优先通行。

《交通安全法》规定，根据道路条件和通行需要，道路划分为机动车道、非机动车道和人行道的，机动车、非机动车、行人实行分道通行。

各行其道通常分为对向各行其道、同向各行其道、导向各行其道、专用车道各行其道和区域性各行其道几种。

1. 对向各行其道

对向各行其道是专门对对向通行车辆的规定，是指"机动车、非机动车实行右侧通行"。

车辆实行左侧还是右侧通行，是道路交通必须统一规定的基本通行制度，否则车辆交通秩序将无法管理。目前世界各国道路交通有左侧通行制和右侧通行制两大派，这是社会发展中所形成的两种通行制。我国在历史上曾采用过左侧通行制，后改为右侧通行制，一直沿用至今。

右侧通行是指机动车在行驶过程中，以道路上施划的中心线或道路几何中心线为界，除有特殊规定的车辆外，一律靠道路右侧通行（以行驶前进方向定左右），不准逆行。在路口内，有岗台或中心圈的，以岗台或中心圈为界；无岗台或中心圈的，以路口几何中心为界，除有特殊规定的车辆外，从其右侧左大转弯，也属于靠右通行范畴。

需要注意的是，在没有划分机动车道、非机动车道和人行道的道路上，机动车在道路中间通行，非机动车和行人在道路两侧通行。这时机动车的通行权在道路中间。但是当遇到对向来车时，即会车时，双向驶来的机动车均有义务减速靠右通行，机动车的通行权又转移到道路两侧。在机动车靠右通行时，应当与在道路两侧通行的非机动车、行人保持适当的安全距离。

非机动车和行人在道路两侧通行时，其合法通行范围在《交通安全法》中并未具体规定。为了便于管理和操作，许多地方对非机动车和行人在道路两侧通行的合法通行范围进行了界定，如《湖南省实施〈道路交通安全法〉办法》（简称《湖南实施办法》）规定了非机动车和行人靠边的具体数值，见表7-1。

表7-1　　　　　　　　　　　　　非机动车和行人靠边距离

通行者种类	靠边距离（m）
自行车	≤1.5
电动自行车	≤1.5
三轮车	≤2.2
畜力车	≤2.6
残疾人机动轮椅车	≤1.6
行人	≤1

注：靠边距离，非机动车从路侧右边缘线算起，不含路肩；行人从路侧边缘线算起，含两侧土路肩

2. 同向各行其道

同向各行其道是指用单向行驶标志标明在整个车行道用地内只准车辆向一个方向行驶的道路，或在车行道用地的一侧，按低速靠右的原则用交通标线或隔离墩、隔离带等标明的非机动车道、机动车道、专用车道等，车辆在各自的车道内只准车辆向一个方向行驶。平时所说的不准逆行，从某种意义上说，是严格的各行其道。

平面交叉路口是各方车辆的交汇点，不能划分车辆分道线，但车辆也应按路口外驶入路段的分道线向路口内延伸的位置行驶。

3. 导向各行其道

导向各行其道是指车辆行经划有导向车道的平面交叉路口，须按行进方向分道行驶。

在对行经平面交叉路口的车辆进行渠化交通组织时，通常不按车种，而按车辆行进方向，重新组织通过路口的交通流，以充分利用现有道路，规范路口交通秩序，提高路口通行能力。

4. 专用车道各行其道

专用车道各行其道是指"道路划设专用车道的，在专用车道内，只准许规定的车辆通行，其他车辆不得进入专用车道内行驶"。

目前最常见的专用车道是城市公共汽车专用车道。为了提高车道利用率，有些地方将公共汽车专用车道设置为时间可变性车道，在公共汽车交通高峰期，由公共汽车专用，在其他时段，也允许其他车辆进入。

5. 区域性各行其道

区域性各行其道，是指某一区域准许什么车辆通行，不准什么车辆通行。被禁行的车如驶入禁行区域，即便行驶的路线是对的，也属于违反各行其道。

区域性禁止某类车辆通行，无法用交通标志、标线标明的，一般都用"通告"的形式加以明令。

（二）遵守交通信号的规定

车辆、行人应当按照交通信号通行；遇有交通警察现场指挥时，应当按照交通警察的指挥通行；在没有交通信号的道路上，应当在确保安全、畅通的原则下通行。

（三）授权规定

《交通安全法》规定，公安交通管理部门根据道路和交通流量的具体情况，可以对机动车、非机动车、行人采取疏导、限制通行、禁止通行等措施。遇有大型群众性活动、大范围施工等情况，需要采取限制交通的措施，或者作出与公众的道路交通活动直接有关的决定，应当提前向社会公告。遇有自然灾害、恶劣气象条件或者重大交通事故等严重影响交通安全的情形，采取其他措施难以保证交通安全时，公安交通管理部门可以实行交通管制。这是法律给公安交通管理部门的管理授权。

交通情况是千变万化的，交通秩序管理措施和交通组织方案也要适应其变化，根据具体情况和需要及时调整。但是在采取限制或禁止交通的措施时，公安交通管理部门应当提前向社会公告，最大限度减少由于采取这类措施带来的不便和影响。

三、交通秩序管理的一般方法

（一）交通执勤方式

交通秩序管理主要以交通警察在道路上执勤的形式来实施。根据《执勤执法规范》要求，在普通道路上执勤时，应当采取的执勤方式是定点指挥疏导和巡逻管控相结合的方式。指挥疏导的基本方法如下：

在指挥疏导交通时，应当注意观察道路的交通流量变化，指挥机动车、非机动车、行人有序通行。在信号灯正常工作的路口，可以根据交通流量变化，合理使用交通警察手势信号，指挥机动车快速通过路口，提高通行效率，减少通行延误。

在无信号灯或者信号灯不能正常工作的路口，交通警察应当使用手势信号指挥疏导，提高车辆、行人通过速度，减少交通冲突，避免发生交通拥堵。

遇到交通堵塞应当立即指挥疏导。遇严重交通堵塞的，应当采取先期处置措施，查明原因，向上级报告。接到疏导交通堵塞指令后，应当按照工作预案，选取分流点，并视情设置临时交通标志、提示牌等交通安全设施，指挥疏导车辆。

在疏导交通堵塞时，对违法行为人以提醒、教育为主，不处罚轻微违法行为。

（二）遇交通事故时的交通秩序管理

交通警察执勤时遇交通事故，应当按照《道路交通事故处理程序规定》（公安部令第104号）和《交通事故处理工作规范》的规定执行。

（三）道路和道路交通设施的检查

道路和道路交通设施，是良好交通秩序的基本保障，因此交通警察在道路上执勤，维护交通秩序的同时，应当关注检查道路和道路交通设施的完好性和使用情况，发现问题及时报告和处置。

执勤时，应当定期检查道路及周边交通设施，包括信号灯、交通标志、交通标线、交通设施等是否完好，设置是否合理。发现异常，应当立即采取处置措施，无法当场有效处理的，应当先行做好应急处置工作，并立即向上级报告。发现违反规定占道挖掘或者未经许可擅自在道路上从事非交通行为危及交通安全或者妨碍通行，尚未设置警示标志的，应当及时制止，并向上级报告，积极做好交通疏导工作。

四、机动车通行规定

机动车是一种高速运行工具，由于运行速度高，对周围的人和物体构成了威胁。为了预防和减少这些威胁可能导致的后果（交通事故导致的人员伤亡和财产损失），必须严格规范其通行行为，对其通行过程进行引导、监督和必要的限制性管理。管理中主要是要求机动车在道路上通行时按规定行驶、按规定装载，要求驾驶人按规定安全驾驶、文明驾驶。这些规定是依据机动车运行特性、科学规律和血的教训制定的，机动车在道路上通行时必须自觉遵守，否则会扰乱交通秩序，破坏交通中各要素和各要素之间的平衡，降低通行效率，埋下安全隐患，甚至导致交通事故，危及生命和财产的安全。

机动车交通秩序管理主要围绕机动车行驶、机动车装载、机动车停放等几方面进行。为了规范机动车交通秩序，交通法律法规对机动车行驶、装载和停放等都进行了具体规定。

（一）机动车行驶秩序规定

1. 分车道行驶规定

为了便于交通组织，规范交通秩序，提高道路通行效率，《交通安全法实施条例》根据各行其道的原则，按照车辆的行驶速度和车型等特性，划分了快、慢车道，并对在快、慢车道上的通行行为进行了规定：在道路同方向划有 2 条以上机动车道的，左侧为快速车道，右侧为慢速车道。在快速车道行驶的机动车应当按照快速车道规定的速度行驶，未达到快速车道规定的行驶速度的，应当在慢速车道行驶。摩托车应当在最右侧车道行驶。有交通标志标明行驶速度的，按照标明的行驶速度行驶。慢速车道内的机动车超越前车时，可以借用快速车道行驶。在道路同方向划有 2 条以上机动车道的，变更车道的机动车不得影响相关车道内行驶的机动车的正常行驶。

在多车道的道路上行驶，由于车辆行驶速度不同，变更车道是不可避免的，但是变更车道，对交通秩序有不良影响，严重的可能导致交通事故。为此《湖南实施办法》，结合本地情况，对在道路上变更车道的行为进行了更具体的规定，要求车辆变更车道不得影响其他车辆、行人正常通行；让所借车道内行驶的车辆或行人先行；按顺序依次行驶，不得频繁变更机动车道；不得一次连续变更二条以上机动车道；从左右两侧车道向同一车道变更时，左侧车道的车辆让右侧车道的车辆先行。

在某些交通繁忙的路段，为了防止频繁变更车道对交通秩序的不良影响，禁止变更车道，有的地方将车道分界线（白色虚线）改为不可变更车道线（白色实线）。有的地方还专门设置电子监控设备，对违法变更车道的机动车进行监控，以提高管理效果。

2. 行驶速度规定

（1）行驶速度管理方法

车辆在道路上行驶，为了保证行车安全，速度必须控制在安全速度以下。安全速度的高低，通常受到许多交通因素的约束。交通因素不同，安全速度的高低也可能不同。

车速与行车安全、车辆使用性能和使用寿命直接相关。控制行车速度对提高行车安全性，减轻交通事故的损害程度至关重要。

对车辆行驶速度的管理，通常采用警示和限速两种方法。警示的方法一般采用标志和标线，提醒、引导或强迫车辆减速（采用振动性减速标线或减速垄）；限速的方法则是用交通法规规定或交通标志标线明确标明不允许超过的车速值。

为了监督车辆的运行速度，交通管理部门目前普遍利用电子监控设备对超速违法车辆进行拍照、摄像取证，作为处罚和教育的依据。在不良气候和不良环境条件下，除了用交通信号等方法对车辆进行提示限速以外，交通管理部门还经常采用加大巡逻力度、警车牵引的方法进行管理。遇极端不利交通条件时，则可能采取暂时封闭交通的交通管制措施。

（2）车速管理规定

正常情况下，机动车上道路行驶，不得超过限速标志标线标明的最高时速。夜间行驶或者在容易发生危险的路段行驶，以及遇有沙尘、冰雹、雨、雪、雾、结冰等气象条件时，应当降低行驶速度。

机动车在没有限速标志标线的路段，应当保持安全车速，这是原则性规定。

为了保障安全，机动车在没有限速标志标线的路段，或行驶中遇到不良气候条件和交通情况时，或运输危险物品时，首要的是降低或控制行驶速度，不得超过表7-2所列限速值。

表7-2　　　　不同交通情况或气候条件及运输危险物品时的限速值（无限速信号时）

交通情况或气候条件		限速值（km/h）	法律法规依据和说明
没有道路中心线的道路	城市道路	30	《交通安全法实施条例》
	公路	40	
同方向只有一条机动车的道路	城市道路	50	
	公路	70	
同方向划有二条以上机动车道的道路	城市道路	70	《湖南实施办法》
	封闭的机动车专用道路和公路	90	
进出非机动车道，通过铁路道口、急弯路、窄路、窄桥时		30	《交通安全法实施条例》。其中拖拉机、电瓶车、轮式专用机械车不得超过15km/h
掉头、转弯、下陡坡时			
遇雾、雨、雪、沙尘、冰雹，能见度在50m以内时			
在冰雪、泥泞的道路上行驶时			
牵引发生故障的机动车时			
运输剧毒化学品时（在不超过限速标志和上述交通、气候情况限速的前提下）	高速公路	≥70 ≤90	《剧毒化学品购买和公路运输许可证件管理办法》公安部第77号令
	其他道路	60	

（3）超速的界定和掌握车速的注意事项

超速行驶主要指两种情况：一是超过交通法规或交通信号限制的最高时速；二是超过了当时车况、外部环境等不允许的速度。

交通法规和交通标志标线限定的车速是指不准超过的车速值，并不是要求达到的车速值。如果行车条件不具备，不要勉强将车速向这个限制值提升靠近。

车速限制的是瞬时速度，车辆一瞬间也不要超过这个速度。即使是短时间超过这个速度，也构成交通安全违法。因为只要车辆达到这一限定的速度，对安全产生的不利因素就出现了。有的驾驶人认为，在视线良好的道路上，短时间超速没有问题，这是一种侥幸心理，对安全不利。正常情况下，驾驶人应当坚持中速行车，既安全又经济。

确定本车的行车速度，应当以本车车速表显示的数值为准。尽管有经验的驾驶人对行车速度的估计比较准确，但是不管如何准确，也达不到车速表测试的准确程度。作为驾驶人，在行车途中，应当养成观察车速表的习惯，以利严格掌握和控制行车速度，确保行车安全。

3. 安全跟车规定

跟车最重要的是保持合适的安全距离。过长不利于道路的有效利用，过短又不利于安全。为了解决这一矛盾，《交通安全法》规定：后车应当与前车保持足以采取紧急制动措施的安全距离。

安全跟车距离等于后车制动拖印长度，加上后车反应时间内车辆行驶的距离，再加上停车后两车间的安全距离，减去前车制动后行驶的距离。

4. 会车规定

会车是指相对方向行驶的机动车在同一地点、同一时间通过的交通现象。该现象存在正面碰撞、侧面碰撞等安全隐患，尤其是在路面较窄的路段危险性更大。会车时，由于受到道路条件和自然环境限制，通行权可能发生变化，如果处理不当则可能发生冲突，导致交通事故。为了调整会车时可能出现的冲突，《交通安全法实施条例》对会车行驶作了规定，这是会车交通秩序管理的依据。

（1）在没有划中心线的道路和窄路、窄桥会车时，须减速靠右行驶，并与其他车辆、行人保持必要的安全距离。减速靠右行驶需同时进行。

（2）在有障碍的路段，无障碍的一方先行；但有障碍的一方已驶入障碍路段而无障碍的一方未驶入时，有障碍的一方先行。

有障碍的路段可能是狭窄道路，也可能是宽阔道路。障碍可能是固定的障碍，也可能是活的障碍（例如机动车正在超越前方的非机动车和行人）。

（3）在狭窄的坡路，上坡的一方先行；但下坡的一方已行至中途而上坡的一方未上坡时，下坡的一方先行。

（4）在狭窄的山路，不靠山体的一方先行。

（5）夜间会车应当在距相对方向来车150m以外改用近光灯，在窄路、窄桥与非机动车会车时应当使用近光灯。

5. 超车规定

超车是指在没有道路中心线或者同方向只有一条车道的道路上，后车从前车的左侧超越前车的行为。如果从前车右侧超越，属于违法超车。需要注意的是，在道路同方向划有2条以上机动车道，车辆从前车的一侧车道超越前车的，属于变更车道，不是超车。

超车是一个复杂的过程。安全超车需要有道路条件、车辆条件、视距条件和前车有效的配合。

超车的基本操作要领是：超车前，后车应当在确认有充足的安全距离后，从前车的左侧超越；超车时，提前开启左转向灯、变换使用远、近光灯或者鸣喇叭（禁鸣喇叭的不得鸣喇叭）；在与被超车辆拉开必要的安全距离后，开启右转向灯，驶回原车道。机动车在没有道路中心线或者同方向只有1条机动车道的道路上，前车遇后车发出超车信号时，在条件许可的情况下，应当降低速度、靠右让路。

为了保障安全，有下列情形之一的，不得超车：

（1）前车正在左转弯、掉头、超车的；

（2）与对面来车有会车可能的；

（3）前车为执行紧急任务的警车、消防车、救护车、工程救险车的；

（4）行经铁路道口、交叉路口、窄桥、弯道、陡坡、隧道、人行横道、市区交通流量大的路段等没有超车条件的。

超车实际上还受到禁止超车禁令标志和路面中心实线的限制。当道路上有禁止超车禁令标志和路面中心线为实线或双实线的时候，车辆不准越过中心线超车。

6. 掉头和倒车规定

机动车掉头和倒车，稍有疏忽，不仅影响自身的行驶安全，而且妨碍其他车辆、行人的正常行驶、行走秩序和交通安全。机动车掉头和倒车时，应当遵守下列规定：

（1）机动车在有禁止掉头或者禁止左转弯标志、标线的地点以及在铁路道口、人行横道、桥梁、急弯、陡坡、隧道或者容易发生危险的路段，不得掉头。

机动车在没有禁止掉头或者没有禁止左转弯标志、标线的地点可以掉头，但不得妨碍正常行驶的其他车辆和行人的通行。

（2）机动车倒车时，应当察明车后情况，确认安全后倒车。不得在铁路道口、交叉路口、单行路、桥梁、急弯、陡坡或者隧道中倒车。

7. 交替行驶规定

交替行驶是一项新的行驶规则。《交通安全法》规定：在车道减少的路段、路口，或者在没有交通信号灯、交通标志、交通标线或者交通警察指挥的交叉路口遇到停车排队等候或者缓慢行驶时，机动车应当依次交替通行。

依次交替行驶是世界上大多数国家调整驾驶行为的一个普遍做法。它体现了两个原则，一是公平原则，二是效率原则。实践证明，这是治理交通堵塞的一个行之有效的方法。但这种规定如果没有现场指挥和监督很难施行，主要靠驾驶人的自觉性。实际上这类规定是对驾驶人的文明要求。

8. 平面交叉路口行驶规定

平面交叉路口（简称交叉路口）的交通情况很复杂：一是交叉口车辆交错行驶，冲突点多；二是行人密度大，对车辆行驶干扰大；三是视距受限，即车辆通过交叉路口时，因地形、建筑物等因素的影响，驾驶人的视线受到限制，易形成视线盲区，如果无交通信号的指挥，不同方向车辆通过交叉路口时容易发生冲突。

鉴于交叉路口的复杂情况，为了保障交叉路口的交通秩序和交通安全，提高通行效率，机动车通过交叉路口应当遵守下述规定：

（1）通过有交通信号的交叉路口时，按照交通信号灯、交通标志、交通标线或者交通警察的指挥通过，同时应当遵守下述规定：

①在划有导向车道的路口，按所需行进方向驶入导向车道；

②准备进入环形路口的让已在路口内的机动车先行；

③向左转弯时，靠路口中心点左侧转弯。转弯时开启转向灯，夜间行驶开启近光灯；

④遇放行信号时，依次通过；

141

⑤遇停止信号时，依次停在停止线以外。没有停止线的，停在路口以外；

⑥向右转弯遇有同车道前车正在等候放行信号时，依次停车等候；

⑦在没有方向指示信号灯的交叉路口，转弯的机动车让直行的车辆、行人先行。相对方向行驶的右转弯机动车让左转弯车辆先行。

（2）通过没有交通信号灯、交通标志、交通标线或者交通警察指挥的交叉路口时，应当减速慢行，并让行人和优先通行的车辆先行；准备进入环形路口的让已在路口内的机动车先行；向左转弯时，靠路口中心点左侧转弯（转弯时开启转向灯，夜间行驶开启近光灯）。同时还应当遵守下列规定：

①在进入路口前停车瞭望，让右方道路的来车先行；

②转弯的机动车让直行的车辆先行；

③相对方向行驶的右转弯的机动车让左转弯的车辆先行。

9. 特种车辆行驶规定

特种车辆是指警车、消防车、救护车、工程救险车。由于执行紧急任务的需要，在确保安全的前提下，可以有某些特定的通行权利。

（1）警车、消防车、救护车、工程救险车执行紧急任务时，可以使用警报器、标志灯具；在确保安全的前提下，不受行驶路线、行驶方向、行驶速度和信号灯的限制，其他车辆和行人应当让行。

（2）特种车辆在执行紧急任务遇交通受阻时，可以断续使用警报器，并遵守下列规定：

①不得在禁止使用警报器的区域或者路段使用警报器；

②夜间在市区不得使用警报器；

③列队行驶时，前车已经使用警报器的，后车不再使用警报器。

10. 行经漫水路、桥和渡口时的规定

机动车行经漫水路或者漫水桥时，应当停车察明水情，确认安全后，低速通过。

机动车行经渡口，应当服从渡口管理人员指挥，按照指定地点依次待渡。机动车上下渡船时，应当低速慢行。

11. 行经铁路道口时的规定

道路于铁路交叉口是一种特殊的道路交通口。机动车通过铁路道口时，应当按照交通信号或者管理人员的指挥通行；没有交通信号或者管理人员的，应当减速或者停车，在确认安全后通过。机动车载运超限物品行经铁路道口的，应当按照当地铁路部门指定的铁路道口、时间通过。

12. 行经人行横道时的规定

在道路交通中，与机动车相比，行人是相对的弱者，如果机动车与行人发生交通事故，受到人身伤害的通常是行人。因此在交通秩序管理中，应当加强对行人的保护，适当给行人以优先通行权，并且加大驾驶人的注意义务，提高行人过街的安全性。

交通法规规定，机动车行经人行横道时，应当减速行驶；遇行人正在通过人行横道，应当停车让行。机动车行经没有交通信号的道路时，遇行人横过道路，应当避让。这里所指的"没有交通信号"，既包括没有任何交通信号（交通信号灯、交通标志标线和交通警察的指挥），也包括虽有某些交通信号但未能明确指示在道路上行驶的机动车和横过道路的行人路权的情形。在上述两种情形下，机动车遇行人横过道路，都应当避让，以保障安全。例如，按照目前的标准规定，道路中心黄色双实线严禁机动车压线和跨线超车，但是对行人是否可以跨越并未规定，因此即使行人跨越中心黄色实线横穿道路，机动车也应当避让。由此可见，只要遇到行人横穿道路，机动车都应当避让。

但是据调查，目前通过人行横道时，许多机动车都不会主动避让行人。因此，有的城市采用在行人横道两端设置人行横道灯的方法，给行人提供横道路的绿灯信号，以保障行人横道路的通行权。有的城市还拟在人行横道处设置电子监控设备，监控机动车通过人行横道处的交通行为。《湖南实施办法》明确规定，机动车行经人行横道遇行人通过时，未停车让行的处200元罚款。对行人横道路的安全保护和横道路的规定将在后续章节介绍。

13. 机动车灯光、喇叭使用规定

机动车灯光和喇叭，是机动车的重要安全装置，其使用是否规范，与交通安全密切相关。交通法规对机动车灯光和喇叭的使用规定如下（除夜间会车和因故停车时的灯光使用外）：

（1）向左转弯、向左变更车道、准备超车、驶离停车地点或者掉头时，应当提前开启左转向灯；

（2）向右转弯、向右变更车道、超车完毕驶回原车道、靠路边停车时，应当提前开启右转向灯。

（3）机动车在夜间没有路灯、照明不良或者遇有雾、雨、雪、沙尘、冰雹等低能见度情况下行驶时，应当开启前照灯、示廓灯和后位灯，但同方向行驶的后车与前车近距离行驶时，不得使用远光灯。机动车雾天行驶应当开启雾灯和危险报警闪光灯。

（4）机动车在夜间通过急弯、坡路、拱桥、人行横道或者没有交通信号灯控制的路口时，应当交替使用远近光灯示意。

（5）机动车驶近急弯、坡道顶端等影响安全视距的路段以及超车或者遇有紧急情况时，应当减速慢行，并鸣喇叭示意。

14. 安全带和安全头盔使用规定

安全带和安全头盔是机动车重要的被动安全防护装置。交通法规规定：机动车行驶时，驾驶人、乘坐人员应当按规定使用安全带，摩托车驾驶人及乘坐人员应当按规定戴安全头盔。

从目前交通管理实际来看，驾驶人对系安全带和戴安全头盔并不重视，包括许多公安交通管理部门的同志也如此。其主要原因之一是驾驶人对安全带和安全头盔对乘员的保护作用不了解。因此，管理部门在进行严格管理的同时，应当加强安全带和安全头盔对乘员保护作用的宣传。

15. 机动车牵引规定

机动车牵引分为牵引挂车、故障车、事故车三种情况。其牵引管理规定分述如下。

（1）机动车牵引挂车应当符合下列规定：

①载货汽车、半挂牵引车、拖拉机只允许牵引1辆挂车。挂车的灯光信号、制动、连接、安全防护等装置应当符合国家标准；

②小型载客汽车只允许牵引旅居挂车或者总质量700千克以下的挂车。挂车不得载人；

③载货汽车所牵引挂车的载质量不得超过载货汽车本身的载质量。

大型、中型载客汽车，低速载货汽车，三轮汽车以及其他机动车不得牵引挂车。

（2）牵引故障机动车应当遵守下列规定：

①被牵引的机动车除驾驶人外不得载人，不得拖带挂车；

②被牵引的机动车宽度不得大于牵引机动车的宽度；

③使用软连接牵引装置时，牵引车与被牵引车之间的距离应当大于 4m 小于 10m；

④对制动失效的被牵引车，应当使用硬连接牵引装置牵引；

⑤牵引车和被牵引车均应当开启危险报警闪光灯。

汽车吊车和轮式专用机械车不得牵引车辆。摩托车不得牵引车辆或者被其他车辆牵引。转向或者照明、信号装置失效的故障机动车，应当使用专用清障车拖曳。

（二）机动车装载规定

机动车装载管理分为机动车载人和载货两种情况。装载是否符合规定，对交通安全影响很大。

1. 机动车载人的规定

机动车载人的总规定是：机动车载人不得超过核定的人数（驾驶室乘坐人数和车厢乘座人数），客运机动车不得违反规定载货；禁止货运机动车载客。

机动车载人应当遵守的具体规定是：

（1）公路载客汽车不得超过核定的载客人数，但按照规定免票的儿童除外，在载客人数已满的情况下，按照规定免票的儿童不得超过核定载客人数的 10%；

（2）载货汽车车厢不得载客。在城市道路上，货运机动车在留有安全位置的情况下，车厢内可以附载临时作业人员 1 人至 5 人；

（3）摩托车后座不得乘坐未满 12 周岁的未成年人，轻便摩托车不得载人。

（4）两轮摩托车在高速公路行驶时不得载人。

2. 机动车载货的规定

机动车载货管理主要侧重在载货质量、载货长度、载货宽度、载货高度和危险物品装载运输等几个方面。

（1）机动车载物应当符合核定的载质量，严禁超载。超载的危害性很大，是重大的安全隐患。超载影响车辆寿命；使转向特性发生变化、制动距离延长、爆胎等。

（2）机动车装载长度、宽度不得超出车厢，不得遗洒、飘散载运物，并应当遵守下列规定：

①重型、中型载货汽车，半挂车载物，高度从地面起不得超过 4m，载运集装箱的车辆不得超过 4.2m；

②其他载货的机动车载物，高度从地面起不得超过 2.5m；

③摩托车载物，高度从地面起不得超过 1.5m，长度不得超出车身 0.2m。两轮摩托车载物宽度左右各不得超出车把 0.15m；三轮摩托车载物宽度不得超过车身。

载客汽车除车身外部的行李架和内置的行李箱外，不得载货。载客汽车行李架载货，从车顶起高度不得超过 0.5m，从地面起高度不得超过 4m。

（3）机动车运载超限的不可解体的物品，影响交通安全的，应当按照公安交通管理部门指定的时间、路线、速度行驶，悬挂明显标志。在公路上运载超限的不可解体的物品，还应当依照公路法的规定执行。

（4）机动车载运爆炸物品、易燃易爆化学物品以及剧毒、放射性等危险物品，应当经公安机关批准后，按指定的时间、路线、速度行驶，悬挂警示标志并采取必要的安全措施。其行驶速度限制见表 7-2。其他规定参见《危险化学品安全管理条例》（国务院发布）和《剧毒化学品购买和公路运输许可证件管理办法》（公安部第 77 号令，2005 年 8 月 1 日

道路交通管理

起施行）。

（三）机动车停放和临时停车规定

机动车停放和临时停车不仅影响到交通畅通，有时还影响到交通安全。因此在交通秩序管理工作中，不仅要关注机动车行驶秩序管理，对机动车停放和临时停车秩序管理同样不容忽视。

1. 因故障停放的管理规定

机动车在道路上发生故障，需要停车排除故障时，驾驶人应当立即开启危险报警闪光灯，将机动车移至不妨碍交通的地方停放；妨碍交通又难以移动的，应当持续开启危险报警闪光灯，并在来车方向并在车后 50～100m 处设置警告标志，夜间还应当同时开启示廓灯和后位灯。必要时迅速报警。

2. 停放和临时停车管理规定

机动车应当在规定地点停放。禁止在人行道上停放机动车；但是，在人行道上依法施划的停车泊位停放除外。停放地点可能是停车场，也可能是在道路两旁和人行道上依法施划的停车泊位。

在道路上临时停车的，不得妨碍其他车辆和行人通行。

机动车在道路上临时停车，应当遵守下列规定：

（1）在设有禁停标志、标线的路段，在机动车道与非机动车道、人行道之间设有隔离设施的路段以及人行横道、施工地段，不得停车；

（2）交叉路口、铁路道口、急弯路、宽度不足 4m 的窄路、桥梁、陡坡、隧道以及距离上述地点 50m 以内的路段，不得停车；

（3）公共汽车站、急救站、加油站、消防栓或者消防队（站）门前以及距离上述地点 30m 以内的路段，除使用上述设施的以外，不得停车；

（4）车辆停稳前不得开车门和上下人员，开关车门不得妨碍其他车辆和行人通行；

（5）路边停车应当紧靠道路右侧，机动车驾驶人不得离车，上下人员或者装卸物品后，立即驶离；

（6）城市公共汽车不得在站点以外的路段停车上下乘客。

为了减少机动车停放和临时停车对交通秩序和交通安全的影响，有的地方法规进行了更为具体的规定。

例如《湖南实施办法》有关机动车停放的规定是：在划有停车泊位的路段，应当在停车泊位内停放，车身不得超出停车泊位；进出停车场或者道路停车泊位不得故意妨碍其他车辆或者行人正常通行。有关机动车在道路上临时停车的规定是：按顺行方向停靠，车身右侧距道路边缘不得超过 30cm；夜间开启危险报警闪光灯，遇风、雨、雪、雾等低能见度气象条件时，还应当同时开启示廓灯、后位灯；在设有出租汽车停靠点的道路上，出租汽车应当在停靠点靠右侧路边按顺序停车上下乘客，但不得待客；在没有设置出租汽车停靠点的道路上，出租汽车应当遵守机动车临时停车的规定；公共汽车进出停靠站应当在停靠站一侧按顺序依次单排靠边停车，暂时不能进入停靠站的，在最右侧机动车道单排等候进站，不得在停靠站内待客。

第三节 高速公路交通秩序管理

一、高速公路的特点和平面组成

高速公路具有行车速度高、通行能力大、设置中央分隔带、立体交叉、控制出入、交通设施完善、服务设施齐全、事故伤亡程度严重的特点。

高速公路平面如图 7-1 所示，主要由行车道、超车道、路肩、应急车道、紧急停车带、加速车道、减速车道、匝道、中间带、防眩板、护栏、隔音墙、隔离栏等组成。

图 7-1 高速公路平面结构示意图

行车道——行车道是指供各种车辆纵向排列、安全顺适地行驶的公路带状部分。行车道由车道组成，车道是供单一纵列车辆行驶的部分，不包括起特殊作用的爬坡车道、变速车道等。

超车道——是供超车时使用的车道。超车过程完成后车辆应该驶回行车道。《交通安全法》及《交通安全法实施条例》改变了高速公路施划专门超车道的做法，按照从左向右速度递减的办法具体规定车道的最低行驶速度，这样规定有利于提高高速公路的通行效率，维护通行秩序，保障交通安全。目前，很多地方已经取消超车道，将其改为快车道，专为达到较高速度的机动车使用。

路肩——是位于车行道外缘至路基边缘，具有一定宽度的带状部分（包括硬路肩与土路肩，高速公路使用硬路肩），作为路面的横向支承。路肩一般设在道路右侧（八车道以上的道路设左侧硬路肩），并可供紧急停车使用，因此有的地方将其作为应急车道。

紧急停车带——供紧急停车使用，一般做成港湾式。按照相关规范要求，高速公路、一级公路的右侧硬路肩宽度小于 2.50m 时应设置紧急停车带。

加速车道——指供车辆驶入高速车流之前加速用的车道。加速车道设在高速公路的匝道入口处。

减速车道——指供车辆驶离高速车流之后减速用的车道。减速车道设在高速公路的匝道出口处。

匝道——立交桥和高架路上下两条道路相连接的路段，也指高速公路与邻近的辅路相连接的路段。

中间带——由两条左侧路缘带和中央分隔带组成。中央分隔带以路缘石线等设施分界，在构造上起到分隔往返交通的作用。在中央分隔带的两侧设置路缘带。路缘带既引导驾驶人的视线，又增加行车安全，还能保证行车所必需的侧向余宽，提高行车道的使用效率。高速公路中间带、中央分隔带和路缘带宽度见表7-3。

表7-3　　　　　　　　　　　　　　　　中间带宽度

设计速度（km/h）		120	100	80	60
中央分隔带宽度（m）	一般值	3.00	2.00	2.00	2.00
	最小值	2.00	2.00	1.00	1.00
左侧路缘带宽度（m）	一般值	0.75	0.75	0.50	0.50
	最小值	0.75	0.50	0.50	0.50
中间带宽度（m）	一般值	4.50	3.50	3.00	3.00
	最小值	3.50	3.00	2.00	2.00

注：一般值为正常情况下采用值；最小值为条件受限时可采用值。

二、高速公路交通执勤方式

高速公路不同于普通公路，采取的执勤方式应当以巡逻为主。通过巡逻和技术监控，实现交通监控和违法信息收集。必要时可以在收费站、服务区设置执勤点。

执勤时发现高速公路交通堵塞，应当立即进行疏导，并查明原因，向上级报告或者通报相关部门，采取应对措施。造成交通堵塞，必须借用对向车道分流的，应当设置隔离设施，并在分流点安排交通警察指挥疏导。

三、高速公路通行特别规定

高速公路交通秩序管理比普通公路的交通秩序管理要严格得多，在许多方面都有比较高的要求。在高速公路上行车，除了应当遵守与普通公路相同的规定以外，还要求遵守一些特别规定。城市快速路的道路交通秩序和安全管理，均参照高速公路交通秩序和安全管理的规定执行。

（一）高速公路禁行规定

高速公路是机动车专用的道路，而且进入高速公路的机动车需要在一定速度之上行驶。根据交通法律法规规定，"行人、非机动车、拖拉机、轮式专用机械车、铰接式客车、全挂拖斗车以及其他设计最高时速低于70km的机动车，不得进入高速公路。"

全挂拖斗车是指由全挂车和牵引车组成的汽车列车，简称全挂汽车列车。这类汽车列车的牵引车与挂车之间用铰链式连接，行驶路线可能出现蛇行现象，不利于高速行驶。

设计最高时速低于 70km 的车辆，主要是指低速货车、三轮汽车等。这类汽车在正常行驶时，其实际行驶时速会低于高速公路的最低行车时速规定，因此禁止上高速公路。

（二）高速公路行车时速规定

为了保障高速公路的高速运行效率和安全性，高速公路有最高和最低行车速度的限制：在高速公路上行驶的小型载客汽车最高行车时速不得超过 120km，其他机动车不得超过 100km，摩托车不得超过 80km；所有车辆在高速公路上的最低行车时速不得低于 60km。

同方向有 2 条车道的，左侧车道的最低行车时速为 100km；同方向有 3 条以上车道的，最左侧车道的最低行车时速为 110km，中间车道的最低行车时速为 90km。道路限速标志标明的车速与上述车道行车时速规定不一致的，按照道路限速标志标明的行车时速行驶。

高速公路的行车速度主要以交通标志标线来提示和引导。有时亦采用增设地面振动性减速标线的方式强制车辆减速；用电子监控设备对高速公路上的行车速度进行监控。也可通过控制区间平均行车速度来进行行车速度管理。

（三）高速公路安全跟车间距规定

机动车在高速公路上正常行驶时，同一车道的后车与前车必须保持足够的行车间距。正常情况下，机动车在高速公路上行驶，时速超过 100km 时，应当与同车道前车保持 100m 以上的距离，行车时速低于 100km 时，与同车道前车距离可以适当缩短，但最小距离不得少于 50m。但是，遇特殊天气，如遇雨、雪或路面结冰，由于道路附着系数降低，车辆制动距离大大增长，且容易产生侧滑，因此车辆应减速行驶。

据计算，机动车在冰雪路面上行驶时，其行车间距要比正常情况下的行车间距延长 1.5～3 倍才比较安全。

需要注意的是，遇雨、雪天气，用增长跟车间距的方法来保证行车的安全性，在普通公路上是可取的，但在高速公路上则不适应。因为在高速公路上，车辆行驶时速一般都在 50km 以上，在雨、雪天气，路面附着系数大为降低的情况下，其制动距离很长。在这个长距离之内车辆发生意外情况的可能性会大大增加。同时，在路面有较多积水的情况下，行驶中车辆的车轮与路面之间可能会产生危险的"水膜现象"，即车轮完全丧失与路面的直接接触而悬浮在积水面上，就如滑水一般，这时转向和制动操作完全失灵。车辆行驶过程中是否产生了"水膜现象"，驾驶人本身并不能及时地发现，只有在打方向或踩制动发生失灵时才能察觉，这是相当危险的。"水膜现象"的产生与行车速度和车辆重量有关。小型乘用车在行车时速超过 80km 时就会开始产生"水膜现象"。由此可知，在高速公路上遇雨、雪天气时，首要的是在降低行车速度的同时，保持足够的跟车间矩。

（四）高速公路上不良气象条件下的通行规定

机动车在高速公路上行驶，遇有雾、雨、雪、沙尘、冰雹等低能见度气象条件时，应当遵守的通行规定是：能见度小于 200m 时，开启雾灯、近光灯、示廓灯和前后位灯，车速不得超过 60km/h，与同车道前车保持 100m 以上的距离；能见度小于 100m 时，开启雾灯、近光灯、示廓灯、前后位灯和危险报警闪光灯，车速不得超过 40km/h，与同车道前车保持 50m 以上的距离；能见度小于 50m 时，开启雾灯、近光灯、示廓灯、前后位灯和危险报警闪光灯，行车时速不得超过 20km，并从最近的出口尽快驶离高速公路。

当高速公路遇到不良气象条件时，高速公路管理部门应当通过显示屏等方式发布速度限制、保持车距等提示信息。

道路交通管理

（五）高速公路紧急停车安全措施

机动车在高速公路上发生故障时，驾驶人应当立即开启危险报警闪光灯，将机动车移至不妨碍交通的地方停放；难以移动的，应当持续开启危险报警闪光灯，在故障车来车方向150m以外设置警告标志等措施扩大示警距离；车上人员应当迅速转移到右侧路肩上或者紧急停车带内等安全地带，并且迅速报警。

机动车在高速公路上发生故障或者交通事故，无法正常行驶的，应当由救援车、清障车拖曳、牵引。

（六）高速公路装载规定

高速公路上行驶的车辆，由于行车时速比较高，装载时除了遵守普通道路的装载规定以外，还有两条特别要求，一是载货汽车车厢不得载人；二是两轮摩托车在高速公路行驶时不得载人。

（七）高速公路上的禁止行为

为了保障高速公路行车秩序和交通安全，机动车在高速公路上行驶时，不得有这些行为：倒车、逆行、穿越中央分隔带掉头或者在车道内停车；在匝道、加速车道或者减速车道上超车；骑、轧车行道分界线或者在路肩上行驶；非紧急情况时在应急车道行驶或者停车；试车或者学习驾驶机动车；任何单位、个人不得在高速公路上拦截检查行驶的车辆，公安机关的人民警察依法执行紧急公务除外。

第四节　非机动车交通秩序管理

一、非机动车交通秩序管理要点

目前非机动车在我国道路交通中占有重要地位。尤其是自行车，在城市和农村的拥有量都比较大。近年来，又出现了使用性质、构造及其性能都介于机动车与非机动车之间的电动自行车。预计当前以及今后一段时间，在绝大多数地方，非机动车交通秩序管理的对象主要是自行车和电动自行车。但是，随着城市机动车化程度的提高，城市交通中非机动车拥有量呈逐年下降趋势，在一些中、小城市下降尤为明显。自行车、电动自行车具有经济实用、方便省力、机动灵活、节约能源且环保等优点，在我国人口众多、土地资源宝贵的情况下，应当将自行车和电动自行车交通秩序管理放在重要的位置上。

非机动车交通秩序管理一直是交通安全管理的难点，主要表现在非机动车交通安全违法现象比较普遍，而且对非机动车驾驶人违法行为的处罚难以执行到位。针对这些难点，对非机动车交通秩序的管理，建议着重从以下三个方面着手：

一是加大宣传教育和执法力度。通过广泛深入的宣传教育，增强非机动车驾驶人的法制观念，使其养成自觉遵守交通法规的良好习惯。同时，管理者应本着处罚与教育相结合的原则，认真纠正和查处非机动车行驶中的交通安全违法行为。

二是创造良好的非机动车通行条件。在有条件的道路上，尽量用不可逾越式的交通分离方法将机动车、非机动车严格分离开来，避免行驶中的相互干扰。还可利用胡同、里弄开辟自行车专用线路，为非机动车交通创造安全、通畅、可达性适当的交通条件。

三是按照非机动车通行规定，严格通行管理。

二、非机动车行驶规定

（一）非机动车行驶总要求

驾驶非机动车在道路上行驶应当遵守有关交通安全的规定。非机动车应当在非机动车道内行驶；在没有非机动车道的道路上，应当靠车行道的右侧行驶（靠边范围参考表7-1）。

（二）非机动车行驶时速规定

残疾人机动轮椅车、电动自行车在非机动车道内行驶时，最高时速不得超过15km。

（三）非机动车横过机动车道的规定

驾驶自行车、电动自行车、三轮车在路段上横过机动车道（包括施划或者没有施划机动车道的路段），应当下车推行，有人行横道或者行人过街设施的，应当从人行横道或者行人过街设施通过；没有人行横道、没有行人过街设施或者不便使用行人过街设施的，在确认安全后直行通过。

（四）非机动车借道行驶的规定

因非机动车道被占用无法在本车道内行驶的非机动车，可以在受阻的路段借用相邻的机动车道行驶，并在驶过被占用路段后迅速驶回非机动车道。机动车遇此情况应当减速让行。

（五）非机动车通过交叉路口的规定

1. 通过有交通信号灯控制的交叉路口的规定

非机动车通过有交通信号灯控制的交叉路口，应当按照下列规定通行：

（1）转弯的非机动车让直行的车辆、行人优先通行；

（2）遇有前方路口交通阻塞时，不得进入路口；

（3）向左转弯时，靠路口中心点的右侧转弯（即大转弯）；

（4）遇有停止信号时，应当依次停在路口停止线以外。没有停止线的，停在路口以外；

（5）向右转弯遇有同方向前车正在等候放行信号时，在本车道内能够转弯的，可以通行；不能转弯的，依次等候。

2. 通过没有交通信号灯控制也没有交通警察指挥的交叉路口的规定

非机动车通过没有交通信号灯控制也没有交通警察指挥的交叉路口，除应当遵守上述第（1）项、第（2）项和第（3）项的规定外，还应当遵守下列规定：

（1）在路口外慢行或者停车瞭望，让右方道路的来车先行；

（2）相对方向行驶的右转弯的非机动车让左转弯的车辆先行。

三、非机动车停放规定

非机动车应当在规定地点停放。未设停放地点的，非机动车停放不得妨碍其他车辆和行人通行。

四、驾驶非机动车通行的其他规定

在道路上驾驶自行车、三轮车、电动自行车、残疾人机动轮椅车应当遵守下列规定：

（1）驾驶自行车、三轮车必须年满12周岁；

（2）驾驶电动自行车和残疾人机动轮椅车必须年满16周岁；

（3）不得醉酒驾驶；

（4）转弯前应当减速慢行，伸手示意（图7-2），不得突然猛拐，超越前车时不得妨碍被超越的车辆行驶；

左转　　　　　右转　　　减速或停车

图 7-2　自行车手语信号

（5）不得牵引、攀扶车辆或者被其他车辆牵引，不得双手离把或者手中持物；

（6）不得扶身并行、互相追逐或者曲折竞驶；

（7）不得在道路上骑独轮自行车或者 2 人以上骑行的自行车；

（8）非下肢残疾的人不得驾驶残疾人机动轮椅车；

（9）自行车、三轮车不得加装动力装置；

（10）不得在道路上学习驾驶非机动车。

五、驾驭畜力车的规定

驾驭畜力车，应当使用驯服的牲畜；驾驭畜力车横过道路时，驾驭人应当下车牵引牲畜；驾驭人离开车辆时，应当拴系牲畜。

在道路上驾驭畜力车应当年满 16 周岁，并遵守下列规定：

（1）不得醉酒驾驭；

（2）不得并行，驾驭人不得离开车辆；

（3）行经繁华路段、交叉路口、铁路道口、人行横道、急弯路、宽度不足 4 m 的窄路或者窄桥、陡坡、隧道或者容易发生危险的路段，不得超车。驾驭两轮畜力车应当下车牵引牲畜；

（4）不得使用未经驯服的牲畜驾车，随车幼畜须拴系；

（5）停放车辆应当拉紧车闸，拴系牲畜。

六、非机动车装载规定

（一）非机动车载物规定

非机动车载物，应当遵守下列规定：

（1）自行车、电动自行车、残疾人机动轮椅车载物，高度从地面起不得超过 1.5m，宽度左右各不得超出车把 0.15m，长度前端不得超出车轮，后端不得超出车身 0.3m；

（2）三轮车、人力车载物，高度从地面起不得超过 2m，宽度左右各不得超出车身 0.2m，长度不得超出车身 1m；

（3）畜力车载物，高度从地面起不得超过 2.5m，宽度左右各不得超出车身 0.2m，长度前端不得超出车辕，后端不得超出车身 1m。

（二）非机动车载人规定

在城市中，非机动车载人主要是自行车载人。非机动车载人的规定，由省、自治区、直辖市人民政府根据当地实际情况制定。例如，《湖南实施办法》第二十七条明确，驾驶非机动车应当遵守下列规定：

（1）在没有划分非机动车道的道路上，自行车、电动自行车在距右侧道路边缘不超过表7-1所列的范围内通行；

（2）通过有交通信号灯控制的交叉路口，遇有放行信号时，让先于本放行信号放行的车辆、行人先行；

（3）与相邻行驶的非机动车保持安全距离，在与行人混行的道路上避让行人；

（4）行经人行横道时避让行人；

（5）设有转向灯的，转弯前开启转向灯；

（6）制动器失效的，下车推行；

（7）最高时速不得超过 15km；

（8）自行车、电动自行车可以搭乘一名 12 岁以下儿童，搭乘 6 岁以下儿童应当使用安全座椅；

（9）未成年人驾驶自行车、电动自行车不得载人。

第五节　行人和乘车人交通秩序管理

一、行人交通秩序管理要点

行人是指在道路上以步行实现位移的人员。步行是人类生活中不可缺少的交通活动。行人能否自觉遵守交通法规，文明行走，令行禁止，既是交通有序状态的具体体现，也是社会文明程度的具体体现。

行人交通秩序管理除了坚持宣传教育，提高行人遵章守法，文明参与交通的意识之外，主要应当从规范行走行为、引导行走行为和保护行人安全三方面入手。

（一）规范行走行为

规范行走行为是指要求行人严格按照交通法规的规定通行。在道路上通行时，尽管交通法规规定机动车要避让行人，但并非行人有绝对的优先通行权力，与车辆行驶一样，同样需要遵守相关通行规定，减少与机动车的冲突，以保证交通安全和畅通。

在管理上，结合宣传教育工作，加大执法力度。对某些明知故犯、屡犯的交通安全违法行为人不姑息迁就，在教育的基础上依法给予必要的行政处罚。

规范行人行走行为的前提是有供行人安全行走的基本条件，否则管理规定和措施将难以施行。

（二）引导行走行为

引导行走行为是指在管理上要加强对行人行走的引导，使之按规定行走。例如哪些地方允许行人通行，哪些地方行人可以横过道路等，都给予明确的指示和诱导。

（三）保护行人安全

保护行人安全是指在管理中，要有防止行人和驾驶人犯错和万一犯错的保护措施，保障行人在道路上的通行安全。例如在有条件的道路上，用物体隔离设施将行人与车辆分离，避免行人与车辆发生冲突；在行人集中的路段、学校、幼儿园、医院、养老院门前的道路上，尽量设置行人过街天桥和过街地道，没有条件的则施划人行横道线，设置提示标志，提醒通过的车辆减速慢行，避让横路的行人，保障行人安全；在没有过街天桥或过街地道的宽阔的道路上设置行人过街安全设施等。

二、行人通行基本规定

（一）行人行走基本规定

行人应当在人行道内行走，没有人行道的靠路边行走（靠边范围不得超过表 7 - 1 所列范围）。这是最基本的行人通行权规定。

（二）行人通过路口和横穿道路通行规定

行人通过路口或者横过道路，应当走人行横道或者过街设施；没有人行横道的，应当观察来往车辆的情况，确认安全后直行通过，不得在车辆临近时突然加速横穿或者中途倒退、折返。

通过有交通信号灯的人行横道，应当按照交通信号灯指示通行；通过没有交通信号灯、人行横道的路口，应当在确认安全后通过。

行人通过路口或者横穿道路最须注意的一项规则是"确认安全"。因为在这种情况下最容易发生交通事故，所以要求行人应该在确认安全后方可通过。"确认安全"主要包括两个方面的含义：一是不能斜穿，要直行通过。因为斜穿会延长行人的步行距离，增加人车混行的时间，也影响行人观察来往车辆的视野。二是要注意避让来往车辆，不要在车辆临近时突然横过道路。但是，由于经验、知识和感知的局限性，行人对车速和车辆是否临近的判断可能并不准确，管理部门应当加强这方面的宣传和教育。

在人行横道内，行人有优先通过的权利。但是，行人还应该注意人行横道路口的信号灯，按照交通信号的指示通行。而不能将走人行横道的权利看成是一项任意的权利，可以根据自己的意愿随意行走。只有遵守通行规定，才能保障自身安全，维护好交通秩序。

（三）列队通行规定

行人列队在道路上通行，每横列不得超过 2 人，但在已经实行交通管制的路段不受限制。

（四）特殊行人的通行规定

学龄前儿童、精神疾病患者、智力障碍者或者盲人（简称特殊行人）由于自身条件的限制，上道路行走存在极大的安全隐患，是交通中的弱势群体。学龄前儿童的体力和智力上处于生长发育阶段，对客观事物的认识仅仅停留在表面现象的观察，其思考能力、认知能力以及判断能力还不足以对高度危险作业行为作出正确的理解和判断；精神疾病患者、智力障碍者则是在精神或者智力方面存在缺陷，不能正常地辨认或者控制自身行为，对于外界的认识与其内心的判断往往无法达成一致。因此，当他们在道路上通行时，应该给予特殊照顾，即要求由其监护人、监护人委托的人或者对其负有管理、保护职责的人带领。

盲人在道路上通行，应当使用盲杖或者采取其他导盲手段，车辆应当避让盲人。车辆应当避让盲人，是考虑到盲人的人体生理缺陷。对盲人的保护分为两个方面：一是从其自身而言，要求他们出行时应当使用盲杖或者采取其他导盲手段，如携带导盲犬出行等；二是从车辆而言，遇到盲人通过道路时，必须停车避让，无论盲人是否按照交通信号通行。

（五）行人通过铁路道口的规定

铁路道口也是容易发生事故的危险地点，特别是在没有铁路道口信号或者管理人员的情况下。由于不遵守安全通行规定，或者疏忽大意、盲目自信等原因而导致的交通事故时有发生。

行人通过铁路道口时，应当按照交通信号或者管理人员的指挥通行；没有交通信号和管理人员的，应当在确认无火车驶临后，迅速通过。遵照交通信号或者管理人员的指挥通行主要有三种情形：第一种情形是，有铁路道口信号。要求行人在通过时，首先应该注意观察铁路道口信号，判断是否有火车驶近，以决定自己是否通过道口。第二种情形是，无铁路道口信号，但有管理人员指挥。在这种情况下，行人应该遵从管理人员的指挥，根据管理人员发出的指示通行。铁路道口信号与管理人员的指挥不一致时，应当遵从管理人员的指挥。第三种情形是，确认安全后通过。在许多情况下，铁路道口没有信号设施或者没有管理人员，安全隐患更加明显。为保障行人安全通过则显得更加重要。此时，要求行人有足够的安全防范意识，不可抱有随意的心态。这就要求行人必须在确认没有火车驶临后，才能迅速通过。

（六）行人通行的禁止行为

行人除了遵守一般的通行规定以外，还需要遵守一些禁止性规定：不得跨越、倚坐道路隔离设施；不得扒车、强行拦车或者实施妨碍道路交通安全的其他行为；不得在道路上使用滑板、旱冰鞋等滑行工具；不得在车行道内坐卧、停留、嬉闹；不得有追车、抛物击车等妨碍道路交通安全的行为。

根据各地的具体情况，有的地方对行人通行还增加了一些地方性禁止规定，如《湖南实施办法》规定：在没有划分人行道的道路上，行人在距离道路边缘线 1m 范围内通行；行人不得进入高速公路或者其他封闭的机动车专用道；行人不得在车行道上等候车辆或者招引营运车辆；行人不得在道路上发放商品广告、兜售物品及进行其他推销行为；行人不得在道路上以乞讨、引路、提供食宿服务等为目的的招引、拦截车辆；

三、乘车人通行规定

乘车人在交通中也有十分重要的地位和作用。要求乘车人自觉、严格遵守交通规定，不仅是为了保障自身交通安全，也是为了保障在车辆通行过程中其他人的交通安全。对乘车人的通行管理规定主要体现在两方面，一是乘车人的自我安全保护，二是禁止一些不利于交通安全的行为。

（一）乘车人的自我安全保护

乘车人要加强自我安全保护，在机动车行驶时按规定系安全带；乘坐摩托车时按规定戴安全头盔。尽管这种保护措施是被动的，但是万一发生交通事故时可以大大减轻乘车人的伤害。

（二）乘车人的禁止行为

1. 禁止携带危险物品乘车

乘车人不得携带易燃易爆等危险物品乘车。

易燃物品主要包括：易燃固体，如硫磺；易燃液体，如汽油、煤油、松节油、油漆等；易燃气体，如液化石油气；自燃物品，如黄磷、油纸、油布及其制品；遇水燃烧物品，如金属钠、铝粉；氧化剂和有机过氧化物；等等。易爆物品主要包括：民用爆炸物品、兵器工业的火药、炸药、弹药、火工产品、核能物资等。

2. 不得向车外抛洒物品

在机动车行驶的过程中，常常发现有向车外抛洒物品的现象。这种现象容易扰乱后面行驶的机动车驾驶人的视线，产生安全隐患，甚至造成交通事故。因此，要求乘车人在乘车过程中，养成文明乘车习惯，遵守社会公德，不向车外抛洒物品。

3. 不得有影响驾驶人安全驾驶的行为

乘车人的言行，往往对驾驶人驾驶产生不良影响。例如：大声喧哗、与驾驶人说笑、强迫驾驶人违法驾驶、行驶途中抢驾驶人的方向盘等。无论是哪种行为，只要对驾驶人安全驾驶不利，都必须禁止。在有的公共汽车车厢内张贴有禁止与驾驶人交谈的标语，其目的之一就是防止交谈时分散驾驶人的注意力，产生交通安全隐患。

4. 其他禁止行为

另外还有许多行为对交通安全不利的行为，也必须禁止：不得在机动车道上拦乘机动车；在机动车道上不得从机动车左侧上下车；开关车门不得妨碍其他车辆和行人通行；机动车行驶中，不得干扰驾驶，不得将身体任何部分伸出车外，不得跳车；乘坐两轮摩托车应当正向骑坐。

有的地方交通法规还规定，机动车未停稳时不得上下车；不得从车窗上下车。

第六节　道路突发紧急事件处置

一、治安刑事案件的临时处置

（一）交通警察的治安管理职能

交通警察主要负责道路交通管理工作，同时也负有道路治安管理的责任。对于在道路上遇到的治安和刑事案件，可由交通警察做先期处置，然后再移交给相关部门。

根据相关规定，目前市、县公安局交通警察支队、大队都是两块牌子一支队伍。地级市的称为"××市公安局公路巡逻民警支队"，县（市）级的称为"××县（市）公安局公路巡逻民警队"，原有的交通管理职责、任务不减，在队伍管理和业务工作上与当地公安机关和上级交管部门的关系不变，在预防、处置刑事犯罪和治安问题上接受同级刑侦、治安管理等部门的指导。公路巡逻民警队在公路上执行职务时，可以行使《中华人民共和国人民警察法》等法律规定的强制措施、当场盘问和检查、保护性约束措施等权力。

（二）治安、刑事案件的临时处置措施

交通警察遇到正在发生的治安、刑事案件或者根据指令赶赴治安、刑事案件现场时，应当通知治安、刑侦部门，并根据现场情况采取以下先期处置措施：

（1）制止违法犯罪行为，控制违法犯罪嫌疑人；

（2）组织抢救伤者，排除险情；

（3）划定警戒区域，疏散围观群众，保护现场，维护好中心现场及周边道路交通秩序，确保现场处置通道畅通；

（4）进行现场询问，及时组织追缉、堵截；

（5）及时向上级报告案件（事件）性质、事态发展情况。

交通警察接受堵截任务后，应当迅速赶往指定地点，并按照预案实施堵截。紧急情况下，可以使用拦车破胎器堵截车辆。

二、突发公共事件处置

突发公共事件是指突然发生，造成或者可能造成重大人员伤亡、财产损失、生态环境破

坏和严重社会危害，危及公共安全的紧急事件。包括自然灾害、事故灾难、公共卫生事件和社会安全事件。突发事件有的可能直接发生在道路上，有的可能发生在道路以外，但是在处理过程中，需要有良好的交通条件作保障，确保救援道路畅通无阻。由于突发事件是突发性的，事先没有明显征兆，发生后如果处理不及时，可能造成很大的损失或不良影响，为此，交通管理部门应当做好紧急事件处理预案，并加以演练，遇到突发事件时，处事不惊、处理不乱、处置得体。

三、群体性事件临时处置

交通警察发现因群体性事件而堵塞交通的，应当立即向上级报告，并维护现场交通秩序，协助相关部门控制事态。因情况特别紧急，不及时果断采取措施难以有效控制事态时，要边出警、边处置、边报告。

在处置群体性事件中，公安机关的主要任务是维护现场秩序，化解矛盾，制止过激行为，防止局势失控。因此交通警察在群体性事件现场，应当主要以维护和疏导交通的形象出现。在临时处置工作中，必须讲究政策、讲究策略、讲究方法，坚持"三个慎用"（慎用警力、慎用武器警械、慎用强制措施），坚决防止因用警不当、定位不准、处置不妥而激化矛盾，坚决防止发生流血伤亡事件。

第八章

道路交通安全违法行为处理

第一节　道路交通安全违法行为及处理原则

一、交通安全违法行为的确认

道路交通安全违法行为是指违法行为人违反交通法律法规，扰乱道路交通秩序，妨害道路交通安全和畅通，侵犯公民交通权益，依法应受行政处罚的行为（在《交通安全法》实施前称为交通违章）。

"违法行为人"，是指违反道路交通安全法律、行政法规规定的公民、法人及其他组织。

交通安全违法行为具有违法性、社会危害性、情节轻微性和应受处罚性四个特征。

确认行为人是否有交通安全违法行为，应当掌握三个要件：

一是行为人的行为侵犯了交通法律法规所保护的交通秩序、交通安全和畅通以及公民、法人、其他组织的合法交通权益。

二是行为人必须有客观存在的违反交通法规的行为。

三是行为人在主观上必须有过错（无责任能力的人除外），即交通安全违法行为是由于行为人自身的故意或过失造成的。

行为人是指违反交通法律法规的公民、法人及其他组织。

二、交通安全违法行为的处罚种类

交通安全违法行为的处罚种类包括：警告、罚款、暂扣或者吊销机动车驾驶证、拘留。

三、交通安全违法行为的处理原则

（一）合法、公正、文明、公开、及时的原则

对交通安全违法行为的处理应当遵循合法、公正、文明、公开、及时的原则。在处理交通安全违法行为时，应当尊重和保障人权，保护公民的人格尊严。

（二）教育与处罚相结合的原则

对交通安全违法行为的处理应当坚持教育与处罚相结合的原则，教育公民、法人和其他

组织自觉遵守道路交通安全法律法规。

必须明确，处罚的目的也是为了教育。

（三）以事实为依据的原则

对违法行为的处理，应当以事实为依据，与违法行为的事实、性质、情节以及社会危害程度相当。

第二节　交通安全违法行为处理程序

交通安全违法行为处理按《道路交通安全违法行为处理程序规定》（简称《违法行为处理程序》，2009 年 4 月 1 日起施行。2004 年 4 月 30 日发布的《违法行为处理程序》同时废止）执行，该程序未规定的，依照《公安机关办理行政案件程序规定》执行。

一、管辖和处罚权限

（一）管辖

交通安全违法行为处理一般实行属地管辖原则，即交通警察执勤执法中发现的违法行为由违法行为发生地的公安交通管理部门管辖。

对管辖权发生争议的，报请共同的上一级公安交通管理部门指定管辖。上一级公安交通管理部门应当及时确定管辖主体，并通知争议各方。

但是对交通技术监控资料记录的违法行为，可以由违法行为发生地、发现地或者机动车登记地的公安交通管理部门管辖。违法行为人或者机动车所有人、管理人对交通技术监控资料记录的违法行为事实有异议的，应当向违法行为发生地公安交通管理部门提出，由违法行为发生地公安交通管理部门依法处理。

（二）处罚权限

对违法行为人处以警告、罚款或者暂扣机动车驾驶证处罚的，由县级以上公安交通管理部门（指县级以上人民政府公安交通管理部门或者相当于同级的公安交通管理部门）作出处罚决定。

对违法行为人处以吊销机动车驾驶证处罚的，由设区的市公安交通管理部门（指设区的市人民政府公安交通管理部门或者相当于同级的公安交通管理部门）作出处罚决定。

对违法行为人处以行政拘留处罚的，由县、市公安局、公安分局或者相当于县一级的公安机关作出处罚决定。

二、调查取证

（一）调查取证的一般规定

1. 表明身份，严格执行安全防护规定

交通警察调查违法行为时，应当表明执法身份。交通警察执勤执法应当严格执行安全防护规定，注意自身安全，在公路上执勤执法不得少于 2 人。

2. 全面、及时、合法收集证据

交通警察应当全面、及时、合法收集能够证实违法行为是否存在、违法情节轻重的证据。

3. 查验相关牌证和驾驶人违法信息

交通警察调查违法行为时，应当查验机动车驾驶证、行驶证、机动车号牌、检验合格标志、保险标志等牌证以及机动车和驾驶人违法信息。对运载爆炸物品、易燃易爆化学物品以及剧毒、放射性等危险物品车辆驾驶人违法行为调查的，还应当查验其他相关证件及信息。

查验驾驶证的方法是：询问驾驶人姓名、住址、出生年月并与驾驶证上记录的内容进行核对；对持证人的相貌与驾驶证上的照片进行核对。必要时，可以要求驾驶人出示居民身份证进行核对。

4. 依法采取强制措施

调查中需要采取行政强制措施的，依照法律、法规、《违法行为处理程序》及国家其他有关规定实施。

5. 粘贴违法停车告知单和固定证据

交通警察对机动车驾驶人不在现场的违法停放机动车行为，应当在机动车侧门玻璃或者摩托车座位上粘贴违法停车告知单，并采取拍照或者录像方式固定相关证据。

6. 按规定移送或转办

调查中发现违法行为人有其他违法行为的，在依法对其道路交通安全违法行为作出处理决定的同时，按照有关规定移送有管辖权的单位处理。涉嫌构成犯罪的，转为刑事案件办理或者移送有权处理的主管机关、部门办理。

7. 受理控告、举报和移送案件

公安交通管理部门对于控告、举报的违法行为以及其他行政主管部门移送的案件应当接受，并按规定处理。

（二）交通技术监控取证

1. 交通技术监控设备要求

交通技术监控设备应当符合国家标准或者行业标准，并经国家有关部门认定、检定合格后，方可用于收集违法行为证据。

平时，应当对交通技术监控设备定期进行维护、保养、检测，保持功能完好。

2. 交通技术监控设备的设置原则

交通技术监控设备的设置应当遵循科学、规范、合理的原则，设置的地点应当有明确规范相应交通行为的交通信号。

3. 交通技术监控设备设置地点公示等要求

固定式交通技术监控设备设置地点应当向社会公布。使用固定式交通技术监控设备测速的路段，应当设置测速警告标志。

使用移动测速设备测速的，应当由交通警察操作。使用车载移动测速设备的，还应当使用制式警车。

4. 交通技术监控设备记录信息的要求

作为处理依据的交通技术监控设备收集的违法行为记录资料，应当清晰、准确地反映机动车类型、号牌、外观等特征以及违法时间、地点、事实。

5. 交通技术监控设备收集的违法行为证据的审核和录入

公安交通管理部门对交通技术监控设备收集的违法行为记录内容应当严格审核制度，完善审核程序。自交通技术监控设备收集违法行为记录资料之日起的 10 日内，违法行为发生地公安交通管理部门应当对记录内容进行审核，经审核无误后录入道路交通安全违法信息管理系统，作为违法行为的证据。

6. 违法行为信息的查询和告知

交通技术监控设备记录的违法行为信息录入道路交通安全违法信息管理系统后 3 日内，公安交通管理部门应当向社会提供查询；并可以通过邮寄、发送手机短信、电子邮件等方式通知机动车所有人或者管理人。

7. 应当消除的记录或录入信息

交通技术监控设备记录或者录入道路交通安全违法信息管理系统的违法行为信息，有下列情形之一并经核实的，应当予以消除：

（1）警车、消防车、救护车、工程救险车执行紧急任务的；

（2）机动车被盗抢期间发生的；

（3）有证据证明救助危难或者紧急避险造成的；

（4）现场已被交通警察处理的；

（5）因交通信号指示不一致造成的；

（6）不符合《违法行为处理程序》第十八条规定要求的；

（7）记录的机动车号牌信息错误的；

（8）因使用伪造、变造或者其他机动车号牌发生违法行为造成合法机动车被记录的；

（9）其他应当消除的情形。

三、行政强制措施及实施程序

（一）行政强制措施的种类

公安交通管理部门及其交通警察在执法过程中，依法可以采取的行政强制措施有：扣留车辆；扣留机动车驾驶证；拖移机动车；检验体内酒精、国家管制的精神药品、麻醉药品含量；收缴物品；法律、法规规定的其他行政强制措施。

（二）行政强制措施的实施

1. 现场行政强制措施的实施

现场采取行政强制措施的，可以由 1 名交通警察实施，并在 24 小时内将行政强制措施凭证报所属公安交通管理部门备案。

2. 行政强制措施的实施程序

在采取扣留机动车、扣留机动车驾驶证，检验体内酒精、国家管制的精神药品、麻醉药品含量，收缴物品强制措施时，应当按照下列程序实施：

（1）口头告知违法行为人或者机动车所有人、管理人违法行为的基本事实、拟作出行政强制措施的种类、依据及其依法享有的权利；

（2）听取当事人的陈述和申辩，当事人提出的事实、理由或者证据成立的，应当采纳；

（3）制作行政强制措施凭证，并告知当事人在 15 日内到指定地点接受处理；

（4）行政强制措施凭证应当由当事人签名、交通警察签名或者盖章，并加盖公安交通管理部门印章；当事人拒绝签名的，交通警察应当在行政强制措施凭证上注明；

（5）行政强制措施凭证应当当场交付当事人；当事人拒收的，由交通警察在行政强制措施凭证上注明，即为送达。

（三）行政强制措施凭证的内容

行政强制措施凭证应当载明当事人的基本情况、车辆牌号、车辆类型、违法事实、采取行政强制措施种类和依据、接受处理的具体地点和期限、决定机关名称及当事人依法享有的行政复议、行政诉讼权利等内容。

四、各类行政强制措施的适应

（一）依法扣留车辆

1. 依法扣留车辆的适应情形

有下列情形之一的，依法扣留车辆：

（1）上道路行驶的机动车未悬挂机动车号牌，未放置检验合格标志、保险标志，或者未随车携带机动车行驶证、驾驶证的；

（2）有伪造、变造或者使用伪造、变造的机动车登记证书、号牌、行驶证、检验合格标志、保险标志、驾驶证或者使用其他车辆的机动车登记证书、号牌、行驶证、检验合格标志、保险标志嫌疑的；

（3）未按照国家规定投保机动车交通事故责任强制保险的；

（4）公路客运车辆或者货运机动车超载的；

（5）机动车有被盗抢嫌疑的；

（6）机动车有拼装或者达到报废标准嫌疑的；

（7）未申领《剧毒化学品公路运输通行证》通过公路运输剧毒化学品的；

（8）非机动车驾驶人拒绝接受罚款处罚的。

（9）对发生道路交通事故，因收集证据需要的，可以依法扣留事故车辆。

2. 依法扣留车辆的处置

交通警察应当在扣留车辆后 24 小时内，将被扣留车辆交所属公安交通管理部门。

公安交通管理部门扣留车辆的，不得扣留车辆所载货物。对车辆所载货物应当通知当事人自行处理，当事人无法自行处理或者不自行处理的，应当登记并妥善保管，对容易腐烂、损毁、灭失或者其他不具备保管条件的物品，经县级以上公安交通管理部门负责人批准，可以在拍照或者录像后变卖或者拍卖，变卖、拍卖所得按照有关规定处理。

3. 消除违法状态的程序

对公路客运车辆载客超过核定乘员、货运机动车超过核定载质量的，公安交通管理部门应当按照下列规定消除违法状态：

（1）违法行为人可以自行消除违法状态的，应当在公安交通管理部门的监督下，自行将超载的乘车人转运、将超载的货物卸载；

（2）违法行为人无法自行消除违法状态的，对超载的乘车人，公安交通管理部门应当及时通知有关部门联系转运；对超载的货物，应当在指定的场地卸载，并由违法行为人与指定场地的保管方签订卸载货物的保管合同。消除违法状态的费用由违法行为人承担。违法状态消除后，应当立即退还被扣留的机动车。

4. 车辆的扣留时限

对扣留的车辆，当事人接受处理或者提供、补办的相关证明或者手续经核实后，公安交通管理部门应当依法及时退还。公安交通管理部门核实的时间不得超过 10 日；需要延长的，经县级以上公安交通管理部门负责人批准，可以延长至 15 日。核实时间自车辆驾驶人或者所有人、管理人提供被扣留车辆合法来历证明，补办相应手续，或者接受处理之日起计算。

发生道路交通事故因收集证据需要扣留车辆的，扣留车辆时间依照《道路交通事故处理程序规定》有关规定执行。

（二）扣留驾驶证及处置

1. 扣留驾驶证的适应情形

有下列情形之一的，依法扣留机动车驾驶证：

（1）饮酒后驾驶机动车的；

（2）将机动车交由未取得机动车驾驶证或者机动车驾驶证被吊销、暂扣的人驾驶的；

（3）机动车行驶超过规定时速50％的；

（4）驾驶有拼装或者达到报废标准嫌疑的机动车上道路行驶的；

（5）在一个记分周期内累积记分达到12分的。

2. 扣留驾驶证的处置

交通警察应当在扣留机动车驾驶证后24小时内，将被扣留机动车驾驶证交所属公安交通管理部门。

具有上述（1）至（4）项所列情形之一的，扣留机动车驾驶证至作出处罚决定之日；处罚决定生效前先予扣留机动车驾驶证的，扣留1日折抵暂扣期限1日。

只对违法行为人作出罚款处罚的，缴纳罚款完毕后，应当立即发还机动车驾驶证。

当在一个记分周期内累积记分达到12分而扣留驾驶证的，扣留机动车驾驶证至考试合格之日。

（三）拖移机动车

1. 拖移机动车的适应情形

违反机动车停放、临时停车规定，驾驶人不在现场或者虽在现场但拒绝立即驶离，妨碍其他车辆、行人通行的，公安交通管理部门及其交通警察可以将机动车拖移至不妨碍交通的地点或者公安交通管理部门指定的地点。

2. 拖移注意事项

拖移机动车的，现场交通警察应当通过拍照、录像等方式固定违法事实和证据。公安交通管理部门应当公开拖移机动车查询电话，并通过设置拖移机动车专用标志牌明示或者以其他方式告知当事人。当事人可以通过电话查询接受处理的地点、期限和被拖移机动车的停放地点。

（四）检验体内酒精等含量

1. 检验体内酒精等含量的适应情形

车辆驾驶人有下列情形之一的，应当对其检验体内酒精、国家管制的精神药品、麻醉药品含量：

（1）对酒精呼气测试等方法测试的酒精含量结果有异议的；

（2）涉嫌饮酒、醉酒驾驶车辆发生交通事故的；

（3）涉嫌服用国家管制的精神药品、麻醉药品后驾驶车辆的；

（4）拒绝配合酒精呼气测试等方法测试的。

对酒后行为失控或者拒绝配合检验的，可以使用约束带或者警绳等约束性警械。

2. 检验体内酒精等含量的实施程序

检验车辆驾驶人体内酒精、国家管制的精神药品、麻醉药品含量的，按照下列程序实施：

（1）通知其家属，但无法通知的除外；

（2）由交通警察将当事人带到医疗机构进行抽血或者提取尿样；

（3）公安交通管理部门应当将抽取的血液或者提取的尿样及时送交有检验资格的机构进行检验，并将检验结果书面告知当事人。

（五）收缴非法装置、证件和非法车辆

1. 收缴非法装置的措施适应

对非法安装警报器、标志灯具或者自行车、三轮车加装动力装置的，公安交通管理部门应当强制拆除，予以收缴，并依法予以处罚。

交通警察现场收缴非法装置的，应当在 24 小时内，将收缴的物品交所属公安交通管理部门。对收缴的物品，除作为证据保存外，经县级以上公安交通管理部门批准后，依法予以销毁。

2. 收缴报废拼装或报废车辆的适应

公安交通管理部门对扣留的拼装或者已达到报废标准的机动车，经县级以上公安交通管理部门批准后，予以收缴，强制报废。

3. 对非法证件的收缴和销毁

对伪造、变造或者使用伪造、变造的机动车登记证书、号牌、行驶证、检验合格标志、保险标志、驾驶证的，应当予以收缴，依法处罚后予以销毁。

对使用其他车辆的机动车登记证书、号牌、行驶证、检验合格标志、保险标志的，应当予以收缴，依法处罚后转至机动车登记地车辆管理所。

（六）强制排除妨碍

1. 强制排除妨碍的情形

对在道路两侧及隔离带上种植树木、其他植物或者设置广告牌、管线等，遮挡路灯、交通信号灯、交通标志，妨碍安全视距的，公安交通管理部门应当向违法行为人送达排除妨碍通知书，告知履行期限和不履行的后果。违法行为人在规定期限内拒不履行的，依法予以处罚并强制排除妨碍。

2. 强制排除妨碍的程序

强制排除妨碍，公安交通管理部门及其交通警察可以当场实施。无法当场实施的，应当按照下列程序实施：

（1）经县级以上公安交通管理部门负责人批准，可以委托或者组织没有利害关系的单位予以强制排除妨碍；

（2）执行强制排除妨碍时，公安交通管理部门应当派员到场监督。

五、行政处罚

（一）行政处罚的决定

1. 对情节轻微违法行为的处理

交通警察对于当场发现的违法行为，认为情节轻微、未影响道路通行和安全的，口头告知其违法行为的基本事实、依据，向违法行为人提出口头警告，纠正违法行为后放行。

各省、自治区、直辖市公安交通管理部门可以根据实际确定适用口头警告的具体范围和实施办法。

2. 简易程序的适应

对违法行为人处以警告或者 200 元以下罚款的，可以适用简易程序。

适用简易程序处罚的，可以由1名交通警察作出，并应当按照下列程序实施：

（1）口头告知违法行为人违法行为的基本事实、拟作出的行政处罚、依据及其依法享有的权利；

（2）听取违法行为人的陈述和申辩。违法行为人提出的事实、理由或者证据成立的，应当采纳；

（3）制作简易程序处罚决定书；

（4）处罚决定书应当由被处罚人签名、交通警察签名或者盖章，并加盖公安交通管理部门印章；被处罚人拒绝签名的，交通警察应当在处罚决定书上注明；

（5）处罚决定书应当当场交付被处罚人；被处罚人拒收的，由交通警察在处罚决定书上注明，即为送达。

交通警察应当在2日内将简易程序处罚决定书报所属公安交通管理部门备案。

3. 简易程序处罚决定书的内容

简易程序处罚决定书应当载明被处罚人的基本情况、车辆牌号、车辆类型、违法事实、处罚的依据、处罚的内容、履行方式、期限、处罚机关名称及被处罚人依法享有的行政复议、行政诉讼权利等内容。

4. 一般程序的适应情形

对违法行为人处以200元（不含）以上罚款、暂扣或者吊销机动车驾驶证的，应当适用一般程序。不需要采取行政强制措施的，现场交通警察应当收集、固定相关证据，并制作违法行为处理通知书。

对违法行为人处以行政拘留处罚的，按照《公安机关办理行政案件程序规定》实施。

5. 制发违法行为处理通知书的实施程序

制发违法行为处理通知书应当按照下列程序实施：

（1）口头告知违法行为人违法行为的基本事实；

（2）听取违法行为人的陈述和申辩。违法行为人提出的事实、理由或者证据成立的，应当采纳；

（3）制作违法行为处理通知书，并通知当事人在15日内接受处理；

（4）违法行为处理通知书应当由违法行为人签名、交通警察签名或者盖章，并加盖公安交通管理部门印章；当事人拒绝签名的，交通警察应当在违法行为处理通知书上注明；

（5）违法行为处理通知书应当当场交付当事人；当事人拒收的，由交通警察在违法行为处理通知书上注明，即为送达。

交通警察应当在24小时内将违法行为处理通知书报所属公安交通管理部门。

6. 违法行为处理通知书的内容

违法行为处理通知书应当载明当事人的基本情况、车辆牌号、车辆类型、违法事实、接受处理的具体地点和时限、通知机关名称等内容。

7. 一般程序的实施

对适用一般程序作出处罚决定，应当由2名以上交通警察按照下列程序实施：

（1）对违法事实进行调查，询问当事人违法行为的基本情况，并制作笔录；当事人拒绝接受询问、签名或者盖章的，交通警察应当在询问笔录上注明；

（2）采用书面形式或者笔录形式告知当事人拟作出的行政处罚的事实、理由及依据，并告知其依法享有的权利；

（3）对当事人陈述、申辩进行复核，复核结果应当在笔录中注明；

（4）制作行政处罚决定书；

（5）行政处罚决定书应当由被处罚人签名，并加盖公安交通管理部门印章；被处罚人拒绝签名的，交通警察应当在处罚决定书上注明；

（6）行政处罚决定书应当当场交付被处罚人；被处罚人拒收的，由交通警察在处罚决定书上注明，即为送达；被处罚人不在场的，应当依照《公安机关办理行政案件程序规定》的有关规定送达。

8. 行政处罚决定书的内容

行政处罚决定书应当载明被处罚人的基本情况、车辆牌号、车辆类型、违法事实和证据、处罚的依据、处罚的内容、履行方式、期限、处罚机关名称及被处罚人依法享有的行政复议、行政诉讼权利等内容。

9. 并处的实施

一人有两种以上违法行为，分别裁决，合并执行，可以制作一份行政处罚决定书。一人只有一种违法行为，依法应当并处两个以上处罚种类且涉及两个处罚主体的，应当分别制作行政处罚决定书。

10. 作出处罚决定的期限

对违法行为事实清楚，需要按照一般程序处以罚款的，应当自违法行为人接受处理之时起 24 小时内作出处罚决定；处以暂扣机动车驾驶证的，应当自违法行为人接受处理之日起 3 日内作出处罚决定；处以吊销机动车驾驶证的，应当自违法行为人接受处理或者听证程序结束之日起 7 日内作出处罚决定；交通肇事构成犯罪的，应当在人民法院判决后及时作出处罚决定。

11. 对交通技术监控设备记录的违法行为的处理

对交通技术监控设备记录的违法行为，当事人应当及时到公安交通管理部门接受处理，处以警告或者 200 元以下罚款的，可以适用简易程序；处以 200 元（不含）以上罚款、吊销机动车驾驶证的，应当适用一般程序。

（二）行政处罚的执行

1. 当场收缴罚款的执行

对行人、乘车人、非机动车驾驶人处以罚款，交通警察当场收缴的，交通警察应当在简易程序处罚决定书上注明，由被处罚人签名确认。被处罚人拒绝签名的，交通警察应当在处罚决定书上注明。

交通警察依法当场收缴罚款的，应当开具省、自治区、直辖市财政部门统一制发的罚款收据；不开具省、自治区、直辖市财政部门统一制发的罚款收据的，当事人有权拒绝缴纳罚款。

2. 逾期不履行行政处罚决定的处置

当事人逾期不履行行政处罚决定的，作出行政处罚决定的公安交通管理部门可以采取下列措施：

（1）到期不缴纳罚款的，每日按罚款数额的 3% 加处罚款，加处罚款总额不得超出罚款数额；

（2）申请人民法院强制执行。

（三）暂扣、吊销驾驶证的转递和代缴罚款等规定

公安交通管理部门对非本辖区机动车驾驶人给予暂扣、吊销机动车驾驶证处罚的，应当在作出处罚决定之日起15日内，将机动车驾驶证转至核发地公安交通管理部门。违法行为人申请不将暂扣的机动车驾驶证转至核发地公安交通管理部门的，应当准许，并在行政处罚决定书上注明。

对违法行为人决定行政拘留并处罚款的，公安交通管理部门应当告知违法行为人可以委托他人代缴罚款。

六、其他规定

（一）行政处罚的救济途径

当事人对公安交通管理部门采取的行政强制措施或者作出的行政处罚决定不服的，可以依法申请行政复议或者提起行政诉讼。

（二）违法信息录入及转递

公安交通管理部门应当使用道路交通安全违法信息管理系统对违法行为信息进行管理。对记录和处理的交通安全违法行为信息应当及时录入道路交通安全违法信息管理系统。

公安交通管理部门对非本辖区机动车有违法行为记录的，应当在违法行为信息录入道路交通安全违法信息管理系统后，在规定时限内将违法行为信息转至机动车登记地公安交通管理部门。

公安交通管理部门对非本辖区机动车驾驶人的违法行为给予记分或者暂扣、吊销机动车驾驶证以及扣留机动车驾驶证的，应当在违法行为信息录入道路交通安全违法信息管理系统后，在规定时限内将违法行为信息转至驾驶证核发地公安交通管理部门。

对非本辖区机动车驾驶人申请在违法行为发生地参加满分学习、考试的，公安交通管理部门应当准许，考试合格后发还扣留的机动车驾驶证，并将考试合格的信息转至驾驶证核发地公安交通管理部门。驾驶证核发地公安交通管理部门应当根据转递信息清除机动车驾驶人的累积记分。

（三）机动车登记和驾驶证许可的撤销

以欺骗、贿赂等不正当手段取得机动车登记的，应当收缴机动车登记证书、号牌、行驶证，由机动车登记地公安交通管理部门撤销机动车登记。

以欺骗、贿赂等不正当手段取得驾驶许可的，应当收缴机动车驾驶证，由驾驶证核发地公安交通管理部门撤销机动车驾驶许可。

非本辖区机动车登记或者机动车驾驶许可需要撤销的，公安交通管理部门应当将收缴的机动车登记证书、号牌、行驶证或者机动车驾驶证以及相关证据材料，及时转至机动车登记地或者驾驶证核发地公安交通管理部门。

撤销机动车登记或者机动车驾驶许可的，应当按照下列程序实施：

（1）经设区的市公安交通管理部门负责人批准，制作撤销决定书送达当事人；

（2）将收缴的机动车登记证书、号牌、行驶证或者机动车驾驶证以及撤销决定书转至机动车登记地或者驾驶证核发地车辆管理所予以注销；

（3）无法收缴的，公告作废。

（四）处罚案卷

简易程序案卷应当包括简易程序处罚决定书。

一般程序案卷应当包括行政强制措施凭证或者违法行为处理通知书、证据材料、公安交通管理行政处罚决定书。

在处理违法行为过程中形成的其他文书应当一并存入案卷。

第三节　道路交通安全违法行为的处理要求和方法

一、一般处理要求和方法

交通警察在道路上执勤，发现违法行为时，应当及时纠正。无法当场纠正的，可以通过交通技术监控设备记录，依据有关法律、法规、规章的规定予以处理。

交通警察纠正违法行为时，应当选择不妨碍道路通行和安全的地点进行。

交通警察发现行人、非机动车驾驶人的违法行为，应当指挥当事人立即停靠路边或者在不影响道路通行和安全的地方接受处理，指出其违法行为，听取当事人的陈述和申辩，作出处理决定。

二、查处驾驶人违法行为的操作程序

交通警察查处机动车驾驶人的违法行为，应当按下列程序执行：

（1）向机动车驾驶人敬礼；

（2）指挥机动车驾驶人立即靠边停车，可以视情要求机动车驾驶人熄灭发动机或者要求其下车；

（3）告知机动车驾驶人出示相关证件；

（4）检查机动车驾驶证，询问机动车驾驶人姓名、出生年月、住址，对持证人的相貌与驾驶证上的照片进行核对；检查机动车行驶证，对类型、颜色、号牌进行核对；检查检验合格标志、保险标志；查询机动车及机动车驾驶人的违法行为信息、机动车驾驶人记分情况；

（5）指出机动车驾驶人的违法行为；

（6）听取机动车驾驶人的陈述和申辩；

（7）给予口头警告、制作简易程序处罚决定书、违法处理通知书或者采取行政强制措施。

三、轻微违法行为的查处方法

（一）轻微违法行为的界定

对《道路交通安全法》规定可以给予警告、无记分的违法行为、未造成影响道路通行和安全的后果且违法行为人已经消除违法状态的，可以认定为轻微违法行为。各省、自治区、直辖市公安机关可以根据本地实际，依照这种界定确定轻微违法行为的具体范围。

（二）轻微违法行为的查处方法

口头警告——对轻微违法行为，口头告知其违法行为的基本事实、依据，纠正违法行为并予以口头警告后放行。

喊话纠正——交通警察在指挥交通、巡逻管控过程中发现的违法行为，在不具备违法车辆停车接受处理的条件或者交通堵塞时，可以通过手势、喊话等方式纠正违法行为。

提示——对交通技术监控设备记录的轻微违法行为，可以通过手机短信、邮寄违法行为提示、通知车辆所属单位等方式，提醒机动车驾驶人遵守交通法律法规。

四、现场处罚和采取强制措施的方法

（一）适用简易程序处罚的方法

违法行为适用简易程序处罚的，交通警察对机动车驾驶人作出简易程序处罚决定后，应当立即交还机动车驾驶证、行驶证等证件，并予以放行。

制作简易程序处罚决定书、行政强制措施凭证时应当做到内容准确、字迹清晰。

（二）适用一般程序处罚的方法

违法行为需要适用一般程序处罚的，交通警察应当依照规定制作违法行为处理通知书或者依法采取行政强制措施，告知机动车驾驶人接受处理的时限、地点。

（三）当事人拒绝在法律文书上签字的处理方法

当事人拒绝在法律文书上签字的，交通警察除应当在法律文书上注明有关情况外，还应当注明送达情况。

（四）扣留车辆的注意事项

交通警察依法扣留车辆时，不得扣留车辆所载货物，并应当提醒机动车驾驶人妥善处置车辆所载货物。

当事人无法自行处理或者能够自行处理但拒绝自行处理的，交通警察应当在行政强制措施凭证上注明，登记货物明细并妥善保管。

货物明细应当由交通警察、机动车驾驶人签名，有见证人的，还应当由见证人签名。机动车驾驶人拒绝签名的，交通警察应当在货物登记明细上注明。

五、查处主要违法行为的操作规程

为了便于规范操作，《执勤执法规范》对查处六种违法行为的操作规程进行了规定。

（一）查处酒后驾驶操作规程

1. 查处酒后驾驶的设备要求

查处机动车驾驶人酒后驾驶违法行为应当配备并按规定使用酒精检测仪、约束带、警绳等装备。

用于收集违法行为证据的酒精检测仪应当符合国家标准并依法检定合格，并保持功能有效。

2. 查处酒后驾驶的规定

查处机动车驾驶人酒后驾驶违法行为应当按照以下规定进行：

（1）发现有酒后驾驶嫌疑的，应当及时指挥机动车驾驶人立即靠路边停车，熄灭发动机，接受检查，并要求机动车驾驶人出示驾驶证、行驶证；

（2）对有酒后驾驶嫌疑的机动车驾驶人，要求其下车接受酒精检验。对确认没有酒后驾驶行为的机动车驾驶人，应当立即放行；

（3）使用酒精检测仪对有酒后驾驶嫌疑的机动车驾驶人进行检验，检验结束后，应当告知检验结果；当事人违反检验要求的，应当当场重新检验；

（4）检验结果确认为酒后驾驶的，应当依照《道路交通安全违法行为处理程序规定》对违法行为人进行处理；检验结果确认为非酒后驾驶的，应当立即放行；

（5）当事人对检验结果有异议或者饮酒后驾驶车辆发生交通事故的，应当立即固定不少于两份的血液样本，或者由不少于两名交通警察或者一名交通警察带领两名协管员将当事人带至县级以上医院固定不少于两份的血液样本；

（6）固定当事人血液样本的，应当通知其家属或者当事人要求通知的人员。无法通知或者当事人拒绝的，可以不予通知，但应当在行政强制措施凭证上注明。

3. 处理注意事项

对醉酒的机动车驾驶人应当由不少于两名交通警察或者一名交通警察带领不少于两名协管员带至指定地点，强制约束至酒醒后依法处理。必要时可以使用约束性警械。

处理结束后，必须禁止饮酒后、醉酒的机动车驾驶人继续驾驶车辆，如现场无其他机动车驾驶人替代驾驶的，可以将其驾驶的机动车移至不妨碍交通的地点或者有关部门指定的地点，并将停车地点告知机动车驾驶人。

（二）查处违反装载规定违法行为的操作规程

1. 一般处理规程

对有违反装载规定嫌疑的车辆，应当指挥机动车驾驶人立即停车，熄灭发动机，接受检查，并要求驾驶人出示机动车驾驶证、行驶证。

经检查，确认为载物超长、超宽、超高的，当场制作简易处罚程序决定书。

2. 查处运输超限运输不可解体物品违法行为的操作规程

运输超限运输不可解体物品影响交通安全，未按照公安交通管理部门指定的时间、路线、速度行驶的，应当责令其按照公安交通管理部门指定的时间、路线、速度行驶。未悬挂明显标志的，责令驾驶人悬挂明显标志后立即放行。

3. 查处载物超载嫌疑核定和消除违法行为的操作规程

对于有载物超载嫌疑，需要使用称重设备核定的，应当引导车辆到指定地点进行。

核定结果为超载，应当责令当事人消除违法行为。当事人表示可立即消除违法状态，依法处罚，待违法状态消除后放行车辆；当事人拒绝或者不能立即消除违法状态的，制作行政强制措施凭证，扣留车辆。

对于跨地区长途运输车辆超载的，依照公安部、交通运输部等部门的有关规定处理。

对于运送瓜果、蔬菜和鲜活产品的超载车辆，应当当场告知当事人违法行为的基本事实，依照有关规定处理，对未严重影响道路交通安全的，不采取扣留机动车等行政强制措施。对严重影响道路交通安全的，应当责令驾驶人按照规定转运，驾驶人拒绝转运的，依法扣留机动车。

4. 查处违法载人、载物行为的操作规程

对于货运机动车车厢载人、客运机动车超载或者违反规定载物的，当事人拒绝或者不能立即消除违法状态的，制作行政强制措施凭证，扣留车辆至违法状态消除。

5. 查处其他违法装载行为的操作规程

对于其他违反装载规定的，在依法处罚之后，应当责令机动车驾驶人当场消除违法行为。

（三）查处超速行驶违法行为的操作规程

1. 查处超速行驶的设备要求

查处机动车超速违法行为应当使用测速仪、摄录设备等装备。用于收集违法行为证据的测速仪应当符合国家标准并依法检定合格，并保持功能有效。

2. 测速点设置等要求

现场查处超速违法行为，按照设点执勤的规范要求设置警示标志，测速点与查处点之间的距离不少于 2km，且不得影响其他车辆正常通行。

能够保存交通技术监控记录资料的，可以实施非现场处罚。

3. 查处机动车超速违法行为的规定

查处机动车超速违法行为应当按照以下规定进行：

（1）交通警察在测速点通过测速仪发现超速违法行为，应当及时通知查处点交通警察做好拦车准备；

（2）查处点交通警察接到超速车辆信息后，应当提前做好拦车准备，并在确保安全的前提下进行拦车；

（3）对超速低于百分之五十的，依照简易程序处罚；超过百分之五十的，采取扣留驾驶证强制措施，制作行政强制措施凭证。

4. 其他事项

当事人要求查看照片或者录像的，应当提供。

在高速公路查处超速违法行为，应当通过固定电子监控设备或者装有测速设备的制式警车进行流动测速。

（四）查处违法停车的操作规程

1. 查处违法停车的装备要求

查处机动车违法停车行为应当使用照相、摄录设备、清障车等装备。

2. 查处违法停车的操作规程

（1）发现机动车违法停车行为，机动车驾驶人在现场的，应当责令其驶离。

（2）机动车驾驶人不在现场的，应当在机动车侧门玻璃或摩托车座位上张贴违法停车告知单，并采取拍照或者录像方式固定相关证据。严重妨碍其他车辆、行人通行的，应当指派清障车将机动车拖移至指定地点。

（3）机动车驾驶人虽在现场但拒绝立即驶离的，应当使用照相、摄录设备取证，依法对机动车驾驶人的违法行为进行处理。

（4）公安交通管理部门应当公开拖移机动车查询电话，并通过设置拖移机动车专用标志牌明示或者以其他方式告知当事人。当事人可以通过电话查询接受处理的地点、期限和被拖移机动车的停放地点。

（5）交通警察在高速公路上发现机动车违法停车的，应当责令机动车驾驶人立即驶离；机动车发生故障或者机动车驾驶人不在现场的，应当联系清障车将机动车拖移至指定地点并告知机动车驾驶人；无法拖移的，应当责令机动车驾驶人按照规定设置警告标志。

故障机动车可以在短时间内修复，且不占用行车道或者骑压车道分隔线停车的，可以不拖移机动车，但应当责令机动车驾驶人按照规定设置警告标志。

（6）拖移违法停车机动车，应当保障交通安全，保证车辆不受损坏，并通过拍照、录像等方式固定证据。

（五）查处涉牌涉证违法行为的操作规程

1. 涉牌涉证违法行为的情形

机动车涉牌涉证违法行为主要有无号牌，未悬挂号牌，拼装或者报废嫌疑，伪造、变造机动车号牌或者使用其他机动车号牌嫌疑，被盗抢嫌疑，未按规定安装号牌，准驾车型不符或伪造、变造驾驶证嫌疑，驾驶证无效等情形。

2. 查处操作规程

（1）发现无号牌机动车，交通警察应当指挥机动车驾驶人立即停车，熄灭发动机，并查验车辆合法证明和驾驶证。

（2）对于未悬挂机动车号牌，机动车驾驶人有驾驶证，且能够提供车辆合法证明的，依法处罚，并告知其到有关部门办理移动证或临时号牌后放行；不能提供车辆合法证明的，应当制作行政强制措施凭证，依法扣留车辆。

（3）对于有拼装或者报废嫌疑的，检查时应当按照行驶证上标注的厂牌型号、发动机号、车架号等内容与车辆进行核对，确认无违法行为的，立即放行；初步确认为拼装或者报废机动车的，应当制作行政强制措施凭证，依法扣留车辆。

（4）对于有使用伪造、变造机动车号牌或者使用其他机动车号牌嫌疑的，检查时应当根据车辆情况进行核对、询问，确认无违法行为的，立即放行；初步确认有使用伪造、变造机动车牌证或者使用其他机动车牌证违法行为的，应当制作行政强制措施凭证，依法扣留车辆。

（5）对于有被盗抢嫌疑的，检查时，应当运用查缉战术、分工协作进行检查，并与全国被盗抢机动车信息系统进行核对。当场能够确认无违法行为的，立即放行；当场不能确认有无违法行为的，应当将人、车分离，将车辆移至指定地点，进一步核实。

（6）发现不按规定安装号牌、遮挡污损号牌的，检查时应当按照行驶证上标注的厂牌型号、发动机号、车架号等内容与车辆进行核对。确认违法行为后依法予以处罚，同时责令机动车驾驶人纠正。

（7）交通警察发现机动车驾驶人未携带机动车驾驶证、有使用伪造或者变造驾驶证嫌疑或者机动车驾驶人拒绝出示驾驶证接受检查的，依法扣留车辆。

（8）交通警察发现机动车驾驶人所持驾驶证记满 12 分或者公告停止使用的，依法扣留机动车驾驶证。

（9）交通警察发现机动车驾驶人驾驶车辆与准驾车型不符、所持驾驶证有伪造或者变造嫌疑、驾驶证超过有效期或者驾驶证处于注销状态的，根据《公安机关办理行政案件程序规定》将驾驶证作为证据扣押。

（10）机动车驾驶人所持驾驶证无效，同时又无其他机动车驾驶人替代驾驶的，可以将其驾驶的机动车移至不妨碍交通的地点或者有关部门指定的地点。

（六）查处运载危险化学品车辆违法行为的操作规程

1. 危险化学品

危险化学品是指爆炸物品、易燃易爆化学物品以及剧毒、放射性等危险物品。

2. 查处操作规程

（1）发现运载爆炸物品、易燃易爆化学物品以及剧毒、放射性等危险物品车辆有违法行为的，应当指挥机动车驾驶人停车接受检查，除查验机动车驾驶人出示驾驶证、车辆行驶证外，还应当查验其他相关证件及信息，并依法处理。

（2）对于擅自进入危险化学品运输车辆禁止通行区域，或者不按指定的行车时间和路线行驶的，应当当场予以纠正，并依据《危险化学品安全管理条例》实施处罚。

（3）对于未随车携带《剧毒化学品公路运输通行证》的，应当引导至安全地点停放，并禁止其继续行驶，及时调查取证，并责令提供已依法领取通行证的证明，依据《剧毒化学品购买和公路运输许可证件管理办法》实施处罚。

（4）对于未申领《剧毒化学品公路运输通行证》，擅自通过公路运输剧毒化学品的，应当扣留运输车辆，调查取证，依据《危险化学品安全管理条例》实施处罚。

（5）对于未按照《剧毒化学品公路运输通行证》注明的运输车辆、驾驶人、押运人员、装载数量和运输路线、时间等事项运输的，应当引导至安全地点停放，调查取证，责令其消除违法行为，依据《危险化学品安全管理条例》和《剧毒化学品购买和公路运输许可证件管理办法》实施处罚。

第九章

智能交通技术及其应用简介

第一节　智能交通技术的产生

交通安全、交通拥挤已成为严重的城市问题。人们对交通需求的持续增长和交通设施供给之间的矛盾日益突出。解决这一矛盾，一方面措施就是加大交通基础设施建设，提高交通供给水平；另一个措施就是改善城市布局，实施有效的交通管制，抑制交通需求。在发达国家的城市，道路设施已基本饱和，不可能进行大量道路建设以满足高速增长的交通需求。发展中国家的交通设施还远远不足，尚需加快建设。但应当注意的是，如果完全为了满足交通需求，而一味地强调交通供给，必将重走一些发达国家的老路，也不符合城市可持续发展的长远战略。

发达国家已经意识到了这一点。在近30年的城市交通发展中，把战略重点由原来的交通规划转移到了交通管理上。不再大量增加道路面积，而是研究如何充分利用现有的交通设施，增加技术含量以缓解交通压力。把高新技术引入交通管理中，提高管理和运营效率。

智能交通系统就是在这一背景下产生的。其主要目的是提高车辆和道路的使用效率。早期的交通智能化侧重于车辆的智能化，开发辅助机动车驾驶人的警告装置和车辆控制系统，避免驾驶人的错误操作，提高汽车的性能和安全性。但随着研究的深入，逐渐意识到单独研究车辆，而不考虑道路基础设施是不现实的。没有配套的高质量道路设施，再好的车辆性能也无法发挥作用。因此把车辆和道路作为一个整体来研究逐步成为共识。可以说，智能交通系统就是高新技术与系统思想的有机结合。

我国的交通管理也正在步入现代化，一些先进技术已经在公路和城市道路的交通管理中得到了不同程度的应用。信号交叉口的面控系统在大城市的建立使交通拥堵问题得以有效地缓解。各地交通指挥中心的建设，达到了对实时的交通状况进行全面和及时的监控，为交通秩序管理和警力调度提供了科学的手段。利用交通信息广播实现交通诱导，使无效交通量得到了一定程度的控制。事故报警及快速救援系统的建立，提高了交通事故的处理速度，减少了交通事故造成的损失，保障了交通的畅通。尽管交通的智能化在我国只是刚刚起步，但预计在不久的将来，我国的智能交通系统建设必将达到一个新的、更高的水平。

第二节　智能交通技术应用简介

一、智能交通系统（ITS）

智能交通系统是综合运用现代通行技术、信息技术和计算机技术、导航定位技术、图像分析技术等，将交通系统所设计到的人、车、道路和环境有机地结合在一起，使其发挥智能作用，从而使交通系统智能化，更好地实现安全、畅通、低公害和耗能少的目的。智能交通系统的英文为 Inteligent Transport System，简称 ITS。

（一）智能交通系统的发展

智能交通系统产生于 20 世纪 60 年代末，70 年代初。最早在欧洲被称为"道路交通信息技术"（RTI：Road Triffic Information）。美国交通系统的智能化研究始于 20 世纪 60 年代末，称为"电子路径诱导系统"（ERGS：Electronic Route Guidance System）。日本的 ITS 研究始于 20 世纪 70 年代初，它在 1978 年以前就成功地组织了动态路径诱导系统的实验。在这个实验中，机动车驾驶人可以根据装在车上的显示装置显示的道路交通堵塞状况及诱导方向，选择自己最快的线路到达目的地。美国、欧洲和日本等都投入了充足的财力用以 ITS 研究。经过 30 年的努力，尤其是近 10 年来的蓬勃发展，使得交通系统智能化的研究和应用获得了较大的成功，并展现出非常广泛的发展前景。

我国 ITS 的发展虽然起步略晚于发达国家，但也有 30 多年的历史，到目前为止经历了三个阶段。第一阶段从 1973～1984 年，我国广大科技工作者依靠自己的技术和国产设备，以电视监控与线控为起点逐步向面控系统发展，实现了以北京前三门交通监控系统为代表的城市主要交叉路口的点控制及路段的线控制。第二阶段从 1984 年起，北京、上海分别应用南斯拉夫、美国和澳大利亚的面控系统，直到公安部组织完成了面控系统国产化的"七五"攻关。此后，我国几十个大中城市相继采用了国产的面控系统。第三阶段从 1993 年起，我国部分城市开始了现代化综合交通指挥系统的研制与实施。这种系统不仅包括了交通信号控制和电视监视系统，还包括了警车定位系统、地理信息系统和交通事故、车辆与机动车驾驶人档案管理等综合静态信息系统。可以认为，这种现代化交通管理与指挥系统实际上就是我国智能交通系统的基础。

（二）智能交通系统的构成

智能交通系统涉及众多领域，包含范围很广。因此，各国在制订 ITS 发展计划时，都将其划分为若干研究开发领域。而各国在划分领域时都不尽相同。这里以美国的计划为例来介绍 ITS 系统的构成。

1. 先进的交通管理系统（ATMS）

该系统是 IVHS 的核心部分。主要是围绕交通管理中心（或称交通控制中心、交通指挥中心），以一定的区域范围为管理单元，实施全面、系统的交通管理与控制。ATMS 与其他系统有着很密切的联系，其基本构成如下：

（1）智能交通管制系统

在信号控制中心的基础上，建立交通指挥中心，增加多种交通监控设备，实现中心与车辆之间的双向通信功能，收集旅行时间等交通信息并向交通参与者实施提供这方面的信息，使管制中心可对运行车辆进行微观控制。

（2）交通信息管理系统

对各种信息源收集的数据进行管理、处理，使管理部门和交通参与者能够获得实时、丰富的信息。

（3）车辆运行管理系统

主要指警车、巡逻车、银行运钞车、邮车、公共汽车等特种车辆的运行监控和调度，以提高这些车辆的运行安全与效率。

（4）公交优先控制系统

主要是对公共交通优先的线路和公交优先信号的控制与管理等。

（5）交通环保系统

主要指根据道路上大气污染、噪声等实时环境数据，用信号控制等交通管理办法对车流进行诱导，以减轻交通公害。

2. 先进的交通信息系统（ATIS）

该系统是由交通信息中心直接向每台车辆发送各种实时交通信息，可以提供最佳路径咨询，使机动车驾驶人能根据这些信息和资讯意见方便地找到自己的行驶路径。也可以通过设在商店、办公楼和公共交通枢纽站的交通信息系统终端，以及 Internet 网向交通参与者提供各种交通信息。

3. 先进的车辆控制系统（AVCS）

该系统是指智能化的车辆自动控制和驾驶系统，主要包括两大部分，一是行车安全警报系统，二是行车自控和自动驾驶系统。

4. 先进的公共交通系统

该系统包括公共交通车辆定位系统、客运自动监测系统、行驶信息诱导系统、自动调度系统、电子车票等。公共交通车辆可以采用全球定位系统进行监控，它使公交调度部门能够准确定位各辆车的位置，各个车站的乘客也可以从显示板上了解有关车辆的运行信息，对下一辆公交车核实到达一目了然。电子车票由于使用方便、便于携带、难于伪造和可靠性高，已逐步取代传统的公共汽车车票和月票。

5. 商用车辆运营管理（CVO）

是指对货运车辆的运营调度与管理，目的是提高这些车辆的运营效率。

6. 先进的乡村公路运输系统（ARTS）

由于城市与周边地区联系紧密，因此交通管理既要重视城市道路，也不能忽略乡间公路。该系统就是针对乡间公路，尤其是高速公路的管理、控制与运营组织，实现高速公路的不停车收费、监控和事故救援。

二、电视监控系统

电视监控系统是整个交通指挥控制中心的重要组成部分。电视监控技术应用于道路交通管理，开始于 1959 年的西德慕尼黑。经过 50 余年的发展，尤其是在进入信息时代的今天，高新技术层出不穷，电视监控技术的性能/价格比不断提高，在交通控制中的应用也不断朝着更深、更广的方向发展。目前我国大多数城市均建立了道路交通电视监控系统，在交通现代化管理和控制中发挥了巨大的作用。

（一）交通电视监控的基本结构

交通电视监控系统所针对的监控对象主要是城市市区、高速公路、重要交通基础设施等交通区域的车辆交通运行情况，由于以上对象在空间上是分散的，因此交通电视监控系统在结构上一般包括外场、传输、中心三部分。

1. 外场部分

外场部分是视频信息采集的前端（图9-1），摄像机按指挥中心下达的指令，通过云台内的伺服电机实现三维旋转，摄像机镜头可以进行变焦、自动聚焦和光圈、速度设定，把车辆运行情况、交通流组织情况、车牌图像等信息传送到路口光端机。

图9-1 电视监控系统前端设备

外场部分的主要设备为摄像机、解码器和电动云台。目前广泛使用的摄像机可以分为传统的真空摄像管摄像机和先进的CCD摄像机两大类型。运用在交通电视监控上，目前的主要类型是面状CCD（电荷耦合器件）摄像机。

2. 传输部分

为了把摄像机输出的电信号传回指挥中心或者把指挥中心的控制信号送到摄像机，必须通过一定的传输环节。目前的视频传输方式主要有视频电缆、微波、光缆。

视频电缆适合于短距离传输，优点是投资小，铺设方便，缺点是图像质量差，维护困难。微波传输灵活性大，投资适中，缺点是图像不稳定，受高大建筑物和恶劣天气的影响严重。光缆传输则可以克服以上不足，最大限度地降低传输损耗，保密性强，不受任何干扰，是今后信号传输的主要发展方向。

3. 指挥中心

指挥中心是监视系统的重中之重，在物理空间上，指挥中心应分为控制室、指挥室、机房及动力室四部分。它是系统的关键和核心部门，起着信息中枢的作用（图9-2）。

指挥中心还必须具备强大的通讯能力。设有有线、无线通讯，并能够与大队及镇中队各业务部门实现计算机联网。其中智能化122交通报警台结合地理信息系统（GIS）和卫星定位系统（GPS）能及时、准确掌握各巡逻车、事故车的地理位置，加强快速反应能力和动态指挥能力。

此外，指挥中心还必须具备一定的联网扩展能力，一方面可以把视频图像传送到上级公安机关以便建立综合管理网络，另一方面下属各重要职能部门也可以通过多媒体 PC 来调阅图像。

图 9-2　指挥中心

（二）电视监控系统的主要功能

电视监控系统功能主要体现在这样几个方面：

1. 实时传送视频图像

把特定路口路段的视频图像实时地传送回指挥中心（图 9-3），使指挥者及时全面地掌握道路交通流运行、交通秩序、路口信号灯色等第一手资料，通过通讯网络自动调整信号灯配时或指挥路口交警来疏导交通。

图 9-3　交通电视监控实时图像

第九章　智能交通技术及其应用简介

2. 对社会治安和突发事件进行处理

监视系统能及时掌握路口的动态和治安信息。对重点路段和部门实施 24 小时不间断监控，促进社会治安综合治理。

3. 进行交通宣传教育

将经过处理的各类交通电视图像送往电视台进行安全宣传教育，以提高广大市民的交通意识和遵守交通法规的自觉性。

4. 纠正交通安全违法

通过跟踪录像、视频抓拍等手段记录下交通安全违法行为，如闯红灯、乱停车，供违法处理部门使用，并且在报纸、电视上进行曝光，对广大机动车驾驶人进行宣传。各地的实践经验表明，可以收到良好效果。

5. 协助侦破交通肇事逃逸案件

如果事故发生区域在摄像机视野内，则可全面记录肇事车辆的车型、牌照等特征，便于查获。由于监控中心安排人员 24 小时值班，出现上述情况以后，可以马上通知各有关方面，组织警力进行拦截，并通知城市外缘的各收费卡、检查站。如果事故发生区域不在摄像机视野内，虽然无法直接获取肇事现场的图像信息，但由于相邻路口路段或城区出入口安装了摄像机，肇事车辆在逃逸过程中难逃"法眼"，肯定在某一时间进入监控范围。若监控中心在较短时间内接到报案，则可立即对事发地点的相关区域内进行严密监视，根据报案提供的特征直接发现肇事车辆；若接到报案时间远晚于肇事时间，监控中心也可以在相关时间内，对保存的视频资料进行分析、排查，以便进一步发现线索。

6. 交通流量的辅助调查

利用摄像机拍摄并录制保存下来的交通视频图像，可以采用人工方法对主要路段、路口的流量、停车率、车辆延误时间、饱和流量等基本交通参数进行准确统计。也可以结合计算机图像识别技术，自动建立起交通流量的基础数据库，为实施交通自动控制作准备。

7. 地图板的辅助显示

交通电视监控系统一般都在指挥中心建有大型地图板，利用 LED 显示技术，实时地反映交通拥堵状况和确认信号控制系统的运行状态。

三、电子警察

世界上最早的电子警察出现在 1962 年的德国。当时采用气动传感、照相机拍摄的方法。经过 40 多年的发展和变化，到目前已经出现了两种利用视频检测技术的新型闯红灯监测器：摄像机型、数码相机型。

与传统的照相机型相比，这两种类型的变化是巨大的：

首先在检测传感技术上，抛弃了任何硬件传感方式，如环行线圈、红外线、超声波等安装不便、可靠性差检测设备，采用了结合计算机的视频检测技术。

其次是在闯红灯照片的存贮介质上，完全抛弃了传统的胶卷。采用数字化图像压缩技术，以数字格式存贮。

再次是在违法登录上，采用视频检测技术之后能利用模糊识别，自动把拍下的牌照号码转变为文本格式，然后根据号码在车管数据库中找出相应的车辆信息，并通知责任人前来接受违法处理。采用视频检测技术的闯红灯监测器现在成功地在全国各地运用。由于它对违法车辆的巨大震慑作用，被人们称为"电子警察"。如图 9-4 至图 9-6 所示。

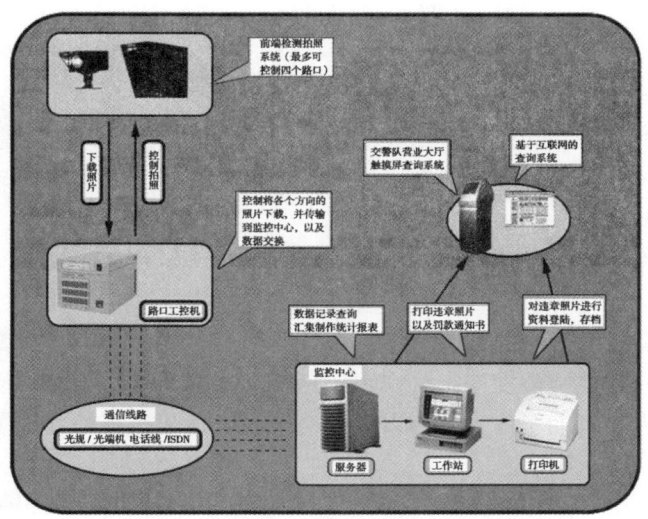

图 9-4　电子警察工作原理

图 9-5　闯红灯违法照片

图 9-6　交通警察操作移动式超速检测设备

四、移动警务系统（警务通）

交通信息管理，尤其是对机动车驾驶人信息的管理工作，是一项繁杂的动态管理系统工程，除了必须实现电脑管理和建设网络系统之外。大量的信息管理工作是在室外路面上进行的。采用以往的传统方式，值勤交警路面工作量大，处理违法的中间环节多，工作效率和管理水平不高，因此移动警务系统应运而生。

移动警务系统作为智能交通系统（ITS）的子系统，将无线通讯、数据库及计算机网络安全等前沿技术有机地结合起来，为交通管理执法工作提供了包括移动终端设备和网络接入平台在内的一整套高技术含量的解决方案。担负路面勤务工作的一线交警，配备了移动警务系统后，能够快速便捷地与公安信息网实现信息交互共享等基本功能，便于在实现在执法过程中随时核实驾驶人和机动车信息，用以处理交通安全违法、查处盗抢车辆和假牌假证的需要。如图9-7至图9-8所示。

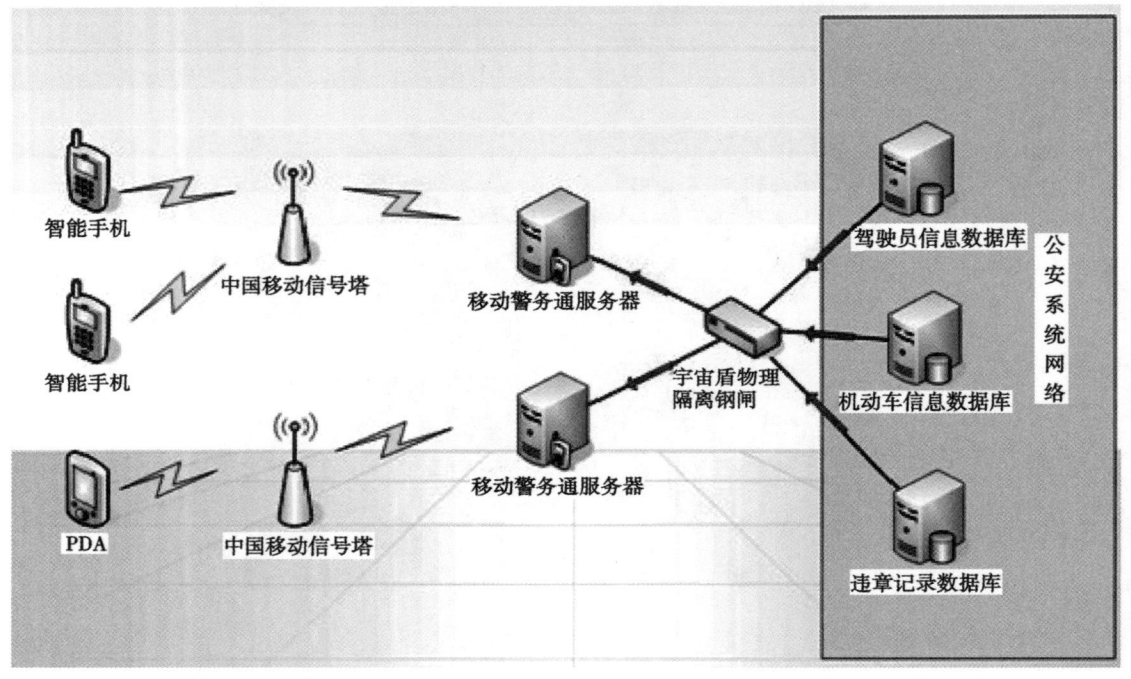

图9-7　移动警务系统的工作原理

图9-8　常见的移动警察终端设备

五、GPS 车辆定位管理系统

1978 年 12 月，美国国防部批准它的陆海空三军联合研制一种新的军用卫星导航系统——NAVSTAR/GPS，通常我们称之为 GPS 卫星全球定位系统，简称为 GPS 系统。按设计，GPS 实用系统由 24 颗卫星组成网络。对于地球上任何一点，使用者可选择 4 颗卫星进行定位，预期精确定位精度可达 10m。

GPS 技术在道路交通自动控制领域中最突出的应用，就是 GPS 车辆定位管理系统。如图 9-8 所示。该系统是目前在国际上广泛使用的 GPS 系统及移动通信网技术上实现的一种移动目标管理系统。它集 GPS 技术、移动通信技术、数据通信技术、数据处理及计算机应用技术、GIS 技术于一体，具有定位精度高、稳定性强、使用效果好的特点，它可以对移动车辆提供即时定位、数据传输、语音通信、遇险报警及劫车追踪等多项功能。将 AVL 系统这种现代化高科技手段应用于交通管理、预防犯罪、打击犯罪的工作中，有利于改善公安交通管理机关的技术装备，提高公安交通管理机关的指挥、控制效能和快速反应能力，从很大程度上解决了目前我国道路交通管理工作中出现的新情况和新问题。

我国在 20 世纪 90 年代初，开始引进并研究此项技术，目前在全国各地已经普遍运用。很多城市已采用 GPS 车辆定位管理系统技术，进行各种交通管理管理活动。

随着 GPS 单元成本的下降，手机、手持、车载 GPS（图 9-9）系统大量涌现，已经日渐普及，车载 GPS 系统已经得到了广泛普及。

图 9-9　一种车载 GPS 导航设备

第十章

道路交通事故处理

第一节　道路交通事故与处理

在交通活动中，车辆可能会发生与其他交通参与者、构造物发生冲突或者自身失控导致人身伤害或者财产损失的意外事件，即道路交通事故（简称交通事故）。常见的交通事故形态，主要有碰撞、刮擦、碾压、翻车、坠车、失火、爆炸等现象。根据我国交通法规规定，公安交通管理部门负责处理道路交通事故。

一、道路交通事故定义

关于道路交通事故，世界各国出于自己国家具体的国情和交通情况、研究目的考虑，对道路交通事故的定义不尽相同，但意义基本相同。

根据美国国家安全委员会的定义，道路交通事故是指车辆或其他交通物体在道路上所发生的意料不到的、有危害的事件，这些事件妨碍着交通行为的完成，是一系列不安全的行为或者一系列不安全的条件所致的结果。

《日本道路交通法》规定，凡在道路或供一般交通使用的场所因车辆之类的交通工具所引起人身伤亡或物品的损坏，称为交通事故。

我国在不同的历史时期对交通事故作出了不同的定义。1991 年国务院制定的《道路交通事故处理办法》（2004 年 5 月 1 日废止）第二条对交通事故作出了规定："本办法所称道路交通事故，是指车辆驾驶人员、行人、乘车人以及其他在道路上进行与交通有关活动的人员，因违反《中华人民共和国道路交通管理条例》和其他道路交通管理法规、规章的行为，过失造成人身伤亡或者财产损失的事故。"《交通安全法》第一百一十九条规定："交通事故，是指车辆在道路上因过错或者意外造成的人身伤亡或者财产损失的事件。"不难看出，新旧两种定义主要区别表现在两点。第一，《道路交通事故处理办法》对造成"交通事故"主体进行了规定，即"车辆驾驶人员、行人、乘车人以及其他在道路上进行与交通有关活动的人员"；新的定义对此却没有限制。第二，《道路交通事故处理办法》规定的交通事故，以违反道路交通管理法规、规章过失造成损害为要件；而新的定义则不以此作为认定交通事故的前提条件，只要是车辆在道路上因过错或者意外造成损害，就属于交通事故。新的定义，扩大了交通事故界定的范围，更符合交通事故处理实践需要，是当前我国在处理交通事故过程中，对交通事故的认定依据。

二、道路交通事故的构成要素

从交通事故的定义可以看出，交通事故具备以下几个构成要素。这些要素也是我们在交通管理实践中认定交通事故的条件。

（一）道路要素

是指事故发生在道路上，这里所讲的"道路"具有法律特定意义上的狭义概念，与《交通安全法》所指的道路具有相同的含义，这一道路范围内的道路也是公安交通管理部门进行日常交通管理的职责管辖范围。

明确界定"道路"概念，关系到交通事故统计、交通事故管辖权、交通肇事案件追究等诸多问题。

不在道路范围内发生的车祸，虽然事故现象类似于道路交通事故，但不属于交通事故，不在道路交通事故统计范围，一般可称之为道路外事故。

下列场所发生的事故不属于道路交通事故：

（1）在机关、学校、单位大院内发生的；

（2）在乡村小道、机耕道发生的；

（3）在纯作业场所内发生的，如货运场、农村作物晾晒场、尚未验收通车的施工路段；

（4）在铁路道口与火车发生的事故，在管辖上属于铁路事故；

（5）在轮渡上发生的碰撞、坠水等事故。

（二）车辆要素

是指事故与车辆有关。车辆包括机动车与非机动车。从相关车辆这个角度来说，道路交通事故形式有机动车与机动车之间的事故、机动车与非机动车之间的事故、非机动车与非机动车之间的事故，也有机动车或者非机动车与行人之间的事故。街道上行人之间的碰撞、踩踏所造成的伤害，不属于交通事故。

（三）后果要素

交通事故后果，是指交通事故所造成的人身伤害或者财产损失。车辆在行驶中出现了险情，却没有造成人身伤害或财产损失，不属于交通事故。处理交通事故的最直接目的也是为了解决事故造成的人身伤亡或者财产损失的责任问题。

（四）过错或意外要素

是指交通事故是由于当事人的过错或者意外因素造成的。

过错包括故意和过失。故意，是指明知自己的行为会发生扰乱交通安全秩序、危害交通安全的结果，却希望或者放任这种结果发生的一种心理状态。过失，是指行为人应当预见自己的行为可能发生扰乱交通秩序、危害交通安全的结果，因疏忽大意而没有预见，或者已经预见却轻信能够避免，以致发生危害后果。过失分为疏忽大意过失和过于自信过失两类。

意外是指不是出于行为人的故意和过失，而是由不能控制和不能预见的原因引起后果的行为。"意外"交通事故，既不是当事人的主观上的故意，也不是当事人主观上的过失造成的，是当事人不能预见、不能控制的因素所造成的。如一些由于使道路客观条件发生变化、难以预见的车辆机械故障等引起的事故。

（五）交通性质要素

道路交通，是在道路上进行的人和物的转运输运活动。道路交通事故，是在交通活动过程中发生的事故。此过程带有交通目的，具有交通性质。交通有运动和停驻两种状态。

在道路上进行非交通性质的活动中发生的事故不属于交通事故。如军事演习、体育竞赛、断路施工作业中发生的翻车等事故，不属于道路交通事故。

三、道路交通事故处理

道路交通事故处理，是指公安机关依法对有关道路交通事故事务的处理。公安机关交通管理部门依据国家有关法律法规，在其管辖和职责范围内，对发生的道路交通事故进行受理、立案，勘查现场、调查取证，分析成因，认定事故，依法追究肇事人的法律责任，对事故损害赔偿进行调解等。

公安机关处理交通事故工作大致可分为受理、立案、调查取证、事故认定、裁决处罚、损害赔偿调解等环节。交通事故案件处理完毕，应填写道路交通事故信息采集表，需要按照建档要求制作交通事故档案，并做好交通事故统计分析工作。

交通事故处理是公安交通管理工作的重要组成部分，以维护公民、法人和其他组织的合法以及国家和集体财产安全为目的；通过交通事故处理工作，也能起到维护交通法律、教育当事人及民众，增强交通安全意识，为交通事故预防工作提供分析资料的作用。

四、交通事故处理原则

处理交通事故应当遵循公开、公正、便民、效率的原则。

（一）公正原则

道路交通事故处理工作，以维护当事人合法权益为目的。公正对待当事人，公正处理交通事故事务，是公安机关处理交通事故工作所追求的目的。公正原则要求行政主体行使行政权无私心、无偏向，公平对待当事各方，充分尊重当事各方的各项权利，对当事各方无偏见，一视同仁，处理工作不偏心。为追求公正，可建立调查制度、回避制度、听取意见制度、权力分解与集体决定制度，从而保证处理事故公正合理。

（二）公开原则

即公开处理交通事故各项事务，要求实施阳光作业，反对暗箱操作。公开原则的最大作用是建立透明政府、廉洁政府，保障当事人和公众的知情权，防止腐败。公开原则是公正处理交通事故的必要保障。

公开原则主要体现如下：

公开处理交通事故的依据。即公开有关处理交通事故的法律法规、规章和规范性文件，以及程序、时限、范围等。使当事人及公众了解和掌握这些法律法规，可起到监督作用。

公开处理交通事故的权限。公开处理交通事故的权限即公开办案人员的联系方式、处理权限、处理部门，以及内部结构等，以使当事人便于联系。

公开处理交通事故的内容。公开处理交通事故的内容，如公开现场勘查、检验、鉴定等内容，以使处理交通事故的工作更加透明。

（三）便民原则

交通事故处理工作要体现为人民服务的思想，方便民众，减少办事成本，提高服务效率。便民原则是由我国政府的性质决定的，按照执政为民、执法为民的要求，避免处理时间过长、手续烦琐等问题。便民原则主要体现在管辖制度、受理制度、简易程序处理制度、损害赔偿调解等制度上。例如，根据我国当前交通法规，对于未造成人员伤亡、当事人无争议的交通事故，当事人可以自行协商处理损害赔偿事宜，而不必一定经过公安部门处理。

（四）效率原则

效率原则是指在处理交通事故的程度、环节上应当节约社会成本，提高效率。不允许无故拖延时间，更不允许刁难当事人。同时，要让当事人知道其权利义务，防止其无理取闹，使双方形成一个良性互动，以减少摩擦，提高行政效率。现在我国已对现行道路交通事故处理办法作了较大改革。例如，不再把对交通事故损害赔偿调解作为民事诉讼的前置程序，对于道路交通事故争议，当事人可以请求公安机关交通管理部门调解，也可以直接向人民法院提起民事诉讼。经公安机关交通管理部门调解，当事人未达成协议或者调解书生效后不履行的，当事人可以向人民法院提起民事诉讼。

五、道路交通事故管辖

根据我国《交通安全法》和其他有关交通法规的规定，公安机关道路交通管理部门是道路交通事故的管辖机关。

（一）地域管辖

根据我国有关法律法规的规定，县级以上公安机关交通管理部门负责处理所管辖的区域或者道路内发生的交通事故。

地域管辖是关于交通事故管辖的一般规定。《道路交通事故处理程序规定》（公安部令第104号令，自2009年1月1日起施行。2004年4月30日公安部第70号令发布的《交通事故处理程序规定》同时废止）第四条规定："道路交通事故由发生地的县级公安机关交通管理部门管辖。未设立县级公安机关交通管理部门的，由设区市公安机关交通管理部门管辖。"第五条规定："道路交通事故发生在两个以上管辖区域的，由事故起始点所在地公安机关交通管理部门管辖。"

（二）指定管辖

对管辖权有争议的，由共同的上一级公安机关交通管理部门指定管辖。指定管辖前，最先发现或者最先接到报警的公安机关交通管理部门应当先行救助受伤人员，进行现场前期处理。

（三）移送管辖

上级公安机关交通管理部门在必要的时候，可以处理下级公安机关交通管理部门管辖的道路交通事故，或者指定下级公安机关交通管理部门限时将案件移送其他下级公安机关交通管理部门处理。

案件管辖发生转移的，处理时限从移送案件之日起计算。

对于管辖转移的交通事故，一般是案情复杂、影响重大或者涉及公安机关人员、车辆的交通事故。这些事故的处理工作需要更加谨慎，工作质量需要更加可靠，管辖的转移体现了管理部门对这些案件重视和更认真、谨慎地对待，这种转移可以有效防止案件处理的被动局面的出现或者不必要的社会负面影响的产生。

六、道路交通事故处理员资格

交通事故处理是一项难度较大的工作，要求工作人员具有较强的政治素质和业务水平。

为保证交通事故处理工作质量，《道路交通事故处理程序规定》对交通事故处理人员的资质作了规定。《道路交通事故处理程序规定》第三条规定："交通警察处理道路交通事故，应当取得相应等级的处理道路交通事故资格。"

道路交通事故处理资格等级管理规定由公安部制定，资格证书式样全国统一。

七、道路交通事故处理中的回避

（一）回避制度

回避制度是指国家行政机关或者司法机关工作人员在行使职权过程中，因其与所处理的法律事务有利害关系，为确保实体处理结果和程序的公正性，依法终止其职务的行使而改由其他工作人员行使的一种法律制度。我国相关法律在刑事诉讼、民事诉讼和行政诉讼等许多法律事务中对回避问题作出了明确规定。

道路交通事故处理中的回避是指与本道路交通事故有利害关系或者其他关系可能影响公正处理的办案人员，不能参加本事故处理的制度。《道路交通事故处理程序规定》第七十七条规定："交通警察或者公安机关检验、鉴定人员需要回避的，由本级公安机关交通管理部门负责人或者检验、鉴定人员所属的公安机关决定。公安机关交通管理部门负责人需要回避的，由公安机关负责人或者上一级公安机关交通管理部门负责人决定。对当事人提出的回避申请，公安机关交通管理部门应当在 2 日内作出决定，并通知申请人。"

交通事故处理回避制度的规定，有利于保证交通事故处理工作的公正性，增强处理结果的公信力，减少纠纷，降低诉讼率，节约社会成本。在处理交通事故中实行回避制度，有助于消除交通事故当事人和相关人员的疑虑，有利于树立交通管理机关的良好形象和威信，有利于交通事故处理工作的顺利开展。

（二）回避适用的对象

与本道路交通事故有利害关系或者其他关系可能影响公正处理的办案人员，可以作为回避适用的对象。

一般下列人员应该回避：

（1）是本案的当事人或者当事人的近亲属；

（2）本人或者其近亲属与本案有利害关系；

（3）是本案的证人或者鉴定人；

（4）与本案有其他关系，可能影响案件公正处理。

（三）回避的方式与决定

1. 回避的方式

（1）本人自行申请回避。是指交通管理部门负责人、交通警察或者其他应当回避的人员认为自己符合回避的条件，而主动提出回避申请的回避方式。在事故处理过程中，上述人员如果发现自己符合回避条件，也应当主动提出回避申请。

（2）当事人申请回避。当事人申请回避是指符合回避条件而应当回避的人员未自行申请回避时，当事人以口头或者书面方式申请其回避的一种回避方式。

（3）公安机关交通管理部门决定的回避。这种回避是指符合回避条件而未自行申请回避或者当事人未申请其回避时，由公安机关交通管理部门决定有关人员回避的一种回避方式。

2. 回避的决定

回避的决定是指具有回避决定权的公安机关负责人对提出的回避申请和交通管理部门拟

提出的回避决定，经过对回避事由的认真审查，作出回避理由是否成立、回避是否准许的决定。

回避的对象不同，决定回避的审批权不同。交通警察或者公安机关检验人员、鉴定人员需要回避的，由本级交通管理部门负责人决定。公安机关交通管理部门负责人需要回避的，由公安机关负责人或者上一级公安交通管理部门负责人决定。对提出的回避申请，公安机关应当在 2 日内作出决定，并通知当事人。回避的程序是申请—决定—复议，当事人对公安机关作出的驳回申请的决定不服时，可以向上一级公安交通管理部门申请行政复议。

第二节　道路交通事故处理程序

一、道路交通事故处理程序

《辞海》对程序的解释是："按时间先后或依次安排的工作步骤。"道路交通事故处理程序，是指对公安机关交通管理部门在道路交通事故处理中行使行政权力、履行事故处理职责及相关人员参与事故处理所依次安排的工作步骤。

对程序正义观念的重视和引入是当代行政、司法制度的一个重大进步。科学公正的程序是现代民主、法治、效率价值之保障。公正程序就好似一套公平的"竞赛规则"，是实现实体公正的保证。行政、司法实践充分表明，离开了程序上的公正，实体上的公正便无法得到保证。道路交通事故的处理，不仅要实现处理结果的公正，即认定事实清楚，法律适用准确，当事人所受的侵害得到赔偿，还要实现处理过程的公正，每一工作步骤应依法定程序进行，实施阳光作业，充分尊重当事人的陈述权、知情权，以维护当事人的合法权益，最后达到处理结果的公正。

为规范交通事故处理工作，实现事故处理公正、公开、公平和效率原则，公安部根据《交通安全法》及其实施条例等有关法律、法规，制定了《道路交通事故处理程序规定》。

《道路交通事故处理程序规定》对交通事故的管辖、受理、简易程序、现场处理、交通事故认定、损害赔偿调解和涉外交通事故处理等作出了明确规定，为规范交通事故处理工作奠定了基础。

道路交通事故发生后，有两种可能的处理方式，一种是通过当事人自行协商处理，一种是通过公安机关处理。

公安机关处理交通事故分为简易程序和一般程序两种。这两种程序在事故处理中都被大量采用，两者之间并没有本质上区别。它们的关系是：一般程序是简易程序的基础，简易程序是一般程序的简化。在使用简易程序处理交通事故的过程中，如发现事故性质发生变化，案情变得复杂，需要转用一般程序处理的，应该转用一般程序处理。它们的主要区别是：简易程序比较简单、方便、快捷，一般程序比较完整、系统，又相对复杂；简易程序适用的范围较小，法律有明确规定的才适用，而一般程序适用的范围比较广。凡法律未明文规定适用简易程序的，都适用一般程序。

二、当事人自行协商处理方式

（一）适用当事人可以自行协商处理的情形

当事人可以自行协商处理的情形包括：

（1）机动车与机动车、机动车与非机动车发生财产损失事故，当事人对事实及成因无争议的，可以自行协商处理损害赔偿事宜。车辆可以移动的，当事人应当在确保安全的原则下对现场拍照或者标划事故车辆现场位置后，立即撤离现场，将车辆移至不妨碍交通的地点，再进行协商；

（2）非机动车与非机动车或者行人发生财产损失事故，基本事实及成因清楚的，当事人应当先撤离现场，再协商处理损害赔偿事宜。

对应当自行撤离现场而未撤离的，交通警察应当责令当事人撤离现场；造成交通堵塞的，对驾驶人处以200元罚款；驾驶人有其他道路交通安全违法行为的，依法一并处罚。

（二）不适用自行处理的几种情形

道路交通事故有下列情形之一的，当事人应当保护现场并立即报警：

（1）造成人员死亡、受伤的；

（2）发生财产损失事故，当事人对事实或者成因有争议的，以及虽然对事实或者成因无争议，但协商损害赔偿未达成协议的；

（3）机动车无号牌、无检验合格标志、无保险标志的；

（4）载运爆炸物品、易燃易爆化学物品以及毒害性、放射性、腐蚀性、传染病病源体等危险物品车辆的；

（5）碰撞建筑物、公共设施或者其他设施的；

（6）驾驶人无有效机动车驾驶证的；

（7）驾驶人有饮酒、服用国家管制的精神药品或者麻醉药品嫌疑的；

（8）当事人不能自行移动车辆的。

发生财产损失事故，并具有上述第2项至第5项情形之一，车辆可以移动的，当事人可以在报警后，在确保安全的原则下对现场拍照或者标划停车位置，将车辆移至不妨碍交通的地点等候处理。

（三）当事人自行协商处理交通事故协议书

交通事故发生后，当事人自行协商达成协议的，填写道路交通事故损害赔偿协议书，并共同签名。损害赔偿协议书内容包括事故发生的时间、地点、天气、当事人姓名、机动车驾驶证号、联系方式、机动车种类和号牌、保险凭证号、事故形态、碰撞部位、赔偿责任等内容。

当事人均已办理机动车第三者责任强制保险的，可以根据记录交通事故情况的协议书向保险公司索赔。当事人也可以自行协商处理损害赔偿事宜。

三、公安机关处理交通事故简易程序

简易程序又称为当场处理程序，是相对一般程序而言的"简便易行"的程序，是对于那些事实确凿、案情简单、因果关系明确的交通事故所适用的处理程序。这一程序的运用，提高了工作效率，节省了执法成本，方便了当事人，减轻了当事人负担，体现了便民、高效原则。

（一）可以适用简易程序处理交通事故的情形

可以适用简易程序处理交通事故的情形包括：

（1）仅造成人员轻微伤；

（2）以下财产损失事故：

①当事人对事实或者成因有争议的，以及虽然对事实或者成因无争议，但协商损害赔偿未达成协议的；

②机动车无号牌、无检验合格标志、无保险标志的；

③载运爆炸物品、易燃易爆化学物品以及毒害性、放射性、腐蚀性、传染病病源体等危险物品车辆的；

④碰撞建筑物、公共设施或者其他设施的；

⑤驾驶人无有效机动车驾驶证的；

⑥驾驶人有饮酒、服用国家管制的精神药品或者麻醉药品嫌疑的；

⑦当事人不能自行移动车辆的。

但是有交通肇事犯罪嫌疑的不适用简易程序。

（二）公安机关适用简易程序处理交通事故的方式

交通警察适用简易程序处理道路交通事故时，应当在固定现场证据后，责令当事人撤离现场，恢复交通。拒不撤离现场的，予以强制撤离；对当事人不能自行移动车辆的，交通警察应当将车辆移至不妨碍交通的地点。具有本规定第八条第一款第六项、第七项情形之一的，按照《交通安全法实施条例》第一百零四条规定处理。

撤离现场后，交通警察应当根据现场固定的证据和当事人、证人叙述等，认定并记录道路交通事故发生的时间、地点、天气、当事人姓名、机动车驾驶证号、联系方式、机动车种类和号牌、保险凭证号、交通事故形态、碰撞部位等，并根据当事人的行为对发生道路交通事故所起的作用以及过错的严重程度，确定当事人的责任，制作道路交通事故认定书，由当事人签名。

当事人共同请求调解的，交通警察应当当场进行调解，并在道路交通事故认定书上记录调解结果，由当事人签名，交付当事人。

适用简易程序的交通事故，可以由一名交通警察处理。

（三）简易程序工作步骤

1. 受理。公安机关对交通事故报案应当接受，并做好报案登记。对不属于交通事故的，不予受理，说明不予受理的理由，并应当告知报案人向有管辖权的机关报案。

2. 调查取证。向当事人表明执法身份，通过现场勘查、访问、证据收集等进行调查。在调查中，对当事人的陈述和申辩，应当充分听取，当事人提出的事实、理由或者证据成立的应当予以采纳。

3. 事故认定。根据调查，对交通事故事实及当事人的交通安全违法行为和过错进行认定，对事故责任进行认定，制作事故认定书。

4. 裁决处罚。依法处理当事人的交通安全违法行为，当场制作交通管理简易程序处罚决定书，交付当事人。

5. 调解。当事人共同请求调解的，当场调解，并在事故认定书上记录调解结果。

有下列情形之一的，不适用调解，交通警察可以在道路交通事故认定书上载明有关情况后，将道路交通事故认定书交付当事人：

（1）当事人对道路交通事故认定有异议的；

（2）当事人拒绝在道路交通事故认定书上签名的；

（3）当事人不同意调解的。

有规定不适用调解的情形之一或者调解未达成协议及调解生效后当事人不履行的，当事人可以向人民法院提起民事诉讼。

6. 结案归档。交通事故案件结案，整理档案材料，按照要求归类入档。

四、公安机关处理交通事故一般程序

一般程序是公安机关交通管理部门处理交通事故案件通常适用的程序，也称为普通程序。相对于简易程序，它是一种更系统完整、更严谨的程序，它全面概括了公安机关交通管理部门处理交通事故的各个环节和步骤。一般程序的工作步骤有：

（一）受理

受理是指公安机关交通管理部门接受案件并予以处理。公安机关交通管理部门对当事人、知情人、目击者及其他人员报告的交通事故案件均应受理，并做好必要的登记。属于自己管辖范围的应立即开展调查，对不属于公安机关交通管理部门管辖的案件，不予受理，但应告知报案人向有管辖权的机关报案。

（二）立案

立案是交通事故处理的前提。经现场勘查，属于交通事故的，填写《交通事故立案登记表》，经批准予以立案。对经过调查不属于交通事故的，书面通知当事人，并将案件移送有关部门或者告知当事人处理途径。

（三）现场勘验

交通事故发生后，交通警察赶赴现场，抢救伤员、保护财产，对现场进行全面、细致的勘查，收集痕迹物证，在现场初步分析交通事故案情。

（四）调查取证

调查取证包括询问当事人、询问证人，检验、鉴定、收集证据。对交通事故进行调查时，除简易程序外，交通警察不得少于2人。对于刑事案件性质的交通事故，适用《刑事诉讼法》的规定，对案件实施侦查。

交通警察调查时应当向被调查人员出示《人民警察证》，告知被调查人依法享有的权利和义务，向当事人发送联系卡。联系卡载明交通警察姓名、办公地址、联系方式、监督电话等内容。

（五）交通事故认定

交通事故认定是指公安机关交通管理部门通过调查、取证工作，在事实清楚、证据确凿充分的基础上，依法对交通事故事实和当事人交通事故责任进行认定，并在规定期限内制作交通事故认定书。

（六）裁决处罚

公安机关交通管理部门依据《中华人民共和国刑法》、《中华人民共和国行政处罚法》、《交通安全法》及其实施条例等法律、行政法规，对当事人的道路交通安全违法行为依法作出行政处罚。对当事人涉嫌构成犯罪的交通事故案件，应按照《公安机关办理刑事案件程序规定》办理，依法追究当事人刑事责任。

（七）损害赔偿、调解

交通事故损害赔偿权利人、义务人一致请求公安机关交通管理部门调解损害赔偿的，可以在收到交通事故认定书之日起10日内向公安机关交通管理部门提出书面调解申请，公安机关交通管理部门应予调解。在调解时限内，经调解达成协议的，制作《交通事故调解书》；未达成协议的，制作《交通事故调解终结书》。

（八）结案归档、移送案卷

交通事故结案，整理档案材料，按照要求归类入档。如果当事人涉嫌交通肇事罪，使国家、集体财产遭受损失的，由公安机关交通管理部门根据肇事者的交通事故责任提出赔偿意见，制作《交通事故案件移送书》随同案件（案卷正本和证据）移送人民检察院，追究肇事人法律责任，依法提起附带民事诉讼。

第三节　道路交通事故现场处理

一、迅速赶赴现场

公安交通管理部门接到交通事故报案后，应做好报警记录，迅速通知、组织人员赶赴现场，根据现场具体情况迅速有效地展开现场处理工作。

二、组织抢救受伤人员

人的生命健康是最宝贵的，抢救危重受伤人员是现场处理工作的重中之重。赶赴现场的交通警察首先应该组织抢救事故中的受伤人员，对于危重伤员的抢救，只要有一线希望，就应尽百倍努力，尽量减轻交通事故所带来的生命财产损失。医疗单位及医务工作者、事故当事人、群众也都有救助伤者的法律上或道义上义务。

公安机关交通管理部门工作人员到达事故现场后，应当立即组织对事故现场伤者的伤势进行检查和甄别，并根据伤者受伤程度以及现场附近是否有医疗、急救部门等具体情况，及时采取相应的现场救护措施。如果有急救、医疗人员到达现场的，则由急救、医疗人员组织抢救现场的受伤人员，现场警察及其他相关人员应当积极协助其开展现场抢救工作。现场急救措施应当科学合理、及时果断，避免因为救护措施不当或者救护不及时而造成受伤人员的伤情加重乃至死亡。

在事故现场对伤者的救护措施主要包括对创口的包扎、止血，对肢体骨折部位的固定，对呼吸或心跳停止的伤员进行心肺复苏等。经过必要的现场急救处理，应当迅速将伤者送往有救助条件的医疗、急救部门进行进一步的抢救治疗。

三、对险情的紧急处置

在道路交通事故现场，有时会出现事故车辆、车辆装载的有毒有害物品以及事故造成道路设施、路边管线、建筑物、树木等发生失火、爆炸、泄漏、倒塌和坠落等险情。险情的存在，对事故现场及其周边的人员、车辆、建筑物、环境等可能构成巨大危险，甚至可能会导致比交通事故本身直接造成的更严重的损害后果。因此，事故处理人员应在确保安全的前提下，针对事故现场所出现的各种危险情况或者安全隐患采取适当的必要的紧急抢救或防护措施，必要的时候应及时通知相关专业抢险部门赶赴现场处置。

（一）火灾的处置

因交通事故发生火灾时，应立即组织有关人员积极抢救，迅速灭火。灭火时，应先切断车辆的电路，并迅速卸下油箱或对油箱采取降温、隔热措施，防止油箱发生爆炸。与此同时，使用灭火器或者沙土、棚布等覆盖火源。如果燃油已经着火，切忌用水泼。被困着火车辆内的人员应该保持镇静，在自救的同时，注意用不易燃烧的衣物等保护头部及其他裸露的皮肤，注意用衣物或者毛巾捂住口鼻，不要张嘴呼吸或高声呼叫，防止吸入燃烧气体而烧伤口腔和气管，尽量为救援赢得时间。

（二）有毒、有害物质的处置

遇有装载有毒、有害或者放射性物质的车辆发生交通事故，应尽快查明有无危险品泄漏，确定泄漏物种类，然后及时通知有关部门采取相应的防护与处置措施。同时尽快疏散群众和其他车辆，维护现场秩序，防止有害泄漏物对工作人员及群众造成伤害。

（三）爆炸物的处置

如果车辆上存在爆炸物，可能发生爆炸时应迅速疏散现场人员并切断交通。如有可能，应将有爆炸可能的车辆和物品移到开阔地带，并迅速通知有关专业人员到现场处置。一旦发生爆炸，应立即选择隐蔽物就地卧倒，并用手护住头部。

（四）对传染病病原体的处置

在发生"疫情"时，遇有与"疫情"有关人员发生事故的现场，交通事故处理人员应增强疫病防范意识，一旦发现有险情存在，必须穿防护服进入现场并强令车辆内的所有人员不得下车。同时注意在一定范围内设置警戒线，对交通进行管制，禁止车辆与行人通行，防止疫情的传播。并注意及时通知防疫部门处理车辆及可能的受污染物，转移病人。

四、现场保护

道路交通事故现场保护是指为使交通事故现场保持事故发生后的原始状态，使事故痕迹、物证免遭破坏，而用适当的方法对现场采取保全的措施。通过现场保护，能使现场原始状态尽可能地保存，使勘查人员能尽可能多地勘查到现场痕迹物证原始特征，增强勘查工作的主动性，有效提高现场勘查质量和效率。

《交通安全法》第七十条规定："在道路上发生交通事故，车辆驾驶人应当立即停车，保护现场；造成人员伤亡的，车辆驾驶人应当立即抢救受伤人员，并迅速报告执勤的交通警察或者公安机关交通管理部门。因抢救受伤人员变动现场的，应当标明位置。乘车人、过往车辆驾驶人、过往行人应当予以协助。"这从法律上规定了发生交通事故后，车辆驾驶人等当事人抢救受伤人员、保护现场的义务，也规定了其他人对此予以协助的义务。

在交通警察未到现场之前，事故当事人有义务做好现场保护工作。事故处理人员到达现场后，首先应当全面了解现场概况，然后根据具体情况采取适当的现场保护措施。通常可从以下几个方面进行现场的保护：

（一）做好现场安全防护工作

交通事故现场处在道路上，来往的车辆较多。采取现场防护措施既有利于现场的保护，也有利于对现场中的工作人员、当事人的人身安全的保护。交通警察到达事故现场后，应当立即进行下列工作：划定警戒区域，在安全距离位置放置发光或者反光锥筒和警告标志，确定专人负责现场交通指挥和疏导，维护良好道路通行秩序。因道路交通事故导致交通中断或者现场处置、勘查需要采取封闭道路等交通管制措施的，还应当在事故现场来车方向提前组织分流，放置绕行提示标志，避免发生交通堵塞。指挥勘查、救护等车辆停放在便于抢救和勘查的位置，开启警灯，夜间还应当开启危险报警闪光灯和示廓灯。

（二）划定现场保护范围

可以用警戒带、绳索、白灰、粉笔、土块、石头、树枝等圈定事故现场范围，防止无关人员和车辆进入引起现场变化，或者影响现场处理工作。

（三）对移动的车辆、物品、人体的原始位置做好标记

因为某些原因，现场中的车辆、物品、人体等可能发生位置的移动。如抢救受伤人员、处置险情的需要，执行紧急任务的警车、消防车、救护车、军车、抢险作业车等发生交通事故因为需要继续执行紧急任务而离开现场。遇有这些情况，应该及时对车辆、物品、人体等的原始位置做好标记，并注意记录其状态。

（四）恶劣天气条件下注意保护痕迹物证

遇刮风、雨雪等恶劣天气，痕迹物证等容易受破坏。可以用席子、塑料布、木板、帆布等对痕迹、物证、尸体进行覆盖保护。对于容易变化和消失的痕迹应立即勘验、拍照固定。

（五）维护现场秩序，指挥疏导交通

事故的发生，现场的存在，会引起行人的围观，影响交通的通行。所以维护现场秩序，指挥疏导交通，既有利于现场的保护和现场勘查的顺利开展，也有利于交通的顺利通过。

（六）必要时可以考虑中断现场路段交通

遇发生特别重大事故，或者车辆所装载危险物品泄漏和其他特殊情况，必要的时候可以考虑对现场道路实施交通管制，中断交通。

（七）查找当事人和证人，控制肇事嫌疑人

五、现场强制措施

现场强制措施，是指在交通事故现场处理过程中，为了预防或者制止正在发生或可能发生的违法行为，或者为了保全证据，确保交通事故调查处理工作的顺利进行，公安交通管理机关依法对行政管理相对人的人身、财产物品所采取的即时性或相应限制的强制性措施的具体行政行为。现场强制措施包括对人身的行政强制措施和对财产的行政强制措施，是公安机关一项重要的行政执法权利。

根据《交通安全法》及实施条例、《道路交通安全违法行为处理程序规定》，以及有关公安机关办理刑事、行政案件的法律法规的规定，公安交通管理部门在处理交通事故现场的过程中可以根据需要依法采取相应的强制措施。

（一）传唤和强制传唤

询问违法嫌疑人，可以根据需要依法采用传唤或者强制传唤的方式进行。公安机关询问违法嫌疑人，可以到违法嫌疑人住处或者单位进行，也可以将违法嫌疑人传唤到其所在市、县内的指定地点进行。

需要传唤违法嫌疑人接受调查的，经公安派出所或者县级以上公安机关办案部门负责人批准，使用传唤证传唤。对现场发现的违法嫌疑人，人民警察经出示工作证件，可以口头传唤，并在询问笔录中注明违法嫌疑人到案经过、到案时间和离开时间。

公安机关应当将传唤的原因和依据告知被传唤人。对无正当理由不接受传唤或者逃避传唤的违反治安管理行为人以及法律规定可以强制传唤的其他违法行为人，可以强制传唤。强

制传唤时，可以依法使用手铐、警绳等约束性警械。

公安机关应当及时将传唤原因和处所通过电话、手机短信、传真等方式通知被传唤人家属。公安机关传唤违法嫌疑人时，其家属在场的，应当当场将传唤原因和处所口头告知其家属，并在询问笔录中注明。被传唤人拒不提供家属联系方式或者有其他无法通知的情形的，可以不予通知，但应当在询问笔录中注明。

使用传唤证传唤的，违法嫌疑人被传唤到案后和询问查证结束后，应当由其在传唤证上填写到案时间和询问查证结束时间并签名。拒绝填写或者签名的，办案人民警察应当在传唤证上注明。

对被传唤的违法嫌疑人，公安机关应当及时询问查证，询问查证的时间不得超过 8 小时；案情复杂，违法行为依法可能适用行政拘留处罚的，询问查证的时间不得超过 24 小时。不得以连续传唤的形式变相拘禁违法嫌疑人。

交通事故询问调查，传唤主要适用于对交通事故肇事人、肇事嫌疑人、肇事逃逸人等的调查。

（二）对醉酒驾驶人的保护性约束

在交通事故现场处理中，如发现机动车驾驶人在醉酒状态中，对本人有危险或者对他人的人身、财产或者公共安全有威胁的，可以对其采取保护性措施约束至酒醒，也可以通知其所属单位或者家属将其领回看管。

对行为举止失控的醉酒人，可以使用约束带或者警绳等进行约束，但是不得使用手铐、脚镣等警械。约束过程中，应当注意监护。确认醉酒人酒醒后，应当立即解除约束，并进行询问。约束时间不计算在询问查证时间内。

（三）扣留车辆

如遇有违反交通管理有关规定、依法可以扣留的，或者为事故处理作进一步检验、鉴定、证据保全的需要，公安交通管理部门可以依法对有关事故车辆予以扣留，并依法作出相应处理。常见的扣留车辆的情形主要有：

（1）未悬挂机动车号牌，未携带车辆行驶证，或者驾驶人未携带机动车驾驶证的；

（2）具有使用伪造、变造机动车登记证书、号牌、行驶证、检验合格标志、保险标志嫌疑的；

（3）未按规定投保机动车交通事故责任强制保险的；

（4）公路客运车辆或者货运车辆超载的；

（5）具有被盗抢嫌疑的；

（6）机动车属于拼装或者已达到报废标准的；

（7）非机动车驾驶人拒绝接受罚款处罚的；

（8）为收集交通事故证据，需要对事故车辆作进一步检验、鉴定的；

（9）有肇事逃逸嫌疑的。

在现场决定扣留车辆的，交通警察应当在 24 小时内将被扣留的车辆和行政强制措施凭证的存档联交回所属的公安交通管理部门。公安交通管理部门依法对被扣留的车辆作出处理。

除了依法需要检验、鉴定的以外，公安交通管理部门不得使用被扣留的车辆。

（四）扣留机动车驾驶证

交通警察认为应当对当事人给予暂扣或者吊销机动车驾驶证处罚的，或者为收集交通事故证据需要扣留机动车驾驶证的，可以扣留其机动车驾驶证，并开具行政强制措施凭证。如遇驾驶人饮酒、醉酒后驾驶机动车，驾驶拼装或者已达到报废标准的机动车的，发生重大交通事故涉嫌构成交通肇事罪的，在一个记分周期内交通安全违法累计记分达到12分等情形，交通警察可以扣留驾驶人驾驶证。

在现场决定扣留机动车驾驶证的，交通警察应当在24小时内将被扣留机动车驾驶证交到所属公安交通管理部门。

（五）为证据保全扣留货物

一般地，公安机关交通管理部门不得扣留事故车辆所载货物；对所载货物在核实重量、体积及货物损失后，通知机动车驾驶人或者货物所有人自行处理。但为证据保全的需要，公安机关交通管理部门可以根据需要依法扣留货物等物品。

（六）拖移车辆

对于在交通事故现场违反机动车停放、临时停车规定，驾驶人不在现场或者虽在现场但拒绝立即驶离，妨碍交通通行的，公安交通管理部门可以将车辆拖移至不妨碍交通的地点或者指定停放的地点。

（七）收缴非法装置

交通警察在处理交通事故现场时发现事故车辆有非法装置，可以依法收缴其非法装置：

（1）非法安装警报器、标志灯具；

（2）自行车、三轮车非法安装的动力装置；

（3）加装其他与登记项目不符且影响车辆安全的装置。

交通警察收缴了当事人车辆的非法装置后，应当在24小时内将收缴的非法装置交到所属公安交通管理部门。

（八）收缴非法牌证

如现场发现有伪造、变造的机动车登记证书、号牌、行驶证、检验合格标志、保险标志、机动车驾驶证，应当予以收缴。

（九）依法检验当事人体内酒精、国家管制的精神药品和麻醉药品含量

六、现场勘查

交通事故处理人员通过对现场进行勘查，对现场痕迹、物证进行勘验，对现场道路条件、交通环境等进行勘验，对现场物的相互位置关系进行记录分析，收集交通事故证据，并将所得的结果客观、准确、完整地记录下来，作为事故分析与处理的依据。

第四节　道路交通事故现场勘查

一、现场勘查的概念及意义

现场勘查，是指交通事故调查人员为了弄清事故事实真相，用科学的方法和现代技术手段，对交通事故现场进行实地勘验和查证，并将勘验查证的结果完整、真实、准确地记录下来的工作。工作人员通过对现场中有关车辆、人体、物品、痕迹等空间位置进行测量、固定，通过对痕迹、物证的勘验，对车辆、道路等进行技术上的检验鉴定，从而反映出事故的

过程、原因等有关情况。

道路交通事故现场勘查是交通事故处理工作的基础，是查明交通事故事实、获取交通事故证据的重要手段，是工作人员取得客观第一手资料的唯一途径。勘查所得到的交通事故证据，对全面分析交通事故，认定交通事故责任，进行处罚及损害赔偿工作都具有重要意义。交通事故处理工作质量，与现场勘查的质量有很大关系。

二、交通事故现场勘查的原则

（一）及时迅速

事故处理工作人员接到报案后，应尽快赶赴现场，尽快进行现场处理和现场勘查工作，以尽可能多、尽可能快地收集交通事故证据，尽可能减少交通事故现场对交通的影响。

（二）全面细致

全面细致是指在现场勘查中，不仅要注意那些明显的痕迹、物证与事实，而且还要注意发现和收集与事故有关的细小的痕迹和微量物证，不轻易放过与事故有关的的细微情节。力求把现场上一切可疑的痕迹物证都发现记录下来，把每一个细节问题都查对清楚或得到正确解释。道路交通事故处理中常有初看后果不大、情节不复杂的事故，但随着出现伤者伤情恶化导致死亡等复杂情况的出现，事故分析工作难度变大，如果当初不认真、细致、完备地勘查现场，不做好记录，就会失去有价值的证据，使勘查工作受到无法弥补的损失，甚至有可能使事故处理工作陷入困境。

（三）客观真实

勘查的目的是为了勘验收集交通事故物证，因此客观真实性是勘查的最本质原则。在勘查过程中，要如实记录所发现的痕迹物证，切勿主观臆断、偏听偏信，应按照事物本身存在的情况实事求是地分析、判断。对变动或伪造的现场，要分析、了解变动的情况，有根据地指出其反常情况和矛盾所在，并作出客观合理的解释和有说服力的鉴定。

（四）依法勘查

勘查工作应严格遵循有关事故处理、物证勘验的法律规定，以确保勘查工作的客观公正，确保勘查质量。

三、道路交通事故现场勘查的任务

（一）查明案件性质

现场勘查中，首先注意查清事实，查明案件性质，认定所发生的案件是不是道路交通事故。在道路交通事故处理工作中，遇到的大都属于道路交通事故，但也有表象类似而实质却不是交通事故的案件。如：有利用交通工具在道路上实施故意犯罪的案件；有伪造事故现场，骗取保险赔偿的案件；有利用车辆自杀的案件；也有非道路交通性质的事故。不同性质的案件，管辖部门和处理方式不同，现场勘查重点也可能不一样，因此在现场勘查中查清案件性质十分重要。

（二）发现提取交通事故痕迹、物证

现场上的交通事故痕迹、物证，是证明事故事实的客观证据。痕迹、物证的发现、收集、提取是现场勘查的核心工作。

（三）查清事故过程，查明导致事故的过错和意外原因

通过现场勘查，查清在事故发生前、发生中和发生后，车辆、行人的运行方向、路线、

速度和位置等情况。查明事故当事人的违法行为或者导致事故的意外原因，以及道路、交通环境对事故的客观影响，再现事故的全过程。

（四）查清事故的损害后果

事故损害后果是事故事实的一部分。损害后果的确定关系到相关人的民事赔偿责任的确立，甚至关系到其刑事法律责任的追究。

四、现场勘查的方法

交通事故现场勘查方法是指勘查现场时，发现、记录、提取痕迹、物证所采用的技术手段或方法。交通事故现场勘查的一般方法有以下几种：

（一）直接观察法

直接观察法即勘查人员用感官直接对现场进行观察，用眼看、嗅闻、触摸等感觉手段来观察现场中的痕迹、物证及其状态特征。通过直接观察，可以得到交通事故现场的整体情况形象，也可以发现现场中某些明显痕迹、物证及其属性特征；用直接观察的方法也可以发现某些需要用其他方法来进一步观察的可疑物，所以直接观察所得到的结果也是运用其他方法进行进一步勘查的基础。

（二）现场摄影的方法

现场摄影的方法是运用照相和摄像等现代摄影技术手段，对事故现场全貌、现场中的物体和重要痕迹、物证及事故现场处理的整个过程进行记录的方法。此方法形成的影像资料是对交通事故现场及现场处理过程的一种形象、真实的记录，具有极强的说服力和证据效力。

（三）现场测绘的方法

现场测绘的方法是指通过对现场中的各元素的位置关系等情况的测量，用形象的、标准的图形符号加上必要的标注说明把现场及现场各元素的位置关系等情况绘制在图纸上予以记录的方法。绘制交通事故现场图是记录现场的一种重要手段，也是交通事故现场勘查中必不可少的一项记录工作。交通事故现场图具有证据效力，是交通事故案卷中的一个核心记录，是分析交通事故的重要基础材料。

（四）采集痕迹、物证的方法

采集痕迹、物证，就是在尽量保护其原有特征的前提下对现场中痕迹、物证予以提取并加以保存的一种现场勘查方法。采集痕迹、物证的目的，是为作进一步检验鉴定之用，或直接作为分析事故和处理事故的证据之用。

（五）技术检验、科学实验的方法

技术检验是对一些比较复杂、勘查难度较大的勘查项目所进行的专门的技术上的检查和验证。如对道路或车辆状况的检验、对事故伤亡人员的伤检或尸检、对事故当事人的生理心理状况的检验等。技术检验包括现场检验和送专门技术部门检验两种方式。

科学实验是指对一些较复杂的因素或运动过程采用实地实验的办法予以测算和验证。如通过现场实验对道路附着系数进行测算。

五、现场勘查基本步骤

交通事故现场勘查的基本步骤是：先进行静态勘查，再进行动态勘查。

（一）静态勘查

静态勘查是对现场的初步勘查，是在不搬动、不翻动现场物品的情况下的勘查。按勘查人员到达现场时的状态进行勘查，对现场及现场物进行丈量并绘制现场图，对痕迹、散落物、车辆状态、人体位置姿势等进行拍照、录像和记录。

（二）动态勘查

动态勘查也称为详细勘查。是指在经过静态勘查以后，对静态勘查难以勘查到的一些痕迹、物证，在搬动、翻动有关物体后，再进行的勘查。在勘查时，运用各种技术方法对有关对象进行逐一仔细勘查，发现和提取有关痕迹、物证。在提取物证前进行细目或者比例拍照。

静态勘查和动态勘查是现场勘查的两个连续工程程序。静态勘查是初步勘查，是动态勘查的基础；动态勘查是更细致的勘查，是静态勘查的继续。但并不要求生硬对将现场上所有勘验对象都进行这两次重复的勘查。

（三）现场复核

在现场勘查基本完成时，在撤除现场前，应进行现场复核。现场复核指在现场勘查和临场分析的基础上，对现场测量、记录、现场绘图、现场摄影、道路鉴定等工作进行全面、系统的复核查对，以确保交通事故现场勘查准确、完整。

六、现场勘查的主要内容

交通警察勘查交通事故现场时，应当全面、及时地收集有关证据，围绕交通事故事实和原因的调查开展勘查工作。现场勘查的主要内容如下：

（一）道路条件勘查

根据具体交通事故现象，可以有针对性地对勘查道路尺寸、线形、路面、视距、路口类型及尺寸、道路设施等道路条件进行勘验，以查明道路与事故的联系。

（二）现场环境勘查

对现场天气、现场照明条件及现场环境中可能对交通事故产生影响的其他因素进行勘查，查明现场环境与事故的联系。

（三）现场物的定位

对现场中车辆、散落物、痕迹、人体、牲畜等现场元素进行定位测量，确定它们相互的位置关系及距离。

（四）车辆勘查

（1）检查事故车辆的车型、车号、颜色、车属单位、车辆保险、行驶证等基本情况。

（2）载货和乘员情况。

（3）安全装置技术状况。重点检查制动、转向、行驶系装置性能，还可根据需要检查灯光、刮水器、后视镜、防护网及其他附属安全设备。

（4）车辆破损情况。记录车辆碰撞破损部位的名称、位置、形态、程度、表面附着物等情况。

（5）检查非机动车车铃、车闸等状况。

（五）现场物证、痕迹的勘验及提取

对现场中的散落物、附着物、痕迹等物证进行勘验，分析物证痕迹形成过程和原因。现场勘查时，根据需要提取与事故有关的血迹、毛发、纤维、油漆、玻璃、塑料、车辆零部件、车辆装载物等物品。

（六）尸体、伤情检验

对尸体进行体表检验，必要时进行解剖检验，查明受伤部位和致死原因。对交通事故伤者进行检验，确定受伤部位和伤害程度。

（七）清点现场遗留物

对事故当事人或者其他人员遗留在现场的提包、钱币、衣服等物品进行清点，登记造册，并进行妥善保管。

第五节　道路交通事故现场图绘制

一、道路交通事故现场图

道路交通事故现场图，是根据正投影原理，用一定比例的标准图形符号绘制的，用以记录现场地形地物、交通元素及有关痕迹、物证的位置等情况的一种专业技术工作图。

道路交通事故现场图是勘查记录现场的重要方法，是现场勘查记录的重要材料，是现场勘查文字记录和影像记录的有效补充。它所反映的基本内容包括：事故发生的地点、方位，现场地形地物，交通设施和交通环境，现场交通元素以及与事故有关的痕迹、物证的位置及相互关系等。

现场图是记录现场的核心材料，是分析交通事故的重要依据，依法绘制的现场图是交通事故处理的重要证据。

对于绘制的现场图，不仅要绘图者看得懂，而且要使没有到过现场的人也能借助标准的图例看懂现场图所反映的内容。现场图的绘制应遵循国家标准 GB/T11797—2005《道路交通事故现场图形符号》和公共安全标准 GA49—93《道路交通事故现场图绘制》的规定。

二、交通事故现场图的分类

根据《道路交通事故现场图绘制》（GA49—93）的规定，现场图种类包括以下几种：

（一）现场记录图

现场记录图是指勘查交通事故现场时，对现场环境、事故形态、有关车辆、人体、物体、痕迹的位置及其相互关系所作的图形记录。现场记录图是在勘查现场的过程中徒手绘制的，由于受现场作图条件的限制，图面一般显得比较粗糙，因此有人称之为现场草图。

（二）现场比例图

现场比例图是指为更形象、准确地表现事故形态和现场车辆、物体、痕迹，根据现场记录图和其他勘查记录材料，按规范图形符号和一定比例重新绘制的交通事故现场全部或者局部的平面图形。与现场记录图相比，现场比例图的图面可能显得更整洁、规范，内容也更为详细和完备。

（三）现场断面图

现场断面图又称为现场剖面图，是指绘制事故现场有关道路、设施、车辆、物体等在某一水平或者竖直剖面上的结构特征、变形、损坏等情况及相互间的联系时，向某一剖面进行投影的剖面视图。根据交通事故现场勘查记录的需要，现场断面图一般被用来记录和反映事故现场某些重要碰撞接触面和损坏部位的内部受力及变形特征，并通常作为现场的局部剖面视图与现场记录图或现场比例图综合绘制在同一张图纸上。

（四）现场立面图

现场立面图，是为了反映交通事故现场某一竖直面上的外观状态及痕迹、附着物情况而绘制的局部视图。

（五）现场分析图

现场分析图，是分析事故用以表示事故发生时车辆、行人的运动轨迹、时序及冲突点位置的平面图。现场分析图用绘图的方式来形象分析、描述发生发展的过程，而不是用来记录现场的外观现象。在交通事故处理中，现场分析图可以作为公安交通管理部门分析、判断发生原因和发生过程的工具，也可以作为反映交通事故事实认定结论的书面材料。作为事故分析工具使用时，现场分析图可以形象、具体地描述办案人员对事故事实的分析观点和理由，便于交流沟通。作为对事故事实认定材料使用时，现场分析图一般作为交通事故认定书的附件。

三、交通事故现场图形符号

交通事故现场图形符号，是指在绘制现场图时用来代表现场实物的、按投影原理制成的符号。根据《道路交通事故现场图形符号》（GB/T11797—2005），交通事故现场图形符号可分为交通元素图形符号，道路及道路安全设施图形符号，土地利用、植被和地物图形符号，动态痕迹图形符号，交通现场图形符号等。

各类图形符号如表 10 - 1 至表 10 - 10 所示。

表 10 - 1　　　　　　　　　　机动车图形符号

序　号	名　　称	图　形　符　号	说　　明
1	客车平面		大、中、小、微（除轿车越野外）
2	客车侧面		大、中、小、微（除轿车越野外）
3	轿车平面		包括越野
4	轿车侧面		包括越野
5	货车平面		包括重型货车、中型货车、轻型货车、低速载货、专项作业车
6	货车侧面		按车头外形选择（平头货车）
7	货车侧面		按车头外形选择（长头货车）

序　号	名　称	图形符号	说　明
8	牵引车平面		
9	牵引车侧面		
10	挂车平面		含全挂车、半挂车
11	挂车侧面		
12	电车平面		包括有轨电车、无轨电车
13	电车侧面		
14	正三轮机动车平面		包括三轮汽车和三轮摩托车
15	正三轮机动车侧面		
16	侧三轮摩托车平面		
17	普通二轮摩托车		包括轻便摩托车
18	轮式拖拉机平面		
19	轮式拖拉机侧面		
20	手扶拖拉机平面		
21	手扶拖拉机侧面		
22	轮式自行机械平面		

表 10 - 2　　　　　　　　　　　　　非机动车图形符号

序　号	名　称	图形符号	说　明
1	自行车		
2	残疾人用车平面		
3	残疾人用车侧面		
4	三轮车		
5	人力车		
6	畜力车		

表 10 - 3　　　　　　　　　　　　　人体图形符号

序　号	名　称	图形符号	说　明
1	人体		
2	伤体		
3	尸体		

表 10 - 4　　　　　　　　　　　　　牲畜图形符号

序　号	名　称	图形符号	说　明
1	牲畜		
2	伤畜		
3	死畜		

道路交通管理

表 10 - 5 　道路结构功能图形符号

序　号	名　称	图形符号	说　明
1	道路		路面类型、路面情况用文字说明，文字内容按 GA 17.4，GA 17.5 的代码名称标注，道路线形按实绘制
2	上坡道		i 为坡度
3	下坡道		i 为坡度
4	人行道		
5	道路平交口		
6	道路与铁路平交口		
7	施工路段		
8	桥		
9	漫水桥		
10	路肩		
11	涵洞		
12	隧道		
13	路面凸出部分		
14	路面凹坑		
15	路面积水		

序 号	名 称	图 形 符 号	说 明
16	雨水口		
17	消防栓井		
18	路旁水沟		
19	路旁干涸水沟		

表 10 - 6　　　　　　　　　　　安全设施图形符号

序 号	名 称	图 形 符 号	说 明
1	信号灯		包括车道信号灯、方向指示信号灯。可水平或垂直放置
2	人行横道灯		包括非机动车信号灯，灯色自左向右为红、绿
3	黄闪灯		
4	计时牌		
5	隔离桩（墩、栏）		
6	隔离带（或花坛）		
7	安全岛		
8	禁令标志		
9	警告标志		
10	指示标志		
11	指路标志		

续表

序　号	名　称	图形符号	说　明
12	安全镜		
13	汽车停靠站		
14	岗台（亭）		

表 10-7　　　　　　　　　**土地利用、植被和地物图形符号**

序　号	名　称	图形符号	说　明
1	树木侧面		
2	树木平面		
3	建筑物		
4	围墙及大门		
5	停车场		
6	加油站		
7	电话亭		
8	电杆		
9	路灯		
10	里程碑		
11	窨井		
12	邮筒		

序 号	名 称	图形符号	说 明
13	消防栓		
14	碎石、沙土等堆积物		外形根据现场实际情况绘制
15	高速公路服务区		
16	其他物品		中间填写物品名称

表 10 - 8   **动态痕迹图形符号**

序 号	名 称	图形符号	说 明
1	轮胎滚印		
2	轮胎拖印	L	L 为拖印长,双胎则为: L
3	轮胎压印		
4	轮胎侧滑印		
5	挫划印		
6	自行车压印		
7	血迹		
8	其他洒落物		画出范围图形,填写名称

表 10 - 9   **交通现象图形符号**

序 号	名 称	图形符号	说 明
1	接触点		

续表

序　号	名　　称	图形符号	说　　明
2	机动车行驶方向	◁———	
3	非机动车行驶方向	◀———	
4	行人运动方向	◀———	

表 10-10　　　　其他图形符号

序　号	名　　称	图形符号	说　　明
1	方向标	↑	方向箭头指向北方
2	风向标	⊢^{x}	X 为风力级数

四、现场定位

（一）确定路段方位

交通事故现场方位，主要是通过肇事路段的走向来表示的。通过对现场方位的测量，再在图纸上用适当的方法予以表示。一般是用道路中心线与指北方向的夹角来表示。如果肇事道路是弯道，则可以用进入弯道的直线与指北方向的夹角及弯道半径来表示。有时也可以直接用道路两端所通向的地名来表示。现场图的方位一般为"上北下南、左西右东"，道路的方位确定之后，应在现场图右上角用箭头将磁北方向标出。如图 10-1 所示。

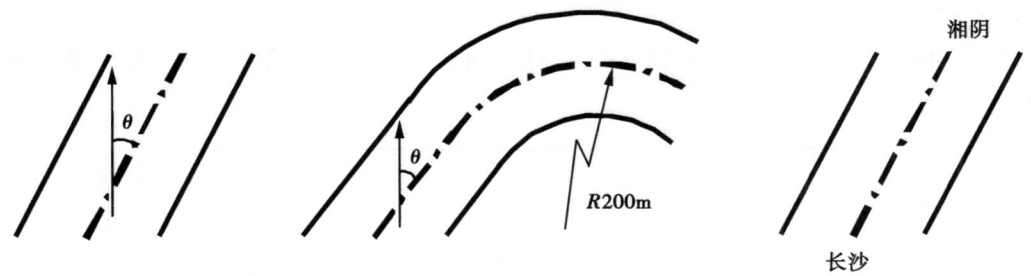

图 10-1　现场路段方位的表示方法

（二）确定基准点和基准线

基准点和基准线，是选择用来固定现场物的参照点和参照线。

基准点和基准线的选择，应考虑能方便、准确地固定现场的需要。为此，基准点和基准线的选择应满足以下要求：

1. 临近现场。选择基准点和基准线，其位置应与肇事车辆和重要痕迹靠近，以便于丈量和图面布置。

2. 不易移动和消失。基准点线应为具有永久性质的固定点线，以便在较长时期内能作为恢复现场的基准标志。

3. 显眼。基准点线应突出显眼，以在恢复现场时便于寻找。

在实际绘制交通事故现场图时，可以考虑选择如里程碑、电线杆、标志杆、路边邮筒、房屋棱角、路缘或道路标线等作为基准点线。

（三）现场定位方法

现场定位就是根据现场的不同情况，通过选定的基准点，利用不同方法，来固定事故现场的一个主要点，从而固定现场的位置。

现场定位有以下三种主要方法：

1. 垂直定位法

又称直角定位法，就是通过定位点向基准线作垂线，量出该点到垂足点的距离以及垂足点到基准点的距离，即可达到固定定位点的目的。如图 10 - 2 所示。

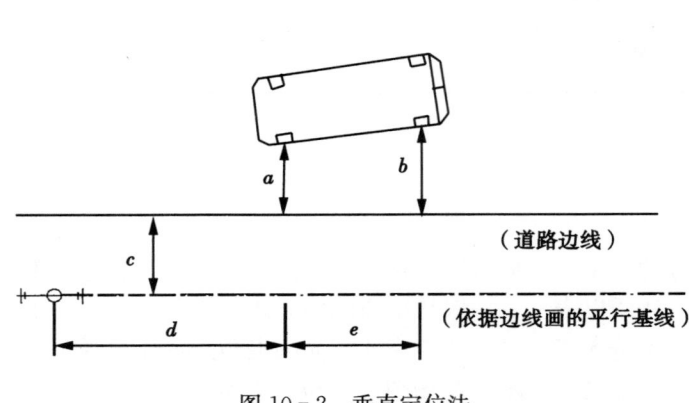

图 10 - 2　垂直定位法

2. 三点定位法

又称三角定位法，就是通过测量待定位点到两个已知点的距离来达到固定现场的目的。如图 10 - 3 所示。

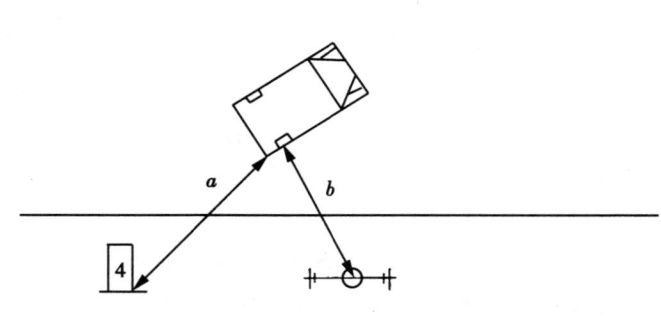

图 10 - 3　三点定位法

3. 极坐标定位法

就是将选定的基准点作为极作标原点，并将该点与事故现场的定位点连接起来，测出连线距离，以及此连线与指北方向的夹角，即可定位。如图 10-4 所示。

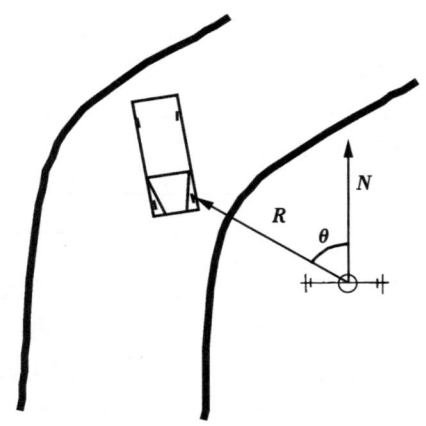

图 10-4　极坐标定位法

现场定位后，还需进行事故地点的定位工作。所谓事故地点定位，系指接触点的道路里程定位，一般由接触点作垂线相交于路边，即得出×××km＋×××m 处。

现场图还需标明×××km＋×××m～×××km＋×××m 的现场范围，可以狭义地将其圈定在现场有痕迹、物证的起止地段。

五、定位测量

（一）确定固定点

现场元素不可能仅仅是一个点，而我们现场物的定位却是通过对其某一两个点的定位实现的。因而如何在现场元素上确定丈量的固定点即成为现场丈量工作的关键。假设不对丈量点的选取加以规范，就会因人而异，甚至某个人在同一个事故现场也会因随意性而发生人为的误差，从而导致现场图不规范，还可能因此对现场本身的认识出现分歧，影响事故认定，甚至会因原始现场永不再现而无法补救。

现场元素大小不一，形状各异，具体选择哪一点作为丈量的固定点应该有统一的规定，这样才能使定位丈量准确，可以减少因测量人或制图人的对固定点选择的随意性引起的误差。《道路交通事故现场图绘制》对现场元素的固定点线作出了规定，见表 10-11。

表 10-11　　　　　　　　　　　　现场元素的固定点线

图形符号名称	固定点或固定线
机动车	同侧（侧翻时近地的一侧）前（中）后轴外侧轮胎轴心的投影点
仰翻机动车	近地靠路边车身的两个角
非机动车	同侧（侧翻时近地的一侧）前、后轴轮胎轴心的投影点
人体	头顶部、足跟部

图形符号名称	固定点或固定线
牲畜	头顶部、尾跟部
路面障碍	两头的端点、占路最外端点（即最突出点）的投影点
安全设施	基部中心或边缘线
血迹	中心点
线状痕迹	起点、终点、中心线、变化点
基准点物体	向路边一侧最突出点
其他几何形物	中心点

现场定位的元素很多，遇到其他情况，可以参照上述原则选取固定点，并在现场勘查笔录或现场图上注明。同时，现场定位的是点，而实际上都是物体或面，因而应在现场勘查笔录中对物体名称、形状及痕迹的形状加以描述，并对其面积用长轴乘短轴的方式记录下来，单位用 cm，用 $a$cm×$b$cm 公式表达。应特别注意的是现场物体、痕迹等一般都必须取其两个固定点。

（二）测量

1. 道路测量

通过道路测量，反映现场道路有关尺寸和道路条件。如：测量可行路面、车道宽度和布置情况、两侧路肩和水平曲线（弯道）等情况，测量行车视距、安全设施形状尺寸及位置、周围环境等。必要时，可用文字加以简要说明。

（1）有人行道的，一般只丈量车行道的情况，但必须表示出人行道。如果车辆在人行道上发生事故，则应丈量与事故相关的部分人行道的情况。如图 10-5 所示。

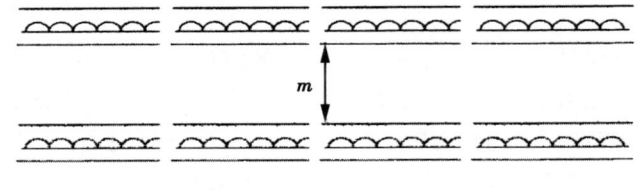

图 10-5　人行道标示

（2）对机动车道和非机动车道，以及有绿化隔离设施的"三块板"道路，应分别量出各车道的具体情况，标明隔离设施的名称。如图 10-6 所示。

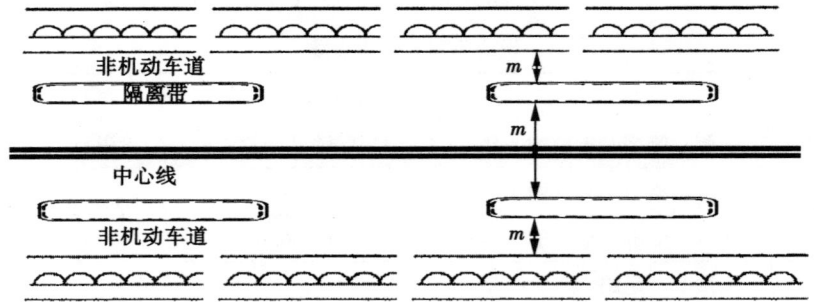

图 10-6　车道、隔离设施

（3）不规则道路上的交通事故现场，应在现场两端分别丈量道路宽度并量出两条路边线之间的距离，以计算道路的变化规律，研究各交通主体的通行权。如图 10-7 所示。

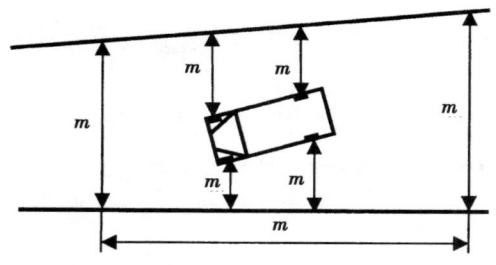

图 10-7　不规则道路

（4）交叉口切测。处在交叉口的现场，要用连接线标出交叉口的情况。对于不规则的路口的现场道路，应反映出道路的实际几何形状。有些典型交叉口的切测方法如图 10-8、图 10-9、图 10-10、图 10-11 所示。

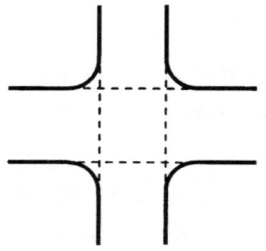

图 10-8　十字路口的切测

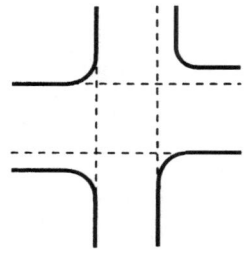

图 10-9　不规则路口的切测

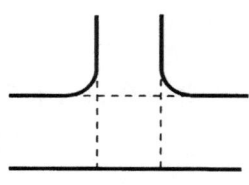

图 10-10　丁字形路口的切测

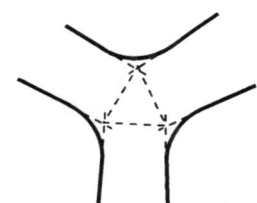

图 10-11　Y 形路口的切测

（5）由于堆物、作业、挖掘施工等原因所造成的占道情况，也应丈量并作出标记。如图 10-12 所示。

（6）道路上一些与交通事故的发生有着直接或间接关系的地貌（如低坑、高坎等）、地物（如石块、砖堆等），也都应详细记录在事故现场图中，并绘制清楚其形状和大小，在现场的具体部位，以及和事故中有关交通元素的关系。必要时可以用简要文字补充说明。

2. 现场元素丈量

（1）人体丈量

首先应把人体倒地姿势画在道路路面的倒地部位，然后分别丈量人体头部和脚跟部至道路边缘线的垂直距离。注意清楚反映倒地姿势，如趴、侧、仰等人体倒地的姿势、位置，有助于我们分析事故有关方的具体行进位置，事故发生经过等。

（2）车辆位置的丈量

车辆位置的丈量，主要是确定车辆发生事故后在现场上的具体空间位置。测绘时，先画出车辆正投影在路面上的具体位置，然后丈量固定点到边缘线（基准线）的垂直距离。丈量时，要注意尺与路面的基本平行及与道路边缘的垂直。如图10-12所示。

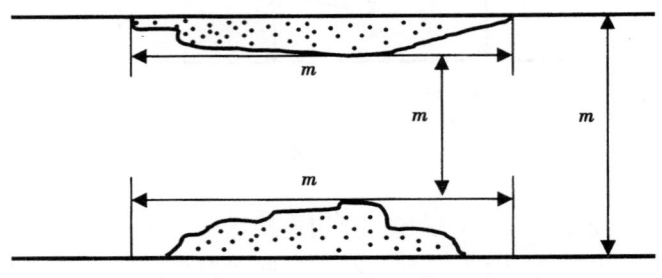

图10-12　占道情况

涉及自行车时，除丈量固定点至道路边缘的垂直距离外，同时一定要把自行车的倒向在现场图上标明，一般自行车的车把、坐垫一侧为自行车的倒向。涉及板车、畜力车时，应丈量前后两端最突出点至道路边缘的垂直距离，同时丈量轮胎轴心至道路边缘的距离。涉及人力三轮车，则应丈量三轮车前后轴心至道路边缘的垂直距离。

对其他车辆进行勘查、丈量时，可参照上述方法进行。通过丈量，可以使我们掌握交通事故发生后的现场静态情况，推断车辆行驶方向、路线和采取措施等情况。

（3）现场痕迹的丈量

交通事故中的痕迹是较多的，不论是碰、撞、刮、擦、碾、压、翻，都会在道路上、物体上留下痕迹。通过对这些痕迹的丈量，可以判断人、车的运动过程和接触点，分析事故经过。

1）轮胎拖压印痕的丈量

丈量轮胎拖压印痕，首先要确定印痕的归属和起止点，并应在制动车轮后标出。如图10-13所示。

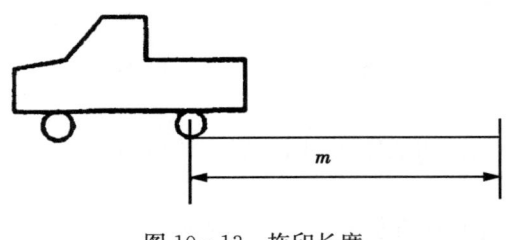

图10-13　拖印长度

应丈量印痕起点至道路边缘的垂直距离，以判断车辆制动生效时的车辆的位置。如图10-14所示。

各个车轮的制动拖压印痕应分别绘制，拖印用实线表示，压印用虚线表示。如图10-15所示。

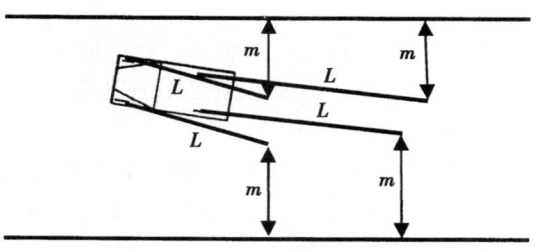

图 10 - 14　拖印位置

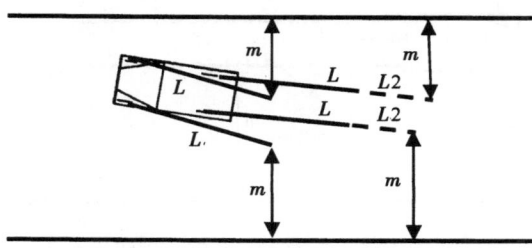

图 10 - 15　拖、压印丈量

　　断续制动拖印，应分别丈量各段拖印的长度及空隙距离，以分析采取措施情况。如图 10 - 16 所示。

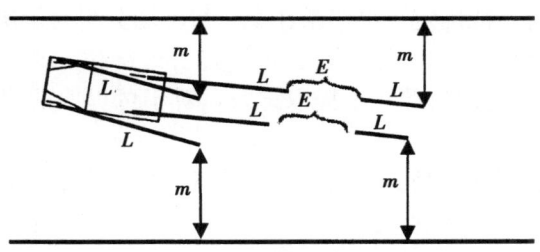

图 10 - 16　断续拖印

　　对呈曲线状的拖压印进行丈量时，应用软尺随着弧线进行丈量，并丈量出曲线突出点至道路边缘的垂直距离。如图 10 - 17 所示。

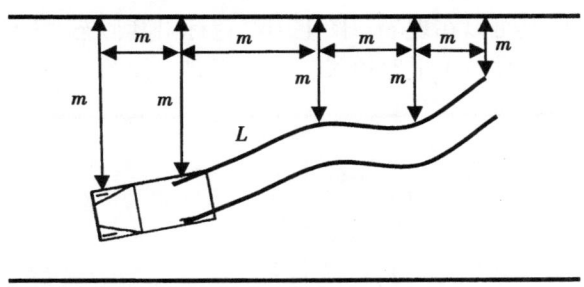

图 10 - 17　曲线拖印丈量

2）路面其他痕迹的丈量

如车辆在路面上形成的横移痕迹、自行车突出部位在路面留下的擦痕、人体鞋底在路面形成的挫擦痕迹及服装纤维、人体组织、毛发、血迹附着在路面上，通过这些痕迹的勘查，可以判断车辆的运动过程和接触点。

路面痕迹的丈量方法与车辆拖压印痕的丈量相似，主要要标清产生痕迹的部位、起止点、长度、面积、在道路上位置等，有时为了减少现场图上的线条，提高清晰度，可以做上记号，在图旁用文字加以说明。如图10-18所示。

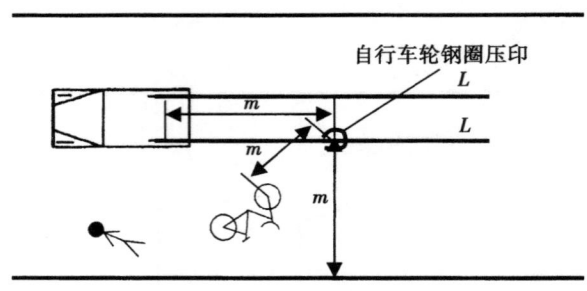

图10-18　自行车轮钢圈压印

3）车体痕迹的丈量

对于车辆上被发现的痕迹，要根据现场上的其他材料，判断痕迹产生的原因，然后对肇事现场上的其他车、人、物进行检查，只有当造成痕迹的双方都找到，并检验吻合，痕迹原因才能最后认定。如一时不能确定，可记录在案，待临场分析时解决。

车体痕迹确定后，可用平面图或立体图标明其所处部位、离地高度和具体形态（长、宽、深浅程度）。还可以通过痕迹照相来提取记录，对于可提取的痕迹，要尽量地提取保存以备查验。

机动车在碰撞中会在前部、侧面、底盘、轮胎等部位留下痕迹，丈量时应丈量痕迹的部位、面积、距地高度。

对于现场中自行车痕迹，应丈量痕迹的部位、形状、面积和距地高度，并根据丈量的数据，分析受外力撞击和被碾压时的演变情况。

（4）血迹、散落物的丈量

通过对事故现场道路上的血迹位置、散落物的丈量，可以判断车辆发生事故时的撞击力，有时还可以推算出车辆行驶速度、判断撞击过程等。

勘查测绘血迹时，血迹可以在现场草图上用红色标出其形态，标注"血"字，然后丈量出血迹的范围以及血迹中心部位至道路边缘的垂直距离。如图10-19所示。

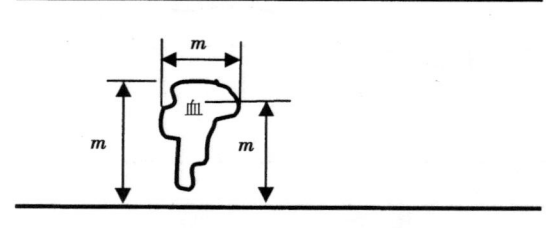

图10-19　血迹丈量

对于散落物，应注明物品名称，并准确丈量其范围和具体位置。如图 10 - 20 所示。

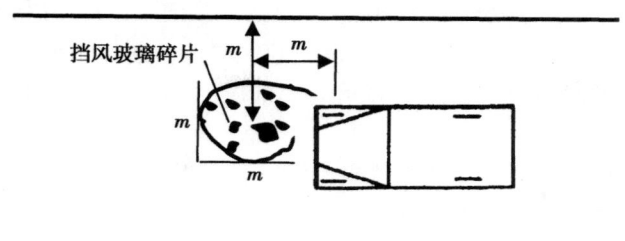

图 10 - 20　散落物丈量

3. 现场元素间距离丈量

当现场上的与事故相关的人、车、物的位置明确后，应丈量现场上各物体之间的关系，也就是相互间的距离和角度，以进一步了解和判断事故发生的概况。

六、现场记录图的绘制

现场记录图应反映现场地形、现场元素的位置和必要的数据，包括事故分析、事故认定所需的一切资料，并可据此复制现场和绘制现场比例图。

（一）绘制方法

现场记录图是在现场边勘查、边丈量、边绘制的现场图，因此，必须与现场实地勘验工作紧密结合，互相配合，互相衔接，避免产生互相干扰、互相矛盾的现象。

1. 绘制现场道路

绘制现场道路主要是将事故现场所处的道路条件的丈量结果绘制下来，它所反映的内容主要是道路走向、道路线型、交通环境等。当现场勘查人员全面了解现场情况时，绘图员进行现场道路的绘制为适宜的时机。

首先确定道路走向，然后根据实际情况绘制道路边线、路肩、边沟、路树，再绘制道路分道情况、交通设施、视距障碍物等，最后标注道路数据。

2. 绘制现场元素

当现场勘查人员开始具体丈量现场时，绘图人员的现场道路应已绘制完，此时应将现场上的车辆、人、畜、痕迹、散落物等元素的位置及其相互关系绘制在图纸上，并将定位数据标注清楚。

受图面影响无法标注的数据，记录在附录栏内。

车体、物体上的痕迹，可以根据需要用立面图、剖面图表示，并进行丈量和标注，尺寸单位是 cm。

3. 现场定位

根据选定的基准点，采用不同的定位方法将事故现场确定在一个固定的空间位置。

4. 履行法律手续

现场记录图是一种证据材料，必须履行一定的法律手续。当事人、当事人单位负责人、见证人在场的应签名，丈量绘图人员也必须在现场记录图上签字。

（二）绘制要求

现场记录图反映交通事故发生地点、现场地物地貌、现场中有关元素的位置及相互关系等情况，是记录和固定交通事故现场客观事实的证据材料，是分析、处理交通事故的主要证据。作图质量直接关系到事故处理工作的质量，关系到当事人的切身利益。所以，现场记录图应全面、形象地表现交通事故现场客观情况，绘制时应注意以下要求：

1. 现场记录图以平面图为主。需要表示局部情况时，可引出局部放大图，必要时也可绘制立面图或断面图。

2. 现场绘图时应根据需要选择适当的规格图纸，以近似比例，较为规范地进行绘制。

3. 现场绘图时应注意绘制以下情况：

（1）基准点（选择现场一个或几个固定物）和基准线（选择一侧路缘或道路标线）；

（2）道路全宽和各车道宽度，路肩及性质；

（3）第一冲突点遗留在路面的痕迹及与其相关物体、痕迹间的数据关系；

（4）各被测物体、痕迹、尸体所在位置，距丈量基准线尺寸及相互间尺寸；

（5）3％以上的道路坡度、弯道半径及超高、超车视距、停车视距；

（6）路口各向位的宽度及视线区。

4. 绘制的现场记录图应反映出现场全貌，现场范围较大使用双折线压缩无关道路的画面。

5. 现场记录图中各物体、痕迹、标线、基准点、基准线等间距，一般使用尺寸线、尺寸数据标注或说明。必要时可使用尺寸界线。

6. 现场图绘制完毕，必须在现场进行审核。检查有无基准点、基准线及第一冲突点；各被测物体及痕迹有无遗漏；丈量数据是否准确，有无矛盾等。

7. 现场记录图应在交通事故现场测绘完成。

七、现场比例图的绘制

（一）绘制方法

现场比例图是根据现场记录图在室内按照绘图要求，工整地绘制而成的正式图，它的标准要求较高。因此，需要图板、铅笔、丁字尺、比例尺、三角板、圆规、擦图板、曲线板、墨线笔等制图工具，按照一定的步骤进行。

1. 定图幅规格

根据事故分析工作的需要，首先要确定使用多大的图幅。较小范围的交通事故现场可采用 A 型纸，其图幅规格采用国内通用的 16 开型纸，即长、宽为 260mm、185mm；较大范围的交通事故现场可采用 B 型图，其图幅规格采用国内通用的 8 开型纸，即长、宽为 370mm、260mm。一般用统一的坐标纸，分横图和竖图两种。

2. 定比例

根据现场面积和图纸的大小，确定用何种比例尺。图上距离与路面距离的比，称作现场图的比例尺。绘制现场图时可优先采用 1：200 的比例，也可根据需要采用其他比例，如 1：50、1：100、1：150 等比例。

3. 定中心

定中心包括两个方面，一是图纸的中心，二是现场的中心。定图纸的中心是为了绘图时便于安排画面；定现场的中心是为了绘图时突出重点。绘图时应根据具体情况，注意安排现场中心和图纸中心的位置关系，以便于整个现场的图面布置。一般把现场中心放在图纸的中心部位。

4. 绘初稿

先用铅笔将现场内容勾画在现场图纸上成为初稿。首先绘道路、地形，其次绘肇事各方的形态、位置及相互之间的关系，最后绘痕迹、散落物。

5. 描图

铅笔稿绘成后，应与现场记录图核对，无误后即可用墨线笔沿铅笔图线描图。一般是先画曲线后画直线，以便于连接；先上后下，先左后右，以免弄脏图纸；先画细线，后画粗线，细线易干，不影响描图进度。

6. 标注说明

图描完后，要对有关尺寸进行标注，绘制方向标，并说明比例尺、绘图时间、绘图人员姓名等。

（二）绘制要求

现场比例图作为证据是现场记录图的补充和说明。现场比例图以现场记录图、现场勘查记录所载的数据为基础和依据，以现场记录图中的基准点和基准线为基准，以俯视图表示，使用相应的图形符号，将现场所绘制的图形及数据比较严格的按比例绘制。现场比例图数据出现疑义时，以现场记录图和勘查记录数据为准。

现场比例图制作完毕后，要细致地审核，确保一切内容、数据与现场记录图一致。还应对图幅、比例、线型、符号、标注等加以审查，看其与标准是否一致。

第六节　道路交通事故认定

一、道路交通事故认定概念

道路交通事故认定，是指公安交通管理部门通过对交通事故调查和对交通事故证据的收集、检验鉴定、分析后，依法对道路交通事故事实、原因及当事人的交通事故责任进行认定的一项专业性极强的专门工作。

《交通安全法》第七十三条规定："公安机关交通管理部门应当根据交通事故现场勘验、检查、调查情况和有关检验、鉴定结论，及时制作交通事故认定书，作为处理交通事故证据。交通事故认定书应当载明交通事故基本事实、成因和当事人责任，并送达当事人。"

交通事故认定书，是公安交通管理部门经过必要的调查对交通事故事实、成因及当事人交通事故责任所作出的认定结论，其性质属于证据范畴，而不是对案件的处理决定。交通事故认定书可以作为处理交通事故的证据，关系到当事人的合法权益。

二、道路交通事故认定原则

（一）以事实为根据的原则

道路交通事故认定的基础条件是，基本事实清楚，证据确凿充分。以事实为根据，是交通事故认定必须遵循的一项基本原则，它要求公安交通管理部门在确定当事人交通事故责任时，首先要在查明交通事故事实情况的前提下进行，做到既不能扩大，又不能缩小，更不能虚构，必须做到真实、可靠。这些事实是建立在可靠证据能证明的基础上的客观事实。任何主观臆想或凭经验的推断，都可能掩盖交通事故真相，从而可能导致交通事故责任认定的错误。

（二）依法定责原则

依法定责原则是以法律为准绳原则在交通事故认定方面的具体体现。以法律为准绳就要求公安机关交通管理部门对交通事故案件的办案手段及办案程序都要合法化。依法定责原则，要求公安部门要严格依照相关法律、法规确定当事人责任。其中依照的法律法规主要有《交通安全法》、《交通安全法实施条例》、《交通事故处理程序规定》等。

（三）分析因果关系的原则

所谓因果关系，就是一定的原因引起一定的后果的关系，是事物发展的内在规律。交通事故中所包含的因果关系，是交通事故的内在客观规律，这些规律不以人的意志为转移，但却可以为人们所认识和接受。认定交通事故责任分析因果关系，就是要分析作为交通事故原因的当事人的行为以及过错或者意外因素与交通事故之间的联系。而不能简单地把与交通事故本没有联系的当事人的行为或者过错作为认定当事人交通事故责任的依据。

（四）全面分析、综合评断的原则

全面分析、综合评断作为交通事故责任认定的原则，是马克思主义唯物辩证法和科学方法论在交通事故认定工作中的体现。

有些交通事故案件案情可能比较简单，引起交通事故发生的原因可能只有一个。但多数交通事故的原因却是错综复杂的，交通事故与双方当事人甚至多方当事人的行为有关，甚至各方当事人跟交通事故有关的行为不止一个。这种复杂的案情下，必须坚持全面分析、综合评断的原则来分析、认定交通事故。

所谓全面分析，就是分析交通事故众多原因的内在联系及其相关影响，防止片面性，从而找出决定交通事故发生的内在的、本质的必然因素。所谓综合评断，就是严格按照构成交通事故责任的要件，综合比较各种影响因素，从众多影响因素中找出事物的主要矛盾和矛盾的主要方面，从而认定当事人有无责任和责任的大小。全面分析、综合评断，就是应考虑影响交通事故的方方面面的因素，防止片面地看问题；也不能把当事人的行为等量齐观，而应找出起主导作用、制约作用的矛盾。同时，还要运用变化的观点，从不同角度、不同侧面分析和研究，并能正确解析事故现场出现的现象，方可保证交通事故认定工作的质量。

三、道路交通事故责任

道路交通事故责任，是指公安机关在查明交通事故的基本事实和原因后，依法作出的关于当事人的行为在交通事故中所起的作用以及过错的严重程度的定性定量的结论。

根据《道路交通事故处理程序规定》，当事人道路交通事故责任可分为全部责任、主要责任、次要责任、同等责任、无责任等几种。公安机关交通管理部门经过调查后，应当根据当事人的行为对发生交通事故所起的作用以及过错的严重程度，依法确定当事人的责任。

（一）全部责任

因一方当事人的过错导致交通事故的，承担全部责任；当事人逃逸，造成现场变动、证据灭失，公安机关交通管理部门无法查证交通事故事实的，逃逸的当事人承担全部责任（但有证据证明对方当事人也有过错的，可以减轻责任）；当事人故意破坏、伪造现场、毁灭证据的，承担全部责任。

（二）主要责任和次要责任

各方当事人的共同过错导致交通事故的发生，但各方当事人行为对事故所起的作用或者过错的严重程度却不同。则由行为在交通事故中所起作用较大以及过错较严重的一方当事人承担主要责任；行为在事故中所起作用较小以及过错较轻的当事人承担次要责任。

（三）同等责任

各方当事人的共同过错导致交通事故的发生，且各方当事人行为对事故所起的作用以及过错的严重程度基本相当，各方当事人负交通事故同等责任。

（四）无责任

在交通事故中，当事人如无导致事故发生的行为或者过错存在，则无责任。一方当事人故意造成交通事故的，他方无责任。各方均无导致交通事故的过错，属于交通意外事故的，各方均无责任。

四、《道路交通事故认定书》的制作

（一）《道路交通事故认定书》概述

《道路交通事故认定书》是公安机关交通管理部门根据交通事故调查及必要的检验、鉴定工作，对交通事故基本事实、成因及当事人交通事故责任进行认定而制作的一种法律文书。《道路交通事故认定书》在性质上属于处理交通事故的一种证据，在解决交通事故损害赔偿民事责任或者其他法律责任的问题上，它具有证据效力。

按一般程序处理的交通事故，公安机关应当制作《道路交通事故认定书》。《交通安全法》第七十三条规定："公安机关交通管理部门应当根据交通事故现场勘验、检查、调查情况和有关的检验、鉴定结论，及时制作交通事故认定书，作为处理交通事故的证据。交通事故认定书应当载明交通事故的基本事实、成因和当事人的责任，并送达当事人。"

（二）《道路交通事故认定书》内容

《道路交通事故认定书》应当载明交通事故基本事实、成因和当事人交通事故责任。除未查获交通肇事逃逸人、车辆的或者无法查证交通事故事实的以外，交通事故认定书应当载明以下内容：交通事故当事人、车辆、道路和交通环境的基本情况；交通事故的基本事实；交通事故证据及形成原因的分析；当事人导致交通事故的过错及责任或者意外原因。

道路交通事故认定书应当载明以下内容：

（1）道路交通事故当事人、车辆、道路和交通环境等基本情况；

（2）道路交通事故发生经过；

（3）道路交通事故证据及事故形成原因的分析；

（4）当事人导致道路交通事故的过错及责任或者意外原因；

（5）作出道路交通事故认定的公安机关交通管理部门名称和日期。

道路交通事故认定书应当由办案民警签名或者盖章，加盖公安机关交通管理部门道路交通事故处理专用章，分别送达当事人，并告知当事人向公安机关交通管理部门申请复核、调解和直接向人民法院提起民事诉讼的权利、期限。

（三）《道路交通事故认定书》制作时限

根据《道路交通事故处理程序规定》的规定，公安机关交通管理部门应当自现场调查之日起10日内制作道路交通事故认定书。交通肇事逃逸案件在查获交通肇事车辆和驾驶人后10日内制作道路交通事故认定书。对需要进行检验、鉴定的，应当在检验、鉴定结论确定之日起5日内制作道路交通事故认定书。

（四）几种特殊情况下的交通事故认定

1. 尚未侦破的逃逸交通事故

对于未查获交通肇事逃逸人和车辆逃逸交通事故，交通事故损害赔偿当事人要求出具交通事故认定书的，公安机关应当出具交通事故认定书。为了保护受害者的合法权益，特别是获得因事故造成的劳动保险等赔付，使受害人能得到及时补偿，及时制作交通事故认定书是必要的。《交通事故处理程序规定》第四十九条专门对该类事故的《道路交通事故认定书》作了具体规定。

（1）制作时限要求。逃逸交通事故尚未侦破，受害一方当事人要求出具道路交通事故认定书的，公安机关交通管理部门应当在接到当事人书面申请后10日内制作道路交通事故认定书，并送达受害一方当事人。

（2）应当载明的主要内容。道路交通事故认定书应当载明事故发生的时间、地点、受害人情况及调查得到的事实，有证据证明受害人有过错的，确定受害人的责任；无证据证明受害人有过错的，确定受害人无责任。

2. 无法查证交通事故事实成因的交通事故

道路交通事故成因无法查清的，公安机关交通管理部门应当出具道路交通事故证明，载明道路交通事故发生的时间、地点、当事人情况及调查得到的事实，分别送达当事人。

五、交通事故认定的程序

1. 审核研究证据材料

对调查所得的全部证据材料进行综合系统地审查研究。第一，审查证据是否客观真实；第二，审查所收集的证据是否全面，能否形成系统的证据体系，能否形成证据链；第三，审查证据收集的合法性。

2. 分析

分析当事人交通行为及主观过错或者导致交通事故的意外原因。

3. 确定违法行为和主观过错

确定当事人的交通安全违法行为及主观过错。

4. 分析因果关系

分析当事人交通安全违法行为及主观过错与交通事故之间的因果关系，分析意外原因与交通事故的因果关系。

5. 确定责任

根据当事人的行为对事故所起的作用及过错的严重程度确定当事人交通事故责任。

6. 集体研究，综合评断

事故认定实行集体研究，领导审批制度。事故认定由办案人员提出意见，经事故处理部门集体讨论，形成较一致意见，以备主管领导审批。

7. 上报审批

根据权限，及时送交通管理部门主观领导审批。

8. 制作交通事故认定书

根据领导审批意见，在规定的时限内制作《道路交通事故认定书》。

9. 宣告并送达各方当事人

公安机关交通管理部门制作完成《道路交通事故认定书》后，应当尽快向当事人宣告，并将交通事故认定书及时送达各方当事人。

六、交通事故认定的复核

当事人对道路交通事故认定有异议的，可以自道路交通事故认定书送达之日起 3 日内，向上一级公安机关交通管理部门提出书面复核申请。复核申请应当载明复核请求及其理由和主要证据。

上一级公安机关交通管理部门收到当事人书面复核申请后 5 日内，应当作出是否受理决定。公安机关交通管理部门受理复核申请的，应当书面通知各方当事人。

（一）复核申请不予受理的几种情形

有下列情形之一的，复核申请不予受理，并书面通知当事人。

（1）任何一方当事人向人民法院提起诉讼并经法院受理的。

复核审查期间，任何一方当事人就该事故向人民法院提起诉讼并经法院受理的，公安机关交通管理部门应当终止复核。

（2）人民检察院对交通肇事犯罪嫌疑人批准逮捕的。

（3）适用简易程序处理的道路交通事故。

（4）车辆在道路以外通行时发生的事故。

（二）复核的步骤

上一级公安机关交通管理部门自受理复核申请之日起 30 日内，对交通事故及认定材料进行审查，并作出复核结论。主要步骤如下：

1. 审查

主要审查内容有：

（1）道路交通事故事实是否清楚，证据是否确实充分，适用法律是否正确；

（2）道路交通事故责任划分是否公正；

（3）道路交通事故调查及认定程序是否合法。

2. 做复核结论

上一级公安机关交通管理部门经审查认为原道路交通事故认定事实不清、证据不确实充分、责任划分不公正或者调查及认定违反法定程序的，应当作出复核结论，责令原办案单位重新调查、认定。

上一级公安机关交通管理部门经审查认为原道路交通事故认定事实清楚、证据确凿充分、适用法律正确、责任划分公正、调查程序合法的，应当作出维持原道路交通事故认定的复核结论。

3. 宣布

上一级公安机关交通管理部门作出复核结论后，应当召集事故各方当事人，当场宣布复核结论。当事人没有到场的，应当采取其他法定形式将复核结论送达当事人。

4. 重新制作交通事故认定书

上一级公安机关交通管理部门作出责令重新认定的复核结论后，原办案单位应当在 10 日内依照本规定重新调查，重新制作道路交通事故认定书，撤销原道路交通事故认定书。

重新调查需要检验、鉴定的，原办案单位应当在检验、鉴定结论确定之日起 5 日内，重新制作道路交通事故认定书，撤销原道路交通事故认定书。

重新制作道路交通事故认定书的，原办案单位应当送达各方当事人，并书面报上一级公安机关交通管理部门备案。

（三）复核的方法

复核原则上采取书面审查的办法，但是当事人提出要求或者公安机关交通管理部门认为有必要时，可以召集各方当事人到场，听取各方当事人的意见。

上一级公安机关交通管理部门复核以一次为限。

第七节 道路交通事故处罚的执行

公安机关交通管理部门经过调查，确认当事人的道路交通安全违法行为后，应当在损害赔偿调解之前，按照《道路交通安全违法行为处理程序规定》，依法对当事人作出相应的处罚决定。如果所造成的交通事故后果严重，当事人涉嫌构成交通肇事罪的，公安交通管理部门应按照《公安机关办理刑事案件程序规定》，依法追究当事人刑事责任。

一、道路交通事故行政处罚的执行

（一）道路交通事故行政处罚概述

行政处罚是指享有行政处罚权的行政机关及法定组织对违反行政管理法律、法规的公民、法人及其他组织实施制裁的具体行政行为。道路交通事故行政处罚，是公安交通管理部门依据行政处罚法及道路交通管理法律法规，对在交通事故过程中的违法行为人所实施的行政制裁措施。

道路交通事故的发生，往往是由于当事人的交通安全违法行为造成的。当事人的交通安全违法行为危害了交通秩序和安全，直接造成了人民生命财产的损害。为维护道路交通秩序，维护交通法规，在交通事故处理中对发现的交通安全违法行为及时依法作出处理是十分必要的。公安机关交通管理部门及其交通警察对当事人在交通事故过程中的交通安全违法行为的处理，应当遵循合法、及时、公正、公开和处罚与教育相结合的原则。对应当给予处罚的，依据违法行为的事实和法律、法规的规定作出处罚决定。

（二）道路交通事故处罚简易程序

简易程序又称当场处罚程序。适用于简易程序处理的交通事故，对交通安全违法行为人给予 200 元以下罚款或者警告的，可以适用当场处罚程序。对违法行为人当场处以罚款处罚的，应当按照下列程序实施：

1. 告知

口头告知当事人违法行为的基本事实、拟作出的行政处罚、依据及其依法享有的陈述权、申辩权、行政复议权等权利。

作出处罚前的"告知"，对于当事人来说，是其法定权利；对于公安交通管理部门来说，则是其法定义务。对执法者"告知"义务的规定，既有利于为当事人提供陈述和申辩的机会，也有利于对执法者的执法行为进行有效的监督，以确保执法的公正。

2. 听取意见

听取违法行为人的陈述和申辩，违法行为人提出的事实、理由或者证据成立的，应当采纳。

3. 作出处罚决定

作出处罚决定并制作简易程序处罚决定书。处罚决定书应由交通警察签名或者盖章，并有公安机关交通管理部门盖章。

4. 当场交付处罚决定书

简易程序处罚决定书应当由被处罚人签名。当事人拒绝签名的，交通警察应当在简易程序处罚决定书上注明。当事人拒收的，交通警察应当在简易程序处罚决定书上注明。

5. 罚款的执行

当场交付处罚决定书时，当场收缴罚款的，应填写罚款收据，交付被处罚人。不当场收缴罚款的，应当告知被处罚人在规定的期限内到指定的银行缴纳罚款。

6. 备案

交通警察应当在2日内将简易程序处罚决定书（一式三联）存档联交所属公安机关交通管理部门存档。及时交处罚决定书存档联存档，作用有三：一是有利于公安机关及时了解处罚的决定情况，并制作行政处罚档案；二是有利于公安机关对办案人员的执法行为进行监督和检查；三是使公安机关在遇到行政复议和行政诉讼时能有据可查。

公安机关交通管理部门按照简易程序作出处罚决定的，可以由一名交通警察实施。

（三）道路交通事故处罚一般程序

公安机关对交通安全违法行为人给予较重的处罚，不适宜用简易程序（如作出200元以上的罚款），应按照一般程序作出处罚决定。一般程序的工作步骤如下：

1. 调查和询问

对交通事故中当事人的交通安全违法事实进行调查，询问当事人违法行为情况，并制作询问笔录，形成证据材料。

2. 告知

书面告知当事人违法行为的基本事实、拟作出的行政处罚、依据及其依法享有的权利。

3. 听证

听证是指公安机关交通管理部门在作出行政处罚决定之前，听取当事人的陈述和申辩，由呼证参加人就有关问题进行质询、辩论，从而查明有关事实、确认处罚的合法性。对符合听证条件，当事人提出听证申请的，公安机关应主持听证。听证中，当事人陈述和申辩的理由成立的，公安机关应当采纳。

4. 审查裁决

在告知和听证程序结束后，办案人员对调查听证材料进行复查，对拟作出的处罚决定按裁决的权限报公安机关交通管理部门主管负责人进行审查。对情节复杂的重大、特大事故中的当事人给予较重的行政处罚时，公安机关交通管理部门的负责人应集体讨论决定。

5. 制作公安交通管理行政处罚决定书

根据主管负责人的审查意见，办案人员制作公安机关交通管理行政处罚决定书。

6. 宣告送达

办案人员在宣告交通事故行政处罚决定书后应当场交付当事人；当事人不在场的，公安交通管理部门应当在7日内，将处罚决定书送交当事人。

公安机关交通管理部门按照一般程序对当事人实施处罚的，应当由2名以上交通警察实施。

（四）道路交通事故行政处罚的执行

公安机关交通管理部门应当依据《中华人民共和国行政处罚法》、《交通安全法》及其实施条例等法律、行政法规，适用《公安机关办理行政案件程序规定》、《道路交通安全违法行为处理程序规定》，对当事人的道路交通安全违法行为作出处罚。

二、道路交通事故刑事法律责任的追究

当事人违反交通法规的规定，发生重大交通事故，涉嫌构成犯罪的，应依法追究其刑事责任，公安机关交通管理部门应当按照《公安机关办理刑事案件程序规定》办理。

（一）交通肇事罪及量刑规定

交通肇事罪是指从事交通运输的人员或者非从事交通运输的人员，因违反交通运输法律法规而发生重大事故，造成他人重伤、死亡或者使公私财产遭受重大损失的犯罪行为。交通肇事罪是一种过失危害公共安全的犯罪。

《刑法》第一百三十三条规定："违反交通运输管理法规，因而发生重大事故，致人重伤、死亡或者使公私财产遭受重大损失的，处3年以下有期徒刑或者拘役；交通运输肇事后逃逸或者有其他特别恶劣情节的，处3年以上7年以下有期徒刑；因逃逸致人死亡的，处7年以上有期徒刑。"2000年11月10日最高人民法院审判委员会会议通过的《最高人民法院关于审理交通肇事刑事案件具体应用法律若干问题的解释》（自2000年11月21日起施行）对有关交通肇事案件的审理、量刑作出了具体规定。

1. 交通肇事具有下列情形之一的，处3年以下有期徒刑或者拘役：

（1）死亡一人或者重伤三人以上，负事故全部或者主要责任的；

（2）死亡三人以上，负事故同等责任的；

（3）造成公共财产或者他人财产直接损失，负事故全部或者主要责任，无能力赔偿数额在三十万元以上的；

（4）交通肇事致一人以上重伤，负事故全部或者主要责任，并具有下列情形之一的，以交通肇事罪定罪处罚：

1）酒后、吸食毒品后驾驶机动车辆的；

2）无驾驶资格驾驶机动车辆的；

3）明知是安全装置不全或者安全机件失灵的机动车辆而驾驶的；

4）明知是无牌证或者已报废的机动车辆而驾驶的；

5）严重超载驾驶的；

6）为逃避法律追究逃离事故现场的。

单位主管人员、机动车辆所有人或者机动车辆承包人指使、强令他人违章驾驶造成重大交通事故，具有解释第二条规定情形之一的，以交通肇事罪定罪处罚。

2. 交通肇事具有下列情形之一的，属于"有其他特别恶劣情节"，处3年以上7年以下有期徒刑：

（1）死亡二人以上或者重伤五人以上，负事故全部或者主要责任的；

（2）死亡六人以上，负事故同等责任的；

（3）造成公共财产或者他人财产直接损失，负事故全部或者主要责任，无能力赔偿数额在六十万元以上的。

3. 因逃逸致人死亡的，处7年以上有期徒刑

交通肇事后，单位主管人员、机动车辆所有人、承包人或者乘车人指使肇事人逃逸，致使被害人因得不到救助而死亡的，以交通肇事罪的共犯论处。

4. 行为人在交通肇事后为逃避法律追究，将被害人带离事故现场后隐藏或者遗弃，致使被害人无法得到救助而死亡或者严重残疾的，应当分别依照刑法第二百三十二条、第二百三十四条第二款的规定，以故意杀人罪或者故意伤害罪定罪处罚。

（二）公安机关追究交通肇事罪的办案程序

对当事人涉嫌构成交通肇事罪的交通事故案件，公安机关交通管理部门应当按照《公安机关办理刑事案件程序规定》办理，依法追究肇事人刑事责任。

公安机关追究交通肇事罪的办案工作，一般经过审查立案、侦查鉴定和复核移送三个阶段。

1. 审查立案

审查立案包括报案、初审、立案三个内容。

2. 侦查鉴定

侦查鉴定是刑事诉讼活动的基础，也是追究交通肇事罪的核心工作。侦查鉴定工作应按照《中华人民共和国刑事诉讼法》和《公安机关办理刑事案件程序规定》等法律法规的规定进行。主要工作有现场勘查、讯问被告人、调查证人、搜查、鉴定、依法对被告人采取必要的强制措施、制作结案报告等。

3. 复核移送

对有关的案件材料和法律文书，报主管上级审查、审批；制作《起诉意见书》或者《免予起诉意见书》；向人民检察院移送案卷等材料起诉。

第八节　道路交通事故损害赔偿及调解

一、道路交通事故损害赔偿

道路交通事故损害赔偿，是指交通事故当事人的违法行为或者意外原因，使他人的财产权或人身权受到损害和侵犯，对受害人进行赔偿的民事责任。

交通事故损害分人身损害和财产损害两种。交通事故损害是交通事故的必然后果，也是处理每起交通事故所必然要涉及的内容。损害后果的发生是由于当事人在交通事故中的交通侵权行为的结果。

交通侵权行为是行为人因自己的过错或者意外因素在交通事故中对他人权益的侵害。在一般情况下，赔偿义务人是负有交通事故责任的当事人。对于无民事行为能力人和限制民事行为能力人在交通事故中给他人造成损害，负有交通事故责任时，赔偿责任由其监护人承担；驾驶人在执行职务中发生交通事故，负有交通事故责任的，赔偿义务人是驾驶人所在单位或者机动车所有人，如果其所在单位和机动车所有人不是同一单位时，则由驾驶活动的受益者承担赔偿责任。

二、道路交通事故损害赔偿的适用原则

道路交通事故损害赔偿适用原则是指交通侵权行为及损害事实发生后，确定行为人承担交通事故损害赔偿责任所应遵循的根本准则。

（一）过错责任原则

过错责任原则以侵害人过错为其负担侵权赔偿责任依据的原则。我国《民法通则》第一

百零六条第二款规定："公民、法人由于过错侵害国家的、集体的财产，侵害他人财产、人身的，应当承担民事责任。"交通事故损害赔偿适用过错责任原则，就是这一法律规定的体现。

《交通安全法》第七十六条规定，机动车之间发生交通事故造成人身伤亡、财产损失的，由保险公司在机动车第三者责任强制保险责任限额范围内予以赔偿；不足的部分，由有过错的一方承担赔偿责任；双方都有过错的，按照各自过错的比例分担责任。这一条款就是法律在交通事故损害赔偿上适用过错原则的具体规定。

（二）无过错责任原则

无过错责任原则是指基于法律的特别规定，加害人对其行为造成的损害没有过错也应承担民事责任。该原则不以过错为构成要件，只要损害发生，行为人即负侵权责任的归责原则。

我国《民法通则》第一百零六条第八款规定："没有过错，但法律规定应当承担民事责任的，应当承担民事责任。"《民法通则》第一百二十三条规定："从事高空、高压、易燃、易爆、剧毒、放射性、高速运输工具等对周围环境有高度危险的作业造成他人损害的，应当承担民事责任；如果能够证明损害是由受害人故意造成的，不承担民事责任。"《交通安全法》（2007年12月29日修订）第七十六条第一款第二项规定："机动车与非机动车驾驶人、行人发生交通事故的，由机动车一方承担责任；但是有证据证明非机动车驾驶人、行人违反交通法规，机动车驾驶人已经采取必要处置措施的，减轻机动车一方的责任；机动车一方没有过错的，承担不超过百分之十的赔偿责任。"这些规定是交通事故损害赔偿适用无过错责任原则的法律依据。

无过错责任原则不以加害人过错为构成要件，只需确定加害人行为或者物体与损害事实之间的因果关系。但无过错责任原则的适用必须符合法律规定的特别条件，不得任意扩大适用范围。

（三）公平责任原则

公平责任原则是指在各方当事人对造成的损害事实均无过错的情况下，应依据公平原则，由当事人对受害人的损害适当承担的归责原则。

我国《民法通则》第一百二十三条规定："当事人对造成损害都没有过错的，可以根据实际情况，由当事人分担民事责任。"这是交通事故损害赔偿适用公平责任原则的法律依据。公平责任原则是过错责任原则和无过错责任原则的有效补充，主要适用于当事各方对损害后果都没有过错、而法律又没有特别规定的情况。

三、道路交通事故损害赔偿的项目和标准

（一）财产损害赔偿

道路交通事故造成的财产损害，依据《民法通则》的有关规定进行赔偿。我国《民法通则》第一百一十七条规定："侵占国家的、集体的财产或者他人财产的，应当返还财产，不能返还财产的应当折价赔偿。损害国家的、集体的财产或者他人财产的，应当恢复原状或者折价赔偿。受害人因此遭受其他重大损失的，侵害人应当赔偿损失。"

对交通事故造成的财产损失进行赔偿，有恢复原状和折价赔偿两种赔偿方式。在实践中，经双方当事人的协商，也可以部分修复，部分折价，或者以同种同类同质量的实物予以赔偿。交通事故造成牲畜受伤失去使用价值或死亡的，可以凭区、县级兽医院或牲畜交易管

理机关开具的证明或者鉴定，折价赔偿。

修复费用、折价赔偿费用按照实际修复必需的支出费用或者评估机构的评估结论计算。

（二）人身损害赔偿

根据《最高人民法院关于审理人身损害赔偿案件适用法律若干问题的解释》（2004 年 5 月 1 日起施行）的规定，人身损害赔偿费项目包括医疗费、误工费、护理费、交通费、住宿费、住院伙食补助费、必要的营养费、残疾赔偿金、残疾辅助器具费、被扶养人生活费、丧葬费、死亡补偿费、精神损害抚慰金 13 项。并规定各赔偿项目的计算标准如下：

1. 医疗费

医疗费根据医疗机构出具的医药费、住院费等收款凭证，结合病历和诊断证明等相关证据确定。赔偿义务人对治疗的必要性和合理性有异议的，应当承担相应的举证责任。

医疗费的赔偿数额，按照一审法庭辩论终结前实际发生的数额确定。器官功能恢复训练所必要的康复费、适当的整容费以及其他后续治疗费，赔偿权利人可以待实际发生后另行起诉。但根据医疗证明或者鉴定结论确定必然发生的费用，可以与已经发生的医疗费一并予以赔偿。

2. 误工费

误工费根据受害人的误工时间和收入状况确定。误工时间根据受害人接受治疗的医疗机构出具的证明确定。受害人因伤致残持续误工的，误工时间可以计算至定残日前一天。受害人有固定收入的，误工费按照实际减少的收入计算。受害人无固定收入的，按照其最近 3 年的平均收入计算；受害人不能举证证明其最近 3 年的平均收入状况的，可以参照受诉法院所在地相同或者相近行业上一年度职工的平均工资计算。

3. 护理费

护理费根据护理人员的收入状况和护理人数、护理期限确定。

护理人员有收入的，参照误工费的规定计算；护理人员没有收入或者雇佣护工的，参照当地护工从事同等级别护理的劳务报酬标准计算。护理人员原则上为一人，但医疗机构或者鉴定机构有明确意见的，可以参照确定护理人员人数。

护理期限应计算至受害人恢复生活自理能力时止。受害人因残疾不能恢复生活自理能力的，可以根据其年龄、健康状况等因素确定合理的护理期限，但最长不超过 20 年。

受害人定残后的护理，应当根据其护理依赖程度并结合配制残疾辅助器具的情况确定护理级别。

4. 交通费

交通费根据受害人及其必要的陪护人员因就医或者转院治疗实际发生的费用计算。交通费应当以正式票据为凭；有关凭据应当与就医地点、时间、人数、次数相符合。

5. 住院伙食补助费

住院伙食补助费可以参照当地国家机关一般工作人员的出差伙食补助标准予以确定。

6. 住宿费

受害人确有必要到外地治疗，因客观原因不能住院，受害人本人及其陪护人员实际发生的住宿费和伙食费，其合理部分应予赔偿。

7. 营养费

营养费根据受害人伤残情况参照医疗机构的意见确定。

8. 残疾赔偿金

残疾赔偿金根据受害人丧失劳动能力程度或者伤残等级，按照受诉法院所在地上一年度城镇居民人均可支配收入或者农村居民人均纯收入标准，自定残之日起按 20 年计算。但 60 周岁以上的，年龄每增加 1 岁减少 1 年；75 周岁以上的，按 5 年计算。

受害人因伤致残但实际收入没有减少，或者伤残等级较轻但造成职业妨害严重影响其劳动就业的，可以对残疾赔偿金作相应调整。

9. 残疾辅助器具费

残疾辅助器具费按照普通适用器具的合理费用标准计算。伤情有特殊需要的，可以参照辅助器具配制机构的意见确定相应的合理费用标准。辅助器具的更换周期和赔偿期限参照配制机构的意见确定。

10. 丧葬费

丧葬费按照受诉法院所在地上一年度职工月平均工资标准，以 6 个月总额计算。

11. 被扶养人生活费

被扶养人生活费根据扶养人丧失劳动能力程度，按照受诉法院所在地上一年度城镇居民人均消费性支出和农村居民人均年生活消费支出标准计算。被扶养人为未成年人的，计算至 18 周岁；被扶养人无劳动能力又无其他生活来源的，计算 20 年。但 60 周岁以上的，年龄每增加 1 岁减少 1 年；75 周岁以上的，按 5 年计算。

被扶养人是指受害人依法应当承担扶养义务的未成年人或者丧失劳动能力又无其他生活来源的成年近亲属。被扶养人还有其他扶养人的，赔偿义务人只赔偿受害人依法应当负担的部分。被扶养人有数人的，年赔偿总额累计不超过上一年度城镇居民人均消费性支出额或者农村居民人均年生活消费支出额。

12. 死亡赔偿金

死亡赔偿金按照受诉法院所在地上一年度城镇居民人均可支配收入或者农村居民人均纯收入标准，按 20 年计算。但 60 周岁以上的，年龄每增加 1 岁减少 1 年；75 周岁以上的，按 5 年计算。

赔偿权利人举证证明其住所地或者经常居住地城镇居民人均可支配收入或者农村居民人均纯收入高于受诉法院所在地标准的，残疾赔偿金、死亡赔偿金和被扶养人生活费可以按照其住所地或者经常居住地的相关标准计算。

13. 精神抚慰金

受害人或者死者近亲属遭受精神损害，赔偿权利人向人民法院请求赔偿精神损害抚慰金的，适用《最高人民法院关于确定民事侵权精神损害赔偿责任若干问题的解释》予以确定。在精神损失赔偿方面，按照《最高人民法院关于确定民事侵权精神损害赔偿责任若干问题的解释》的有关条款理解，应比照死亡赔偿金或者残疾赔偿金的数额给付。

精神损害抚慰金的请求权，不得让与或者继承。但赔偿义务人已经以书面方式承诺给予金钱赔偿，或者赔偿权利人已经向人民法院起诉的除外。

四、公安机关对交通事故损害赔偿的调解

对交通事故损害赔偿的争议，当事人可以请求公安机关交通管理部门调解，也可以直接向人民法院提起民事诉讼。

交通事故损害赔偿权利人、义务人一致请求公安机关交通管理部门调解损害赔偿的，应当在收到道路交通事故认定书或者上一级公安机关交通管理部门维持原道路交通事故认定的

复核结论之日起 10 日内，向公安机关交通管理部门提出书面申请，公安机关交通管理部门应予调解。在调解时机成熟后，公安机关交通管理部门应当与当事人约定调解的时间、地点，并于调解时间 3 日前通知当事人。口头通知的应当记入调解记录。调解参加人因故不能按期参加调解的，应当在预定调解时间 1 日前通知承办的交通警察，请求变更调解时间。

（一）调解时限规定

《交通事故处理程序规定》规定，公安机关交通管理部门应当按照下列规定日期开始调解，并于 10 日内制作道路交通事故损害赔偿调解书或者道路交通事故损害赔偿调解终结书：

（1）造成人员死亡的，从规定的办理丧葬事宜时间结束之日起；

（2）造成人员受伤的，从治疗终结之日起；

（3）因伤致残的，从定残之日起；

（4）造成财产损失的，从确定损失之日起。

（二）调解程序

交通警察调解道路交通事故损害赔偿，按照下列程序实施：

（1）告知道路交通事故各方当事人的权利、义务；

（2）听取当事人各方的请求；

（3）根据道路交通事故认定书认定的事实以及《交通安全法》第七十六条的规定，确定当事人承担的损害赔偿责任；

（4）计算损害赔偿的数额，确定各方当事人各自承担的比例，人身损害赔偿的标准按照《最高人民法院关于审理人身损害赔偿案件适用法律若干问题的解释》规定执行，财产损失的修复费用、折价赔偿费用按照实际价值或者评估机构的评估结论计算；

（5）确定赔偿履行方式及期限。

（三）应该终止调解的几种情形

有下列情形之一的，公安机关交通管理部门应当终止调解，并记录在案：

（1）在调解期间有一方当事人向人民法院提起民事诉讼的；

（2）一方当事人无正当理由不参加调解的；

（3）一方当事人调解过程中退出调解的。

（四）调解书

经调解各方当事人未达成协议的，公安机关交通管理部门应当终止调解，制作道路交通事故损害赔偿调解终结书送达各方当事人。

经公安机关交通管理部门调解，当事各方对交通事故损害赔偿达成协议的，公安机关应当制作调解书，由各方当事人签字，并送交当事各方。

调解书是记录调解所达成的协议的文书，文书的制作是调解成功的标志，也是调解工作完成的标志。

调解书应当载明以下内容：

（1）调解依据；

（2）道路交通事故认定书认定的基本事实和损失情况；

（3）损害赔偿的项目和数额；

（4）各方的损害赔偿责任及比例；

（5）赔偿履行方式和期限；

（6）调解日期；

（7）主持调解的交通警察签名，加盖调解部门印章。

赔付款由当事人自行交接，当事人要求交通警察转交的，交通警察可以转交，并在调解书上附记。

调解书生效后，赔偿义务人不履行的，当事人可以向人民法院提起民事诉讼。

（五）调解终结书

经调解未达成协议的，或者当事人无正当理由不参加调解或者调解过程中放弃的，公安机关交通管理部门应当终结调解，制作调解终结书送交各方当事人。调解终结书是公安机关交通管理部门依照交通法律法规的规定，对道路交通事故损害赔偿调解当事人未达成协议的，通知被调解人调解终结的文书。

调解终结书载明的内容包括：

（1）事故时间、地点；

（2）当事人；

（3）未达成协议的原因；

（4）调解终结的日期；

（5）告知内容：对损害赔偿有争议，当事人可以向人民法院提起民事诉讼；

（6）主持调解的交通警察签名，加盖调解部门的印章。

第十一章

道路交通安全教育

一、交通安全教育的发展

道路交通安全教育（即道路交通安全宣传教育，简称交通安全教育），是在城市交通进入汽车时代，特别是许多国家为日趋严重的交通事故和交通公害等交通安全问题所苦恼的情况下，作为相应的对策而逐步发展起来的。

道路交通安全问题就像人身体上的一种病，需要对症下药，才能治好。但是由于交通运输形势的变化，引起现代交通安全问题的原因与过去相比要多得多，也复杂得多，越来越难治理。不过人们已经清楚地知道，引起道路交通安全的因素主要还是人，这在国内外都一样。

据日本的事故调查报告，95％的交通事故是因人而起的；而据公安部每年对国内交通事故的统计表明，由于落后的交通意识和不遵守交通法规的交通行为而引发的交通事故也占90％以上。

由此可见，道路交通安全问题与人密切相关，因此要治理道路交通安全问题，主要是治理人的问题，而其中关键是提高人的交通安全意识。其治本的措施就是深入开展交通安全教育。

早在 20 世纪 20 年代，美国针对当时中、小学生交通事故率高的情况，首先在中小学校进行交通安全教育的试点工作，使交通事故率大幅度下降。接着，又对驾驶人员和成年人进行交通安全教育，效果也十分显著。自此，许多国家也相继开展了交通安全教育的工作。

20 世纪 60 年代初，日本开始了全国性的交通安全教育活动，每年召开一次"交通安全全民总奋起大会"，每年春秋两季各开展一次全国性交通安全运动；各城市还发表"城市交通安全宣言"，交通安全教育得到了普遍开展。

我国也是一个积极开展交通安全教育的国家。自 20 世纪 60 年代以来，我国许多城市交

231

通管理部门设立了交通安全教育机构或规定了相应机构的交通安全教育职能，专门负责交通安全教育的组织和实施工作。20世纪70年代以后，这项工作又有了新的发展，特别是在每年开展的整顿城市交通秩序的活动中，自始至终贯穿着交通安全教育的内容。20世纪90年代后期，我国交通安全教育工作开始走向社会化。国家相继在全国各地开展安全宣传日、宣传周和宣传月活动。1997年，公安部专门制定了交通安全教育三年规划。各地相继设立了交通广播电台，开办了"平安走天下"、"红绿灯下"等交通安全电视栏目。交通安全教育开始向学校、农村和街道延伸。2000年公安部和中央有关部委联合发出了在全国普及交通法规宣传教育的通知，近几年，公安部开展了"进农村、进社区、进企业、进学校、进家庭"的"五进"交通安全教育活动，继而交通安全教育的相关内容被纳入《交通安全法》，并随着旨在提高道路交通管理水平的"平安大道"、"城市畅通工程"等活动的开展，交通安全教育工作已经开始逐步社会化。

二、交通安全教育的重要意义

交通安全教育被誉为交通管理工作的三大支柱之一。这三大支柱是：工程、法规和交通安全教育。通过总结国内外交通管理实践，许多交通工程学者和交通管理工作者都认为，做好交通管理工作，工程是基础，法规是保证，交通安全教育是根本。可见，交通安全教育在交通管理工作中占有重要的地位。

交通安全教育的地位之所以重要，是由它的工作对象与任务决定的。它的工作对象主要是人，其中尤为重要的是驾驶人。如果能从驾驶人的思想观念入手，通过广泛的交通安全教育，使驾驶人对交通法规和安全常识由知之不多到知之较多；由理解不深，到理解较深。就能把不安全的隐患、漏洞、事故苗头解决在萌芽状态，做到防患于未然，以减少或防止事故的发生。如果事故已经发生，也可以从中找原因，论危害，在驾驶人当中敲响警钟，使当事驾驶人和其他驾驶人吸取教训，防止类似事故的发生。

三、交通安全教育的作用

交通安全教育以交通安全为目的，以交通法规和交通安全知识为主要内容，以各种形式，向交通参与者进行交通安全教育，概括起来主要有以下几个方面：

（一）动力作用

人们进行道路交通活动，环境往往是复杂多变的，交通管理水平提高的关键，取决于交通参与者的交通素质。交通素质表现为道路交通的观念、道德、智力、心理诸方面及其集合体。交通安全教育的有效开展，可以提高人们对道路交通的认识，使其知识和能力的充分发挥必然转换成为道路交通有效进行的能动力量，从而推动道路交通管理的有效进行和稳步发展。

（二）先导作用

交通安全教育在管理中的先导作用，决定于它的超前性和组成中的功能关系。随着道路交通的发展，管理规范和管理方式不断改变，它要求人们的交通素质能同步发展。通过交通安全教育的有效开展，使人的能动潜力得以激发而转向规范行为，并发挥积极的决定性作用。

（三）纽带作用

通过交通安全教育，联系社会各系统、各阶层，促进道路交通的协调发展。

第二节　道路交通安全教育的职责和工作目标

一、交通安全教育的职责

人们虽然认识到要解决交通问题，加大交通安全教育的力度是非常重要的。可是，长期以来，我国的交通安全教育工作，几乎由公安交通管理部门"唱独角戏"，虽然许多地方上有交通安全委员会，下有驾驶员协会等群众组织，但是社会各界很少承担责任，在交通形势变化，交通日益繁忙，交通问题越来越复杂的今天，其效果日渐减小。尤其在道路交通运输市场竞争愈来愈激烈，国有、集体和个体运输车辆同时活跃在有限的道路上；交通企业经营机制不断改革，许多都以股份、租赁或承包的形式进行经营；驾驶人员队伍发生变化，新驾驶人增多，外来驾驶人比例增大；道路交通行业出现了"重承包，轻管理，重效益，轻安全"的弊病的新情况下，这些都使得交通安全教育显得软弱无力，工作很难铺开。公安交通管理部门的交通安全教育工作往往是"一厢情愿"，单位、其他组织和个人爱理不理，可听可不听。有的城市曾经设想将驾驶人交通安全教育与各社会单位的工作结合起来，甚至发布了通告，但是政令不畅，难于贯彻实施，通告成了一纸空文。如此一来，交通参与者的交通安全和畅通意识与高速发展的现代交通出现脱节，致使交通事故居高不下。

针对这些情况，《交通安全法》将交通安全教育纳入法律范畴，明确了政府、管理部门、机关单位、教育部门、新闻媒体的交通安全教育职责，力求从法律要求的角度，促进交通安全教育工作社会化，提高交通安全教育的效果。

交通安全教育的职责是：各级人民政府应当经常进行交通安全教育，提高公民的道路交通安全意识；公安机关交通管理部门及其交通警察执行职务时，应当加强道路交通安全法律、法规的宣传，并模范遵守道路交通安全法律、法规；机关、部队、企事业单位、社会团体以及其他组织，应当对本单位的人员进行道路交通安全教育；教育行政部门、学校应当将道路交通安全教育纳入法制教育的内容；新闻、出版、广播、电视等有关单位，有进行道路交通安全教育的义务。

二、交通安全教育的目标

交通安全教育旨在提高交通参与者以下几方面的素质：

一是提高人的法制意识，使人们对法制具有深刻的认识，有遵守法令的基本观念，养成与法规对应的交通行为习惯。

二是端正人的安全态度，树立大众意识，使人们对自身的能力界限有一个正确的认识，具有确保自身和他人安全的强烈意识，以慎重的行动参与交通，并且关心其他交通参与者；经常站在对方立场上考虑问题，充分理解他人的心理，使自己的交通行为不给他人，不给社会增添麻烦。

三是提高畅通意识，使人们正确处理好安全与畅通的关系。这在以往的交通安全教育中涉及较少。反映交通效益的本质特征是交通畅通。道路交通只有畅通，才可能正常发挥出社会效益和经济效益。交通畅通需要有良好的交通秩序作保证，而安全也随着道路的畅通，秩序的好转而得到保障。因此人们在参与交通时，应自觉遵守交通法规，自觉遵守和维护交通秩序，以保证交通畅通。为此在交通安全教育中，在注重培养人们安全态度和法制意识的同时，还应培养人们的畅通意识。

四是提高安全驾驶技能，使驾驶人学习从外界环境获取必要情报，并经正确判断采取相应行动的能力；能按照自己的愿望进行相应的操作，学习正确避险的方法和技能。

五是提高交通参与者的自我控制能力，使之能客观地评价自身的安全控制能力，明确自身的责任，将自己的愿望和动机控制在自身能够掌握的范围以内，避免因焦急、烦恼等心理因素导致危险行动。

第三节　交通安全教育的基本内容、形式和方法

一、交通安全教育的基本内容和要求

交通安全教育的基本内容有：道路交通法规和交通管理的有关规定；道路交通状况和交通安全常识；交通安全的正面经验和反面教训。

在进行上述基本内容的宣传教育时，应当与党和国家在一个时期的中心工作联系起来，与社会主义物质文明建设和精神文明建设联系起来，与个人和他人的自身安全及家庭幸福联系起来，与党、国家的政治声誉、经济损失及经济社会建设联系起来，与社会主义法制、组织纪律以及人的思想品德、交通道德等联系起来。

总之，交通安全教育内容要有鲜明的时代特征和地域特征，要贴近特定群体的生产、生活中出行安全的方方面面。

通过交通安全教育，应逐渐营造一种交通安全文化氛围，形成良好的社会心理及行为定势，从而使交通安全教育得以深入人心，持续有效地开展。

在进行交通安全教育时，要讲究法律原则、社会道德准则和科学性。要多从法律、法规上，社会道德上，尤其是科学道理上，教育交通参与者应当怎样对待国家法律、法规对自己的关爱，自觉地遵守交通规则，保障道路交通安全、畅通。

二、交通安全教育的主要形式

交通安全教育的形式应该多种多样，不拘一格。凡能使群众重视交通安全，能对群众的思想潜移默化，逐渐养成遵守交通秩序良好习惯的各种形式都可运用。通常采用以下形式：

形象宣传教育：电影、电视、幻灯、展览、图片、绘画、摄影等进行宣传。这是效果最好，宣传范围最广的一种宣传教育方式；

报刊宣传教育：撰写评论、消息和各种专栏等；

广播宣传教育：通过无线电台、有线广播，利用新闻、科学、少儿听众服务等专栏节目等；

文艺宣传教育：通过戏剧、音乐、歌舞、曲艺等演唱形式，或小说、诗歌、散文、书法、篆刻等；

会议宣传教育：利用演讲会、报告会、座谈会、现场会、公判会、经验交流会、事故分析会等；

街头宣传教育：出动宣传车，设立宣传站、宣传牌、霓虹灯，张贴标语、口号，悬挂过街条幅、幔帐等；

结合教学宣传教育：编写有关交通安全的课文、课外读物，参加交通安全宣传社会实践活动，举办临时学习班等。

三、交通安全教育的方法

交通参与对象千差万别，因此交通安全教育的方法也多种多样。通常针对不同的对象，可以运用不同的心理策略，采用灵活多样的教育方法。

（一）对驾驶人员的交通安全教育

1. 成立驾驶人群众组织和机构

把驾驶人按系统、按地区组织起来，成立驾驶人协会或驾驶人俱乐部，在这些组织和机构中建立安全制度，使驾驶人在有组织的群体中获得帮助和自我教育。

2. 有针对性的开展教育

搞好机动车驾驶人的分类排队工作，根据不同情况进行重点教育。如对缺乏驾驶经验的新驾驶人，应组织他们学习老驾驶人的安全行车经验；对忽视安全行车的驾驶人，应着重向他们宣传安全与生产的关系，搞好车辆维修保养与安全行车的重要性；对驾驶作风不好的驾驶人，应组织他们重点学习交通法规和典型事故案例，提高遵章守法观念，保证安全行车。

3. 针对季节和气候变化进行教育

针对季节和气候变化对交通安全的影响，加强交通安全教育。如天气炎热时，驾驶人睡眠不足，容易疲劳，则应依靠车辆单位，加强安全行车教育，并注意安排好生活，为驾驶人提供休息条件。冬季北方天气寒冷，下雪路滑，容易发生事故，应加强冰冻道路行车的安全教育训练。

4. 抓好外地驾驶人的教育

外地驾驶人驾车到陌生的地方，急需熟悉环境，了解交通情况。为此在进入市区的各个路口，可设立检查站或交通咨询点，结合检查车辆向驾驶人介绍市区道路情况，用口头或书面形式提出安全注意事项。

（二）对职工、干部的交通安全教育

对职工、干部，重点是抓好非机动车驾车人的交通安全教育。主要是依靠单位领导或交通安全组织进行。其方法，一是以车间、班组、科室为单位，组成"自行车安全行车小组"，选出安全负责人，制订安全活动制度，采取多种形式开展经常性的交通安全教育。二是依靠单位对交通安全违法人进行教育。采取寄送违法通知书的方法，由单位采取个别谈话，召开班组科室会议，或交通安全违法人座谈会等形式，根据实际情况，进行思想教育。

（三）对中小学生的交通安全教育

对中小学生，主要是通过教育部门和学校领导，采取教师、家长和校外辅导员的方法进行。一是把交通安全教育列入教学计划，按计划进行交通安全教育。二是利用集会、课堂、布置作业等，教育学生遵守交通秩序。三是把遵守交通规则列为学习、纪律、品德、学生守则和少先队活动的内容之一。四是推行中、小学的"路队制"，把同路、同方向的学生编排成队，由教师或高年级学生护送横过马路，保障行车安全。五是实行交通安全管理卡制度，加强对中小学生的交通安全管理，建立交警、学生、学校三者之间的联系。目前有的地方对中小学生骑自行车采取考试发证制度，并结合考试对其开展安全教育，是一项可行的措施。

235

（四）对幼儿的交通安全教育

交通安全教育从娃娃抓起，是交通安全教育的长久之计。对幼儿的交通安全教育主要通过教育部门和幼儿园教师，把交通安全知识，列入幼儿活动内容。如通过幼儿认字、唱歌、做游戏、说歌谣等活动，对幼儿进行交通常识教育。建立儿童交通公园，对幼儿进行交通安全教育。我国已有许多城市和地区，由公安、教育、妇联、市政、园林等有关部门密切配合，建立了儿童交通公园。园内设有儿童车、指挥灯、交通标志、交通标线等交通设施。通过游园活动，使幼儿从小时起就受到交通常识教育，培养幼儿遵守交通秩序的良好习惯。这种教育方法，应当大力提倡。

（五）对城市居民的交通安全教育

对城市居民的交通安全教育，主要依靠街道办事处、派出所推动居民委员会，发动街道积极分子来进行。一是结合各个时期的中心工作，通过各种会议或访问等形式，教育居民群众遵守交通规则，维护交通安全。二是为学龄前儿童，特别是为家庭无人看管的小孩组成临时幼儿班，利用空场、大院和偏僻里弄，发动积极分子进行管理教育，开展有益活动。三是依靠居委会包干负责一些孤寡和残疾老人，给他们送茶送水，代买东西，使之不到或少到街上行走。四是发动退休老工人，结合治安巡逻，协助纠正各种交通安全违法行为，维护交通秩序。

（六）对农民的交通安全教育

对农民的交通安全教育主要依靠乡、镇政府和村民委员会进行。一是利用召开各种会议和有线广播，重点抓好公路沿线的村庄和经常骑自行车进城人员的安全教育。二是推动农机站和搞副业的单位，对机动车驾驶人和赶车驭手进行安全教育。三是发动管理人员和道班工人，组成"公路检查组"沿线检查，制止无证驾车、超载、超速驾车和驾驶不合格的汽车、拖拉机等严重交通安全违法行为，通过检查纠正交通安全违法，进行安全教育。

（七）对农民工的交通安全教育

农民进城务工，已经形成了一个庞大的城市交通群体。由于城市交通复杂，进城务工的农民工由于刚刚走出农村，步入城市，对城市环境和交通规则都不太熟悉。针对刚进城的农民工，可采取发放交通宣传资料，业务培训时穿插交通安全知识培训等内容的方法进行交通安全教育。

（八）对单位的交通安全教育

对机关、团体、学校、企业、事业和城乡居民组织、集体经济组织以及其他有关部门及车队的交通安全教育，主要通过寄发有关交通安全文件、通知、通报、简报、刊物资料，再由单位利用会议、广播、报栏等向所属人员传达、宣传的方式进行。

单位和组织作为整体，也是交通参与者之一，根据《交通安全法》规定，其本身负有交通安全教育的职责。因此单位和组织有义务在单位内部经常性地开展交通安全教育工作，督促单位所属人员遵守交通法规和交通秩序。

参考文献

1. 刘江鸿. 道路交通安全管理［M］. 长春：吉林科学技术出版社，2004.10

2. 蔡果，杨降勇. 道路交通管理教程［M］. 长沙：湖南人民出版社，2000.11

3. 中华人民共和国交通部. 安全驾驶从这里开始［M］. 北京：人民交通出版社，2005.06

4. 汤三红，等. 道路交通管理教程（修订本）［M］. 北京：中国人民公安大学出版社，2013.06

5. 管满泉，等. 道路交通秩序管理教程（修订本）［M］. 北京：中国人民公安大学出版社，2013.06

6. 袁西安，等. 道路交通安全法教程［M］. 北京：中国人民公安大学出版社，2005.01

7. 杜晓炎，等. 道路交通事故现场处理［M］. 北京：中国人民公安大学出版社，2005.01

8. 公安部交通管理局. 中华人民共和国道路交通安全法适用指南［M］. 北京：中国人民公安大学出版社，2003.11

9. 管满泉. 道路交通事故处理［M］. 杭州：浙江科学技术出版社，2006.12

10. 李建华，毕庶琪. 道路交通事故疑难案例评析［M］. 北京：中国人民公安大学出版社，2006.07

11. 杨继青. 道路交通事故认定与法律适用［M］. 北京：新华出版社，2007.03

12. 徐晓慧，等. 道路交通管理.［M］. 北京：高等教育出版社，2007.08

13. 蔡果. 城市道路交通中行人安全问题分析［J］. 华北科技学院学报，2005（4）

14. 蔡果. 二级公路成为事故之路的症结［J］. 中国安全科学学报，2004（12）

15. 蔡果. 对"撞了白撞"问题的思考［J］. 中国安全科学学报，2004（7）

16. 蔡果. 对道路与交通安全问题的重新审视［J］. 内蒙古公路与运输，2002（12）

17. 蔡果，杨月光. 道路交通工程学［M］. 北京：群众出版社，2000

18. 杨晓光. 城市道路交通设计指南［M］. 北京：人民交通出版社，2003

19. 周学农. 公路交通应急管理［M］. 长沙：湖南人民出版社，2010.10

20. 安实，谢秉磊，王健. 道路交通应急管理理论与方法. 北京：科学出版社，2012.01

21. 金治富. 道路交通秩序管理实务指南［M］. 北京：中国人民公安大学出版社，2013.04

22. 宗芳. 道路交通管理［M］. 北京：机械工业出版社，2012.04

23. 孙晋华. 机动车驾驶人考试必读与试题精练. 北京：机械工业出版社，2013.06

24. 高万云. 机动车与驾驶人管理实务指南. 北京：中国人民公安大学出版社，2013.02

25. 文国玮. 城市交通与道路系统规划［M］. 北京：清华大学出版社，2013.06